コロナ社創立 90 周年記念出版〔創立 1927 年〕

情報ネットワーク科学シリーズ　第4巻

ネットワーク・カオス

非線形ダイナミクス，複雑系と情報ネットワーク

電子情報通信学会【監修】

中尾裕也
長谷川幹雄【共著】
合原一幸

コロナ社

シリーズ刊行のことば

情報通信分野の技術革新はライフスタイルだけでなく社会構造の変革をも引き起こし，農業革命，産業革命に継ぐ第三の革命といわれるほどの社会的影響を与えている．この変革はネットワーク技術の活用によって社会の隅々まで浸透し，電力・交通・物流・商取引などの重要な社会システムもネットワークなしには存在し得ない状況になっている．すなわち，ネットワークは人類の生存や社会の成り立ちに不可欠なクリティカルインフラとなっている．

しかし，「情報ネットワークそのもの」については，その学術的基礎が十分に理解されないままに今日の興隆を招いているという現実がある．その結果，情報ネットワークが大きな役割を果たしているさまざまな社会システムにおいて，特にそれらの信頼性において極めて重大な問題を抱えていることを指摘せざるを得ない．劇的に変化し続ける現代社会において，情報ネットワークが人や環境と調和しながら持続発展し続けるために，確固たる基盤となる学術及び技術が必要である．

現状を翻ってみると，現場では技術者の経験に基づいた情報ネットワークの設計・運用がいまだ多くなされており，従来，情報ネットワークの学術基盤とされてきた諸理論との乖離はますます大きくなっている．実際，例えば，大学における「ネットワーク」講義のシラバスを見ると，旧来の待ち行列理論・トラヒック理論に終始するものも多く，現実の諸問題を解決する基礎とはおよそいい難い．一方，実用を志向するものも確かに存在するが，そこでは既存の通信プロトコルを羅列し紹介するだけの講義をもって実学教育としている．

本シリーズでは，そのような現状を打破すべく，従来の情報ネットワーク分野における学術基盤では取り扱うことが困難な諸問題，すなわち，大量で多様な端末の収容，ネットワークの大規模化・多様化・複雑化・モバイル化・仮想化，省エネルギーに代表される環境調和性能を含めた物理世界とネットワーク世界の調和，安全性・信頼性の確保などの問題を克服し，今後の情報ネットワークのますますの発展を支えるための学術基盤としての「情報ネットワーク科学」の体系化を目指すものである．そのためには，既存のいわゆる情報通信工学だけでなく，その周辺分野，更には異種分野からの接近，数理・物理からの接近，社会経済的視点からの接近など，多様で新しい視座からのアプローチが重要になる．

シリーズ第1巻において，そのような可能性を秘めた新しい取組みを俯瞰した後，情報ネットワークの新しいモデリング手法や設計・制御手法などについて，順次，発刊していく予定である．なお，本シリーズは主として，情報ネットワークを専門とする学部や大学院の学生や，研究者・技術者の専門書になることを目指したものであるが，従来の大学専門教育のカリキュラムに飽き足りない関係者にもぜひ一読していただきたい．

電子情報通信学会の監修のもと，この分野の書籍の出版に長年の実績と功績があるコロナ社の創立90周年記念出版の事業の一つとして，本シリーズを次代を担う学生諸君に贈ることができるようになったことはたいへん意義深いものである．

最後に，本シリーズの企画に賛同いただいたコロナ社の皆様に心よりお礼申し上げる．

2015年8月

編集委員長　村　田　正　幸

まえがき

人々の日々の暮らしは，多様な工学的情報ネットワークによって支えられている．そして，これらの工学的情報ネットワークは，人々もその構成要素として組み込んで相互に結合し，地球全体に広がる巨大な情報ネットワークとして機能している．人々を含むこの巨大な情報ネットワークは，いわば地球にとっての脳や神経系であるといえよう．

このように地球全体の情報ネットワークをとらえたときに，それでは生物の脳や神経系自体はどのような情報ネットワークとして見ることができるのかという興味が湧く．そして，これらの生物の中で，特に大脳皮質が発達して高度な思考が可能になったのが人間の脳であり，その工学的実現を目指しているのが人工知能研究である．

脳や神経系は，解剖学的には多数の神経細胞（ニューロン）が結合したネットワークである．この神経細胞は，一種の非線形素子である．神経細胞の主要な機能は，活動電位と呼ばれるパルス幅約 1 ms，パルス振幅約 100 mV の電気パルスを生成して伝播させることであるが，神経細胞の非線形ダイナミクスがこのことを可能にしている．

この神経細胞の非線形ダイナミクスの数理研究には，100 年以上の歴史があり，さまざまな数理モデルが提案されている．そのため，神経細胞に関しては，生物系分野では珍しいことであるが，実験研究と数理モデルを用いた理論研究の両面からのアプローチが可能である．

このような背景もあって，神経細胞固有の非線形ダイナミクスは詳しく研究されてきている．例えば，本書で解説するアトラクタに関しても，神経細胞外液に対して細胞内部の電位を安定に負の電位（約 −60 mV）に保つ固定点（静止状態と呼ばれる），活動電位を周期的に生成するリミットサイクル，振幅の異なる活動電位を非周期的でかつ不規則に生成するカオスなども，実際に神経細胞から観測され，その数理構造もよく理解されている．

更に，多数の神経細胞（人間の脳の場合は1000億個近い神経細胞）が複雑に結合して，脳や神経系が構築されている．このように，神経細胞というさまざまなアトラクタを持つ非線形素子からなる複雑なネットワークである脳や神経系は，大規模な非線形非平衡系であり，複雑系の典型例と考えられている．

この意味で，複雑系としてとらえられる情報ネットワークが，人間を含む生物の脳や神経系を構成している．すなわち，そのような情報ネットワークが地球上に満ちているのである．

本書は，このようなカオスを含むアトラクタを持つ動的構成要素から成る複雑系としての非線形ネットワークを対象とする．書名の「**ネットワーク・カオス**」は，このような対象を象徴的に表す用語である．そして本書は，新しい工学的情報ネットワークの可能性を探索するために，このネットワーク・カオスを理解するための数理的基盤を解説するものである．

なお，1章を合原が，2～5章，6.1～6.4節，7章を中尾が，6.5節，8～10章を長谷川が執筆し，2～5，9，10章については合原が調整を行った．

本書の章末問題の解答はコロナ社のwebページ

http://www.coronasha.co.jp/np/isbn/9784339028041/

からダウンロードできるので，ぜひ章末問題にも取り組んでいただきたい．

現時点では情報ネットワークとしての有用性が十分明らかになっているとはいえないが，筆者らには深い思い入れのあるこのようなテーマでの執筆をお勧めいただいた，本情報ネットワーク科学シリーズの編集委員長の村田正幸氏，編集委員の会田雅樹氏，成瀬 誠氏，また，本書出版のためにご尽力いただいたコロナ社のみなさんに心から感謝申し上げる．

本書の内容が，将来の工学的情報ネットワークを考えるにあたって，読者の皆さんに何らかの有益な示唆を与えることができれば，筆者らにとってこれ以上の喜びはない．

2017年10月　　　　筆　者　一　同

目　　次

1. 序　　論

2. 離散時間力学系とカオス

3. 連続時間力学系とカオス

4. ネットワーク

5. リミットサイクル振動子の位相縮約と同期現象

6. リミットサイクル振動子の共通ノイズ同期現象

7. カオス同期現象

8. カオスと通信

9. カオスニューラルネットワーク

10. カオスと組合せ最適化

第 1 章

序　　論

本書は，「まえがき」で述べた「ネットワーク・カオス」の観点から，新しい情報ネットワークの可能性に関する数理的基礎知識を解説することを目的としている．まず本章では，そのための基盤となる力学系の非線形ダイナミクスや非線形ネットワークとしての複雑系の概念を簡単に説明する．

1.1　力学系の非線形ダイナミクス

ガリレイ（Galilei）がいち早く看破したように，この世の中の諸現象は数学で驚くほど見事に記述されることが多い．特に，実世界で広く見られるダイナミズム，すなわち動的現象は，自然言語で記述するにはあまりに複雑すぎる．そこで力を発揮するのが，差分方程式や写像などで表される**離散時間力学系**や，微分方程式などで表される**連続時間力学系**である．実際，これらの数学的言語なしでは，世の中の動的現象の効率的記述は不可能だといえよう[1)†]．

更に事態を複雑にしているのは，理想的に抽象化する場合や局所的に近似する場合には既に体系が完成している線形システムとしての記述も意味を持つが，現実に存在するシステムのほとんどは厳密には非線形システムであるという事実である．したがって，離散時間力学系や連続時間力学系の非線形ダイナミクスの解析が，実システムの研究や設計のためには本質的に重要となる．

本書は，情報ネットワークを解析するための力学系を中心とした数理的基礎知識を解説することを主要な目的としている．3 章で詳しく論じるように，連

---

† 肩付き数字は，巻末の「引用・参考文献」の番号を示す．

続時間力学系の典型例である自律的な常微分方程式は，一般に次式のように表される．

$$\frac{d}{dt}\boldsymbol{x}(t) = \boldsymbol{F}(\boldsymbol{x}(t)) \tag{1.1}$$

ここで，$\boldsymbol{x}(t)$ は時刻 t での N 次元状態変数，$\boldsymbol{F}$ は N 次元ベクトル場を表す．例えば，ヤリイカ巨大神経の動的振舞いは，$\boldsymbol{x}(t) = (V(t), m(t), h(t), n(t))$ として，次式のように自律系常微分方程式で表される[2)]．

$$\begin{aligned}\frac{d}{dt}V = &-120\, m^3 h(V - 115.0) - 40.0\, n^4 (V + 12.0)\\ &- 0.24(V - 10.613)\end{aligned} \tag{1.2}$$

$$\frac{d}{dt}m = \frac{0.1(25 - V)}{\exp\left(\dfrac{25 - V}{10}\right) - 1}(1 - m) - 4\exp\left(\frac{-V}{18}\right)m \tag{1.3}$$

$$\frac{d}{dt}h = 0.07\exp\left(\frac{-V}{20}\right)(1 - h) - \frac{1}{\exp\left(\dfrac{30 - V}{10}\right) + 1}h \tag{1.4}$$

$$\frac{d}{dt}n = \frac{0.01(10 - V)}{\exp\left(\dfrac{10 - V}{10}\right) - 1}(1 - n) - 0.125\exp\left(\frac{-V}{80}\right)n \tag{1.5}$$

この方程式は，**ホジキン–ハクスレイ方程式**と呼ばれる．このホジキン–ハクスレイ方程式は，1952 年にイギリスの生理学者ホジキン（Hodgkin）と物理学者ハクスレイ（Huxley）によって提案された有名なニューロンの数理モデルであり，彼らはこの研究で 1963 年のノーベル生理学・医学賞を受賞している．

一般に，世の中に実在する非線形システムの多くは，エネルギーの散逸を伴う**散逸系**である．このような散逸系は一般に，初期状態からスタートした解が時間とともに**アトラクタ**へと収束していく．標準的なアトラクタとしては，**固定点**（**平衡点**），**リミットサイクル**，**準周期解**，**ストレンジ アトラクタ**がある．**表 1.1** に，N 次元の連続時間力学系のアトラクタの分類を示す．

また，2 章で詳しく論じるように，自律的な**離散時間力学系**は一般に次式のように表される．

表 1.1 N 次元の連続時間力学系のアトラクタの分類

アトラクタの種類	ダイナミクス	幾何学構造	アトラクタの次元	リアプノフ指数
固定点（平衡点）	静 的	点	0	$\lambda_i < 0$ $(i = 1, 2, \ldots, N)$
リミットサイクル	周期的	閉曲線	1	$\lambda_1 = 0$, $\lambda_i < 0\ (i \neq 1)$
準周期解	準周期的	k 次元トーラス（k は 2 以上の自然数）	k	$\lambda_i = 0$ $(i = 1, 2, \ldots, k)$, $\lambda_i < 0$ $(i = k+1, \ldots, N)$
ストレンジアトラクタ	カオス的	フラクタル構造	実 数（フラクタル次元）	$\lambda_i > 0$ $(i = 1, 2, \ldots, n)$, $\lambda_i = 0$ $(i = n+1, \ldots, m)$, $\lambda_i < 0$ $(i = m+1, \ldots, N)$

$$\boldsymbol{x}_{n+1} = \boldsymbol{f}(\boldsymbol{x}_n) \tag{1.6}$$

ここで，$\boldsymbol{x}_n$ は時間ステップ n での N 次元状態変数，$\boldsymbol{f}$ は N 次元写像を表す．3 章で説明するように，**ポアンカレ**（Poincaré）**写像**の方法を用いることによって，N 次元の連続時間力学系は $(N-1)$ 次元の離散時間力学系に変換される．

1.2 非線形ネットワークとしての複雑系

情報ネットワークを考えるにあたっては，**複雑系**の概念[3)]が参考になる．

複雑系の基本構造を図 **1.1** に示す．一般に，複雑系は多様で多数の構成要素から成る．これらの構成要素間には複雑な相互作用が存在する．構成要素をノード，相互作用をリンクで表すと，複雑系は，4 章で解説するグラフ，もしくはネットワークとして表すことができる．このネットワークダイナミクスによって生み出される全体の動的振舞いは，しばしば構成要素のダイナミクスやそれらの間の相互作用に影響を与える．すなわち，全体と構成要素やネットワーク構造の間に**階層的フィードバック**を生じる．

例として脳を考えてみよう．「まえがき」で述べたように，人間の脳は約 1 000

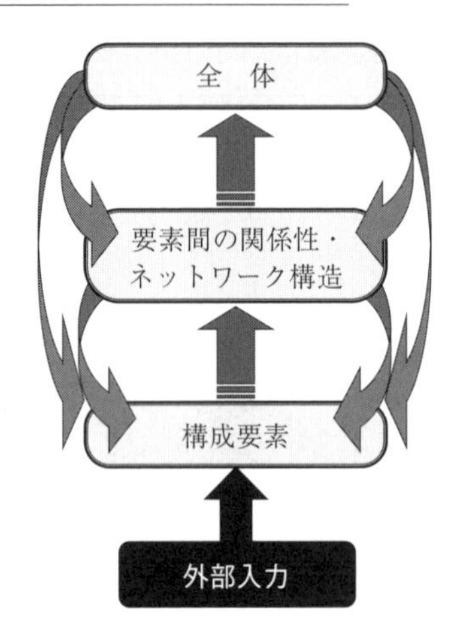

図 1.1　複雑系の基本構造

億個近い神経細胞を主要な構成要素として出来上がっている．これらの神経細胞が相互に結合して神経回路網（ニューラルネットワーク）として働いている[4]．そして，このニューラルネットワークの非線形ダイナミクスがさまざまな高次機能を生成するが，そのようにして生み出された，例えば意識の在り様が個々の神経細胞の非線形ダイナミクスや相互作用に影響を与え，その結果ニューラルネットワークダイナミクスが変化し，意識も変わる．このような階層的フィードバックによって思考過程は進展する．脳が複雑系の典型例といわれるゆえんである．したがって，複雑系としての情報ネットワークを考えるうえでは，その構成要素とそれらの間のネットワーク構造，そしてネットワークダイナミクスを介した全体と構成要素やネットワーク構造の間の階層フィードバックを理解することが重要である．更に，情報ネットワークは，電力ネットワークや交通ネットワークなどのさまざまなネットワークと相互に結合して「**インターディペンデント ネットワーク**」を構築する[5]．このような視点も今後ますます重要になると思われる．

本書では，非線形力学系の観点から，リミットサイクル振動子，カオス素子，カオスニューロンなどの構成要素の相互作用や外部入力への応答，更にはその応用などを解説する．

第2章

離散時間力学系とカオス

本章では，1次元写像で表される離散時間力学系のカオスの基礎的な事項を概説する．カオスを生み出すいくつかの典型的な1次元写像の例を挙げ，固定点や周期軌道の安定性，リアプノフ指数，時間相関関数，パワースペクトル，不変密度などのダイナミクスを特徴づける量について簡単に述べる．カオス力学系については20世紀後半より優れた書籍が多数出版されているので，個々の事項の詳細についてはそれらの参考文献を参照されたい．

2.1 1次元写像

離散的な時刻 $n = 0, 1, 2, \ldots$ を持つ力学系を考えよう（**図 2.1**）．時刻 n での系の**状態**（state）が1次元の実変数 x_n で表され，時刻 $n+1$ での系の状態が

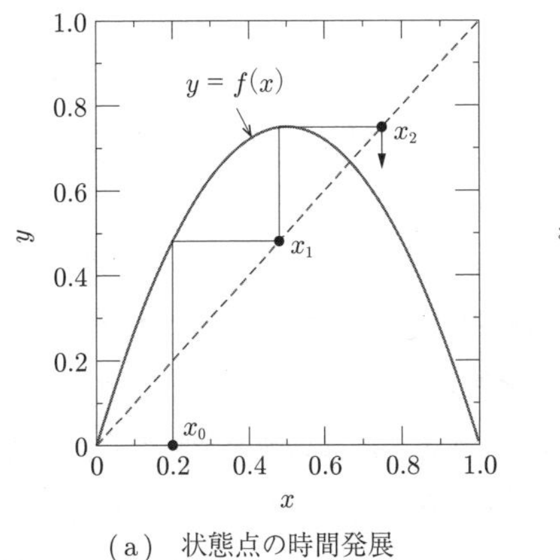

（a） 状態点の時間発展

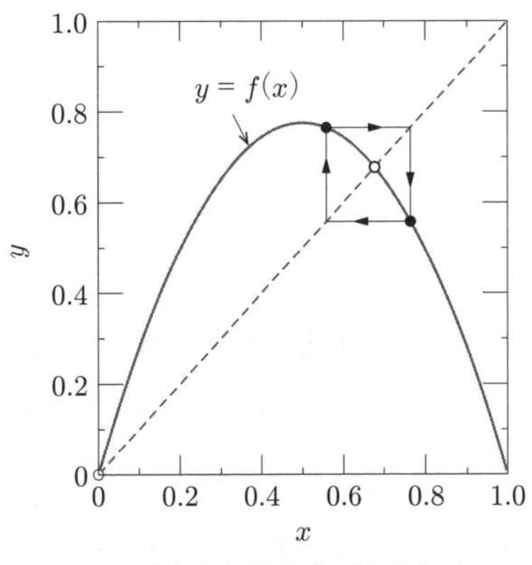

（b） 不安定な固定点（白丸）と安定な2周期軌道（黒丸）

図 2.1 1次元写像

$$x_{n+1} = f(x_n) \tag{2.1}$$

によって定められるとする．ここで，実関数 f は系のダイナミクスを記述する**写像**（マップ，map）である．以下，系の状態変数 x_n のことを状態点あるいは単に点と呼ぶ．

初期時刻 $n = 0$ に初期点 x_0 から出発すると，状態点はその後

$$\left.\begin{aligned} &x_1 = f(x_0) \\ &x_2 = f(x_1) = f(f(x_0)) = f^2(x_0) \\ &x_3 = f(x_2) = f^3(x_0) \\ &\quad\vdots \end{aligned}\right\} \tag{2.2}$$

と順次発展していく．ここで，f^k は f を k 回合成した写像を表す．この状態点の列 $\{x_0, x_1, x_2, \ldots\}$ を系の**軌道**（orbit，あるいは trajectory）という．

写像 f について，$f(x) = x$ を満たすような点の一つを x^* としよう．初期点 $x_0 = x^*$ から出発すると，$x_1 = f(x_0) = x_0 = x^*$ であるから，x_n はその後もずっと同じ値 x^* を取り続ける．このような点 x^* を写像 f の**固定点**（不動点，fixed point）と呼ぶ．もちろん，f の形状によっては固定点が存在しない場合も複数存在する場合もある．

また，f を k 回合成した f^k について，$f^k(x) = x$ を満たすような点の一つを x^* としよう．ここで，k は $f^k(x^*) = x^*$ となる最小の自然数とする．初期点 $x_0 = x^*$ から出発すると，$x_1 = f(x_0), x_2 = f^2(x_0)$，…，$x_k = f^k(x_0) = x_0 = x^*$ となり，x_n は k 個の点を順番に繰り返し巡ることがわかる．このような点 x^* は写像 f の周期 k の**周期点**（periodic point）と呼ばれ，軌道 $\{x_0, x_1, \ldots, x_k = x_0, \ldots\}$ は周期 k の**周期軌道**（periodic orbit）と呼ばれる．

安定な固定点や周期軌道をなす点列のように，周囲の軌道を吸引し，それ自体から出発した軌道がそれ自体に留まり，それ以上は分解できない集合は**アトラクタ**（attractor）と呼ばれ，アトラクタに吸引される状態点の集合は**吸引領域**（basin of attraction，ベイスン）と呼ばれる．逆に，不安定な固定点や周期

軌道のように，周囲の軌道を反発する集合は**リペラ**（repeller）と呼ばれる．

1次元写像のダイナミクスは，グラフを用いて視覚的に解析できる．図2.1(a)に示すように，横軸を x 軸，縦軸を y 軸として $y=f(x)$ のグラフを描く．横軸上にとった初期点 x_0 から時刻 $n=1$ での状態点 $y=f(x_0)$ まで垂直移動し，そこから対角線 $y=x$ と交わるまで水平移動すれば，一つ先の状態点 $x_1=f(x_0)$ が得られる．更に，点 x_1 から再び $y=f(x_1)$ まで垂直に移動し，再び対角線 $y=x$ と交わるまで水平に移動すれば，$x_2=f(x_1)$ が得られ，以下同様に x_3, x_4, ... と順次求められる．これは**クモの巣図法**（cobweb plot）などと呼ばれ，1次元写像のダイナミクスの理解に役立つ．

まず，写像の固定点は $f(x)=x$ を満たす点 $x=x^*$ なので，$y=f(x)$ のグラフと $y=x$ のグラフの交点に対応する．また，例えば周期2の周期軌道は，$x_1=f(x_0)$ と $x_0=f(x_1)$ を交互に繰り返す状態点の列となる．図(b)に，固定点と周期2の周期軌道の例を示した．なお，次節で述べるように，この図では固定点は不安定で周期2の周期軌道は安定である．より一般に，周期 k の周期点は，k 回合成した写像 f^k の $f^k(x)=x$ を満たす固定点なので，$y=f^k(x)$ のグラフと $y=x$ のグラフの交点となる．

2.2 固定点と周期軌道の線形安定性

写像 f の固定点の一つを x^* として，その**線形安定性**（linear stability），つまり，系の状態が x^* から僅かにずれた点から出発したときに，この微小なずれ（変位）が写像 f の線形近似の範囲で拡大していくのか，または縮小していくのかを調べよう．時刻 n での状態点を x_n として，x_n の x^* からの変位を

$$y_n = x_n - x^* \tag{2.3}$$

とすると，y_n の時間発展は次式で表される．

$$y_{n+1} = x_{n+1} - x^* = f(x_n) - x^* = f(x^* + y_n) - x^* \tag{2.4}$$

写像 f が固定点 x^* の周りでテイラー（Taylor）展開できる場合を考え

$$f(x^* + y_n) = f(x^*) + f'(x^*)y_n + O({y_n}^2) \tag{2.5}$$

と表そう．右辺の $f'(x^*) = df(x)/dx|_{x=x^*}$ は固定点 $x = x^*$ における f の傾きである．変位 y_n の大きさが十分に小さいとして，$O({y_n}^2)$ の非線形項を無視すると，$f(x^*) = x^*$ であるから，式 (2.4) は次式のように線形近似される．

$$y_{n+1} = f'(x^*)y_n \tag{2.6}$$

この式より，$\Lambda = f'(x^*)$ とすると，$|\Lambda| < 1$ ならば $|y_{n+1}| < |y_n|$ となり，微小な変位 y_n は時間とともに指数関数的に縮小する．このとき，固定点 x^* は**線形安定**（linearly stable）である．逆に，$|\Lambda| > 1$ ならば微小な変位 y_n は拡大していくので，x^* は不安定である．ちょうどその間の $|\Lambda| = 1$ のときには，線形安定性解析では固定点 x^* の安定性は判別できず，非線形項を考慮する必要がある．この状況は**中立安定**（neutrally stable）と呼ばれる．また，特に $\Lambda = 0$ のときには，変位 y_n は 1 回写像するだけで 0 となるので超安定と呼ばれる．

グラフ上では，固定点 x^*，つまり $y = f(x)$ と $y = x$ の交点での f の傾きの絶対値が 1 より小さければ，x^* は線形安定である．なお，$f'(x^*)$ の正負によって x^* 近傍での軌道 x_n のダイナミクスは異なり，$f'(x^*)$ が正ならば変位は単調に拡大あるいは縮小するが，$f'(x^*)$ が負ならば変位は振動的に拡大あるいは縮小する．例えば，図 2.1(b) の場合，固定点 x^* における f の傾きが -1 よりも小さいので，この固定点から少しずれた初期点から出発した状態点は，x^* の周りを振動しながら 2 周期軌道に漸近する．

周期軌道の線形安定性も同様に議論できる．写像 f の周期 k の周期軌道を $x_0^*, x_1^*, \ldots, x_k^* = x_0^*$ として，そこからの変位を $y_0, y_1, \ldots, y_k$ としよう．周期軌道のいずれの点においても f が微分できる場合を考える．写像 f の k 回合成写像 $f^k(x)$ を $x_0 + y_0$ に作用させると，先ほどと同様に

$$x_k^* + y_k = f^k(x_0^* + y_0) = f^k(x_0^*) + (f^k)'(x_0^*)y_0 + O({y_0}^2) \tag{2.7}$$

となるが，$x_k^* = x_0^*$ は k 周期点で $x_k^* = f^k(x_0^*)$ を満たすので，線形近似すると

$$y_k = (f^k)'(x_0^*)y_0 \tag{2.8}$$

という式が得られる．ここで，$(f^k)'(x_0^*) = df^k(x)/dx|_{x=x_0^*}$ は合成関数 $f^k(x)$ の点 $x = x_0^*$ における微分であり，微分の連鎖律を使うと

$$\begin{aligned}(f^k)'(x_0^*) = \left.\frac{df^k(x)}{dx}\right|_{x=x_0^*} &= \frac{dx_k^*}{dx_0^*} = \frac{dx_k^*}{dx_{k-1}^*}\frac{dx_{k-1}^*}{dx_{k-2}^*}\cdots\frac{dx_1^*}{dx_0^*} \\ &= f'(x_{k-1}^*)f'(x_{k-2}^*)\cdots f'(x_0^*)\end{aligned} \tag{2.9}$$

と表すことができる．したがって

$$\Lambda_k = f'(x_{k-1}^*)f'(x_{k-2}^*)\cdots f'(x_0^*) \tag{2.10}$$

と定義すると，k 回写像したあとの変位は線形近似の範囲で $y_k = \Lambda_k y_0$ となり，$|\Lambda_k| < 1$ なら変位 y_k の大きさが縮小するので周期軌道は線形安定，$|\Lambda_k| > 1$ なら拡大するので周期軌道は不安定となる．$|\Lambda_k| = 1$ の場合には周期軌道は中立安定で，線形安定性解析では安定性は決まらない．

2.3　テント写像と初期条件への鋭敏な依存性

非常にシンプルな 1 次元写像である**テント写像**（tent map）を例にして，カオスの最も特徴的な性質である**初期条件への鋭敏な依存性**について考えよう．この写像は区間 $[0,1]$ から $[0,1]$ への写像で

$$f(x) = 1 - |2x - 1| \tag{2.11}$$

で与えられる．つまり，$0 \leqq x < 1/2$ では $f(x) = 2x$，$1/2 \leqq x < 1$ では $f(x) = 2 - 2x$ である．図 **2.2**(a) にテント写像の形状と状態点の時間発展の例を示す．これはカオス写像の最も簡単な例の一つであり，3 章で述べる連続力学系のカオス的なローレンツアトラクタの性質を理解するために，その発見者であるローレンツ（Lorenz）自身によって用いられた[1)]．

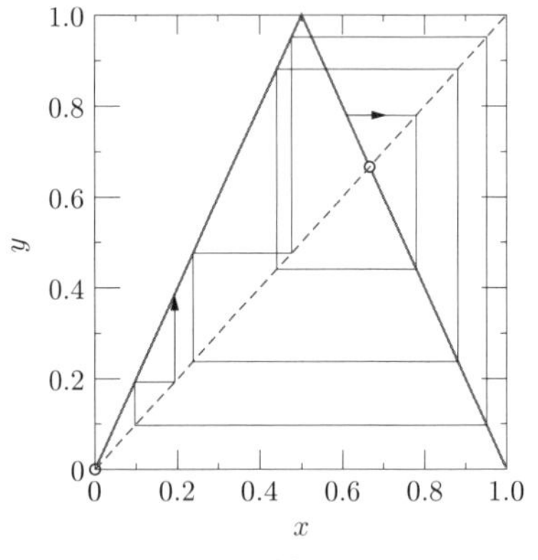

（a） 写像，固定点（白丸），及び状態点の時間発展の例

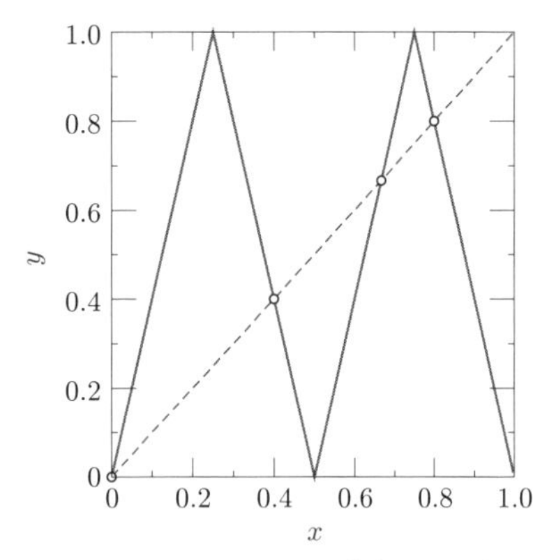

（b） 2 回合成写像と不安定な固定点（白丸）

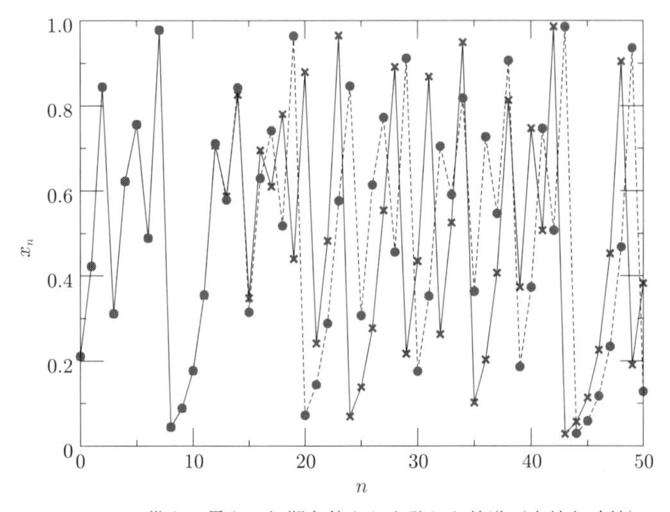

（c） 二つの僅かに異なる初期条件から出発した軌道（実線と破線）

図 2.2　テント写像

図 (a) のグラフからわかるように，$x = f(x)$ を満たす固定点は $x_1^* = 0$ と $x_2^* = 2/3$ にある．しかし，テント写像の傾きは，$0 \leqq x < 1/2$ では 2，$1/2 < x \leqq 1$ では -2 なので，いずれの固定点においても f の傾きの絶対値 $|f'(x^*)|$ は 1 よりも大きい．したがって，これらの固定点は線形安定ではない．

テント写像を 2 回合成した f^2 は図 (b) に示すような形状となる．グラフよ

り，$x = f^2(x)$ を満たす周期 2 の周期点が四つ存在することがわかるが（うち二つは周期 1 の固定点でもある），$|f'(x)| = 2 > 1$ であるため，周期軌道の線形安定性を特徴づける式 (2.10) の Λ_2 の絶対値も常に $|\Lambda_2| = 4 > 1$ となり，これらの周期点はやはり線形安定ではない．同様に，k 回合成した f^k に対しても，$x = f^k(x)$ を満たす周期 k の周期点は全て不安定である．このように，テント写像の固定点と各周期の周期軌道はいずれも安定ではなく，不安定な固定点及び周期点を除くほとんど全ての初期点から出発した軌道は，図 (c) に示すような非周期的でカオス的なものとなる．

わずかに離れた二つの初期点から出発する二つの状態点を考え，それらの差の大きさを δ としよう．f の傾きの絶対値は 2 なので，δ が十分に小さく，二つの状態点がテント写像の同じ側にあるうちは，写像されるたびに δ は 2 倍に拡大する．したがって，二つの軌道がごく近くの初期点から出発しても，いずれそれらの差の大きさ δ は $O(1)$ にまで拡大する．やがて一方の状態点がテント写像の左半分，もう一方の状態点が右半分に入るような状況になると，写像の折り畳みによって δ は非線形に縮小される．折り畳みにより二つの状態点が写像の同じ側に入れば，δ は再び拡大し，これが繰り返されることになる．

図 (c) に，微小な値 10^{-6} だけ異なる初期値から出発した二つの状態の時間発展を示す．二つの軌道は時間ステップ $n = 12$ 程度までは近い値をとっているが，$n = 15$ を超えると大きく異なる値をとるようになることがわかる．この性質を**初期条件への鋭敏な依存性**と呼び，カオスの典型的な特徴の一つである．

このように，確率的な要素を持たない決定論的な写像でも，僅かな初期値の誤差がやがて大きな違いを生み出すため，ある程度以上の長時間にわたる将来の予測が実際上は不可能となる．このことが，カオスは長時間の予測が不可能だといわれるゆえんである．なお，図 (c) からもわかるように，短時間の予測は可能であり，その特徴的なタイムスケールは，次節で述べるリアプノフ指数の逆数で与えられる．

2.4 リアプノフ指数

軌道のカオス性を特徴づける量として，**リアプノフ指数** (Lyapunov exponent) がよく用いられる．リアプノフ指数は，近傍にある二つの状態の微小な差の指数関数的な拡大率を表す．あるいは，参照軌道に微小な変位を与えたとき，その拡大率を表す．リアプノフ指数が正ならば，近傍にある二つの状態の差は拡大し，カオスの典型的な特徴である初期条件への鋭敏な依存性が現れる．リアプノフ指数が負ならば二つの状態の微小な差は縮小する．リアプノフ指数は系のカオス性の判定や定量化に使われ，ほかのさまざまな特徴量と関係がある．

2.2 節の固定点や周期軌道の線形安定性解析と同様に，1 次元写像 f の時刻 n における状態を x_n として，状態点 x_n から微小変位 y_n だけ離れた点 $x'_n = x_n + y_n$ を考えよう．写像 f が点 x_n の周りで

$$f(x'_n) = f(x_n + y_n) = f(x_n) + f'(x_n)y_n + O({y_n}^2) \tag{2.12}$$

とテイラー展開できるとする．ここで，$f'(x_n) = df(x)/dx|_{x=x_n}$ は状態点 x_n における写像 f の傾きである．すると

$$\begin{aligned} x'_{n+1} &= x_{n+1} + y_{n+1} \\ &= f(x'_n) = f(x_n) + f'(x_n)y_n + O({y_n}^2) \end{aligned} \tag{2.13}$$

となり，変位 y_n が十分微小であるとして非線形項を落とすと，y_n は近似的に

$$y_{n+1} = f'(x_n)y_n \tag{2.14}$$

という線形写像に従うことがわかる．したがって，初期時刻 $n = 0$ での微小変位を y_0 とすると，時刻 n での微小変位は

$$y_n = \left\{ \prod_{k=0}^{n-1} f'(x_k) \right\} y_0 \tag{2.15}$$

と表される．ここで，右辺の括弧内の量は，考えている軌道 $\{x_0, x_1, \ldots, x_{n-1}\}$ に依存して決まる微小変位の拡大率である．

この式より，初期点 x_0 から出発した軌道 x_n のリアプノフ指数は

$$\lambda(x_0) = \lim_{n\to\infty} \frac{1}{n} \ln\left|\frac{y_n}{y_0}\right| = \lim_{n\to\infty} \frac{1}{n} \sum_{k=0}^{n-1} \ln|f'(x_k)| \tag{2.16}$$

と定義される．つまり，$\lambda(x_0)$ は微小変位 y_n の大きさの拡大率の対数の長時間平均である．ここで，$\lambda(x_0)$ の値は初期点 x_0 によって変わるため，x_0 への依存性を明示しているが，軌道が写像のアトラクタに漸近する場合，その吸引領域にある全ての初期点について，リアプノフ指数は同じ値をとる．

式 (2.15)，(2.16) より，微小変位の大きさは，十分に微小な y_0 及びある程度大きな n に対して，近似的に

$$|y_n| \simeq |y_0| \exp\{n\lambda(x_0)\} \tag{2.17}$$

のように振る舞うことがわかる．したがって，リアプノフ指数 $\lambda(x_0)$ の正負によって軌道 x_n に与えた微小変位 y_n が拡大するか縮小するかが決まり，$\lambda(x_0) < 0$ なら軌道は線形安定，$\lambda(x_0) > 0$ なら不安定となる．なお，$\lambda(x_0) = 0$ の場合には軌道は中立安定で，安定性は線形の解析では決まらない．例えば，リアプノフ指数が 0 であっても微小変位が代数関数的に増加することはあり得る．

以上の議論は固定点や周期点の線形安定性を一般化したものであり，初期点 x_0 が写像 f の固定点の場合には，任意の n に対して $x_n = x_0$ なので，単に $\lambda(x_0) = \ln|f'(x_0)|$ となる．よって，固定点 x_0 での傾き $\Lambda = f'(x_0)$ の絶対値が 1 より小さければ $\lambda(x_0) < 0$ となり，x_0 は線形安定である．同様に，x_0 が写像 f の周期 k の周期点で $x_k = x_0 = f^k(x_0)$ を満たすならば，リアプノフ指数は $\lambda(x_0) = \ln|(f^k)'(x_0)|/k$ となり，その正負により周期軌道 $x_0, x_1, \ldots, x_k = x_0$ の線形安定性がわかる．この条件も，式 (2.9) より，式 (2.10) の $|\Lambda_k|$ が 1 より大きいか小さいかという条件と等価である．より一般に，非周期的な軌道についても，リアプノフ指数によってその線形安定性が特徴づけられる．前節のテ

ント写像については，写像 f の傾きの絶対値が常に 2 なので，リアプノフ指数は $\lambda = \ln 2 \simeq 0.693$ と正の値となり，軌道が不安定であることを意味する．

2.5　カオスを示す写像の例

本節では，カオスを示す 1 次元写像の典型例をいくつか挙げる．

2.5.1　ベルヌーイ写像

図 **2.3**(a) に示すベルヌーイ（Bernoulli）写像は，区間 $[0, 1)$ から $[0, 1)$ への

$$f(x) = 2x \bmod 1 \tag{2.18}$$

で与えられる写像である．ここで，mod 1 は 1 で剰余をとることを意味しており，$0 \leqq x < 1/2$ では $f(x) = 2x$，$1/2 \leqq x < 1$ では $f(x) = 2x - 1$ となる．以下，点 $x = 1$ は点 $x = 0$ と同一視する．

図 (a) より $f(x) = x$ を満たす固定点は $x = 0$ のみで，写像の傾き $f'(x)$ が常に 2 なので，これは不安定である．また，$f^k(x) = x$ を満たす周期 k の周期点も全て不安定であり，固定点や周期点を除くほとんど全ての初期値から出発した軌道は，非周期的でカオス的なものとなる．常に $f'(x) = 2$ なので，テント写像と同様にリアプノフ指数は $\lambda = \ln 2$ である．図 (b) に，微小な値 10^{-6} だけ離れた二つの初期点から出発した軌道が分離していく様子を示す．カオス系に特有の初期値鋭敏性を持つことがわかる．

実際，ベルヌーイ写像の解は，時刻 $n = 0$ での初期条件を x_0 として

$$x_n = 2^n x_0 \bmod 1 \tag{2.19}$$

と表すことができる．この式より，初期値 x_0 が係数 2^n によって大きく拡大されたのち，mod 1 によって区間 $[0, 1)$ 内に折り畳まれることがわかる．また，ベルヌーイ写像は，x を 2 進数で表示すると，そのビット列のシフトに対応することもわかる．$0 \leqq x < 1$ の実数 x を 2 進数の小数表示で

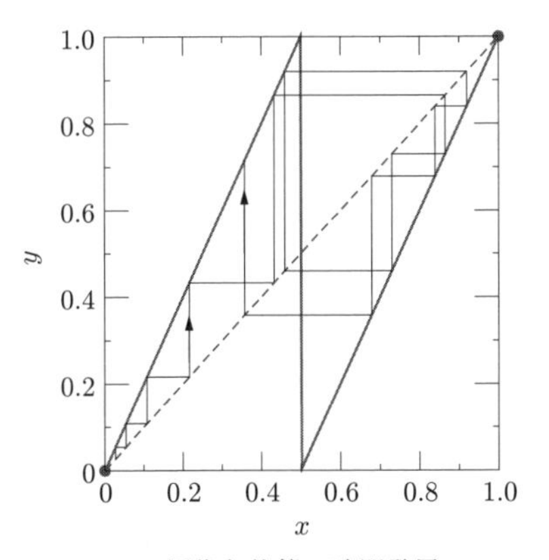

（a）　写像と状態の時間発展

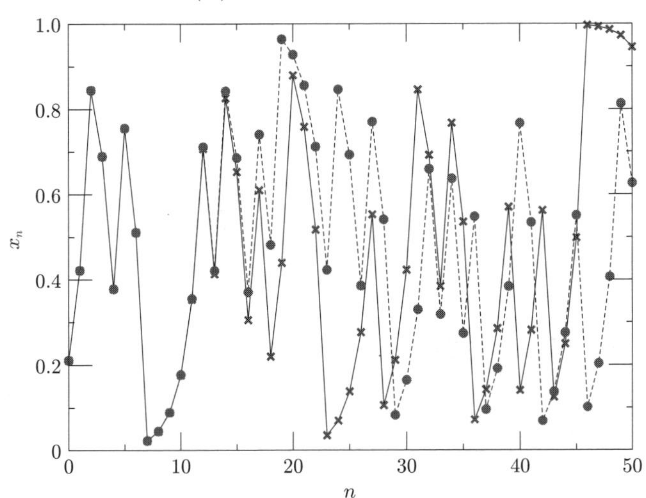

（b）　二つの僅かに異なる初期条件から出発した軌道（実線と破線）

図 **2.3**　ベルヌーイ写像

$$x = \sum_{j=1}^{\infty} \left(\frac{1}{2}\right)^j a_j = 0.a_1 a_2 a_3 \cdots \tag{2.20}$$

と表そう．ここで，a_j は j 番目のビットで，0 か 1 の値をとる．すると，ベルヌーイ写像の $2x$ の部分の x への作用は

$$2x = \sum_{j=1}^{\infty} 2\left(\frac{1}{2}\right)^j a_j = \sum_{j=1}^{\infty} \left(\frac{1}{2}\right)^{j-1} a_j = a_1.a_2 a_3 a_4 \cdots \tag{2.21}$$

と表され，ここから mod 1 をとることにより 1 の位の数が落ちるので，結局

$$2x \bmod 1 = 0.a_2a_3a_4\cdots \tag{2.22}$$

となる．したがって，状態 x にベルヌーイ写像を作用させることは，2 進数で表示した状態 x を 1 ビット左にシフトして最上位の位を落とすことに対応する．

このことから，カオス軌道の初期条件への鋭敏な依存性が明示的にわかる．例えば，コンピュータで 64 ビットの倍精度変数を用いて系の状態を表したとしても，写像されるたびにビット列は左にシフトされ，多くとも 64 回写像すれば，最も小さな桁の数が $O(1)$ の大きさにまで拡大される．したがって，長時間にわたる予測は不可能であることがわかる．なお，この性質のため，内部で 2 進数で計算を実行している通常のコンピュータでは，僅かなステップの間に数値の情報が全て失われてしまうため，ベルヌーイ写像を直接数値計算するのは難しい．非常に荒っぽいが簡単な抜け道として，写像の傾きを 2 とする代わりに 1.999 999$\cdots$ として数値計算する手法があるが，もちろんその妥当性には注意が必要である．

2.5.2 ロジスティック写像

次に，カオス力学系の研究においてたいへん重要な役割を果たした**ロジスティック写像**（logistic map）を考えよう．これは

$$f(x) = ax(1-x) \tag{2.23}$$

で与えられる区間 $[0,1]$ から $[0,1]$ への写像であり，カオス力学系の典型例として解析されている．ここで，実数 a はパラメータであり，$0 < a \leq 4$ である．図 2.1 に例として示したのはこのロジスティック写像であった．著名な数理生物学者のメイ（May）は，1976 年の論文[2]で，生態系における個体数増加を記述する常微分方程式であるロジスティック方程式 $\dot{x} = ax - x^2$ を離散時間化したこのシンプルな写像が，元の常微分方程式には生じ得ない非常に多彩で複雑なカオス挙動を示すことを述べ，さまざまな分野に大きなインパクトを与えた．

図 2.1(b) に示したように，この写像の固定点は $x_1^* = 0$ と $x_2^* = 1 - 1/a$ にある．それぞれの固定点での f の傾きは $f'(x_1^*) = a$ 及び $f'(x_2^*) = 2 - a$ なので，パラメータ a が $0 < a < 1$ ならば，x_1^* が線形安定，x_2^* は不安定で，それぞれアトラクタとリペラとなっている．また，$1 < a < 3$ では x_1^* は不安定で x_2^* が線形安定となる．更に a が増加して 3 を超えると，固定点 x_2^* も不安定化して系は安定固定点を持たなくなる．このとき，**図 2.4**(a) に示すように，$f^2(x) = x$

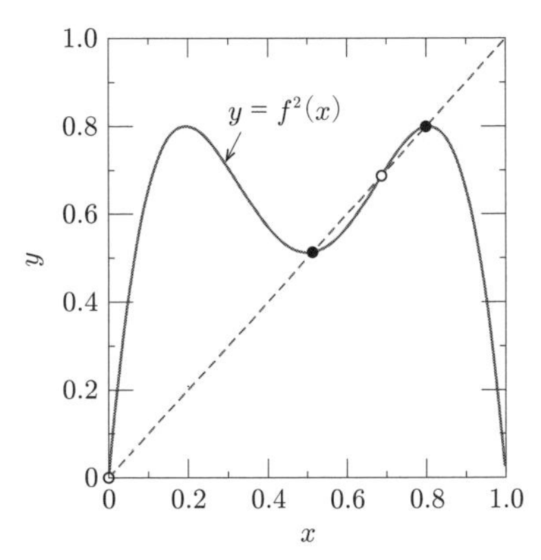

（a）　2 回合成写像の固定点（$a = 3.2$）．黒丸が安定な 2 周期点に，白丸は不安定な固定点に対応

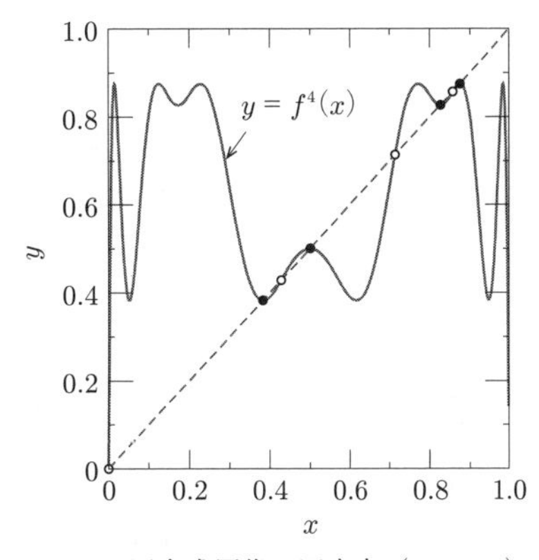

（b）　4 回合成写像の固定点（$a = 3.5$）

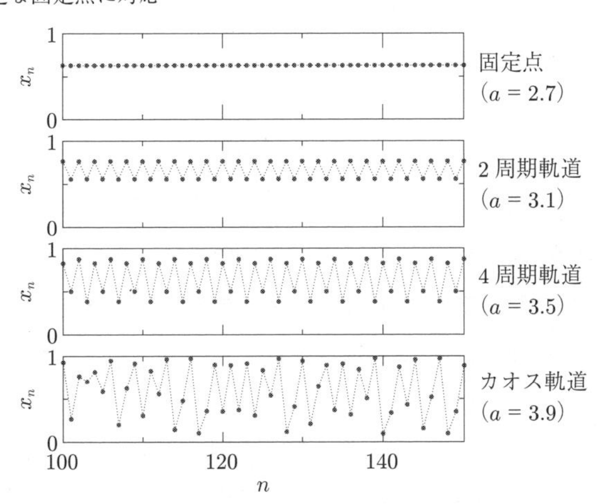

（c）　状態の時間発展の例

図 2.4　ロジスティック写像

となる安定な周期点が存在するため（図中の四つの周期点のうち固定点二つを除く二つの周期点が同じ 2 周期軌道に対応する），系は**分岐**（bifurcate）して周期 2 の周期軌道をアトラクタとして持つようになり，状態点はこの 2 周期軌道に漸近する．更に a が増加すると，$a = 3.45$ 付近でこの 2 周期軌道も不安定化して，図 (b) に示すように，系は $f^4(x) = x$ となる 4 周期軌道をアトラクタとして持つようになる．この 4 周期軌道も $a = 3.55$ 付近で不安定化して 8 周期軌道が生じる．

このように，ロジスティック写像では，a が増加すると周期軌道が順次不安定化して，その倍の周期を持つ周期軌道が発生する．これは**周期倍分岐**（period-doubling bifurcation）と呼ばれ，カオスに至る典型的なルートの一つである．一つ前の周期軌道が不安定化して新たな周期軌道が現れるまでの a の間隔はどんどん短くなっていき，$a = a_c = 3.5699\cdots$ という値で周期が無限大に発散して，非周期的でカオス的なアトラクタが発生する．図 (c) に，a の値を増加させた際に見られる固定点，2 周期軌道，4 周期軌道，カオス軌道の例を示す．

この周期倍分岐の様子を，横軸にパラメータ a，縦軸に状態 x をとり，系の状態が初期緩和後に収束したアトラクタ上の軌道を重ねて描いた**分岐ダイアグラム**（bifurcation diagram）は非常に有名である（図 **2.5**(a)）．この図はカオス力学系のシンボルとなっていて，近年ではファッションへの応用なども試みられている．この図より，系が周期倍分岐を繰り返して $a = a_c$ でカオス状態に至ったあとも，周期解を示すパラメータ区間が散在することがわかる．そのうち，最も大きいものは周期が 3 となる区間である．周期的な区間は a の増加とともに突然現れるが，そこからカオスに至る際には，再び周期倍分岐が繰り返される．最終的に，$a = 4$ で軌道は $0 < x < 1$ の全区間を覆うようになる．

ロジスティック写像はパラメータ a の変化によりさまざまなダイナミクスを示すので，そのリアプノフ指数もパラメータ a に対して複雑な依存性を示す．図 (b) にロジスティック写像の典型的な軌道のリアプノフ指数を示す．図 (a) において軌道がカオス的なときに $\Lambda > 0$ となっていることがわかる．なお，図中の $\Lambda < 0$ の方向に局所的に急激に落ち込んでいる部分は，ロジスティック写

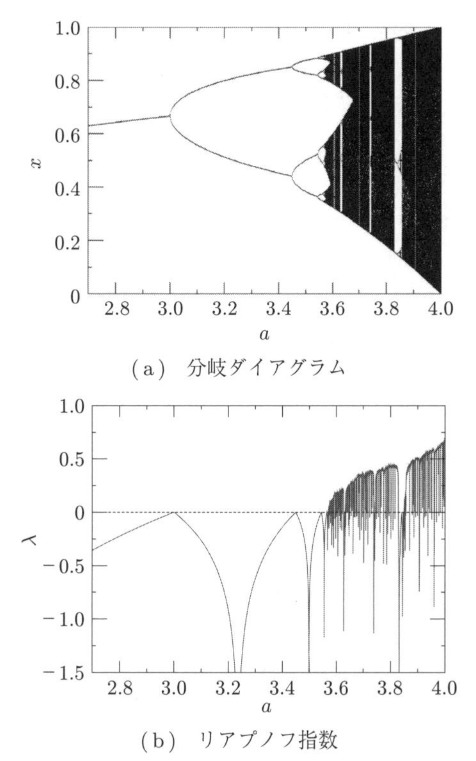

（a）　分岐ダイアグラム

（b）　リアプノフ指数

図 2.5　ロジスティック写像の分岐ダイアグラムとリアプノフ指数

像の超安定な軌道に対応するので，リアプノフ指数は $-\infty$ に発散するが，数値計算では表示しきれていない．

ロジスティック写像の分岐ダイアグラムには自己相似的な構造が内在しており，それに伴う各種のスケーリング則がファイゲンバウム（Feigenbaum）によって解明され，ロジスティック写像だけでなく，同様の形状を持つなめらかな単峰性の写像においても，周期倍分岐によるカオスの発生や分岐図などにロジスティック写像と同様の性質が普遍的に観察されることが示されている．

なお，$a = 4$ のロジスティック写像は，変数 x_n $(0 \leqq x_n \leqq 1)$ を

$$x_n = \frac{1}{2}(1 - \cos 2\pi z_n) \tag{2.24}$$

によって変数 z_n $(0 \leqq z_n < 1)$ に変数変換すると

$$
\begin{aligned}
4x_n(1-x_n) &= (1-\cos 2\pi z_n)(1+\cos 2\pi z_n) \\
&= \frac{1}{2}(1-\cos 4\pi z_n)
\end{aligned}
\tag{2.25}
$$

と表されるので，ベルヌーイ写像

$$
z_{n+1} = 2z_n \bmod 1 \tag{2.26}
$$

と等価である．ベルヌーイ写像の解は初期値を z_0 として $z_n = 2^n z_0 \bmod 1$ なので，$a=4$ のロジスティック写像の解は

$$
x_n = \frac{1}{2}(1-\cos(2\pi 2^n z_0)) \tag{2.27}
$$

と表される．ここで，z_0 はロジスティック写像の初期値 x_0 より式 (2.24) によって決まる．このように $a=4$ の場合に限ってはカオス軌道の厳密解が得られる．ロジスティック写像の初期値鋭敏性は，式 (2.27) の cos 関数中の $2^n z_0$ が n とともに非常に速く増大することに対応する．なお，同様に

$$
x_n = \frac{1}{2}(1-\cos \pi z_n) \tag{2.28}
$$

と置けば，$a=4$ のロジスティック写像をテント写像に変換することもできる．

2.5.3 サークル写像

これまでに挙げた写像の例は，いずれも実軸上の区間から区間への写像であった．ここでは円周 S_1 から S_1 への写像を考えよう．円周上の状態点を，円の中心から見た角度 ϕ で表す（$0 \leqq \phi < 2\pi$）．円周上で考えるので，m を整数として $\phi + 2m\pi$ と ϕ は同じ点を表す．この状況で

$$
\phi_{n+1} = \phi_n + a - K\sin\phi_n \pmod{2\pi} \tag{2.29}
$$

という形の写像を考える．ここで a と K はパラメータである．これは円周上を回転してゆく点の運動を表したものであり，右辺第 2 項の a は 1 回の写像による角度の一定の増分，右辺第 3 項は増加角の非線形な ϕ 依存性を表しており，

その形を最も簡単な 2π 周期関数である $\sin\phi$ としたものである．パラメータ K は非線形性の強さを表す．5 章で述べるように，このタイプの写像は，例えば周期パルスに駆動されるリミットサイクル振動子の引込み同期現象の解析において現れ，その場合，a は周期パルスと振動子の振動数の差に対応する．

状態変数の範囲を 0 から 1 とするために，新たに $\theta = \phi/(2\pi)$ という変数を定義しよう．以下，これを角度と区別するために**位相**と呼ぶ．すると，式 (2.29) は

$$\theta_{n+1} = \theta_n + \Omega - \frac{K}{2\pi}\sin(2\pi\theta_n) \pmod 1 \tag{2.30}$$

と変形できる．この写像は**サークル写像**（circle map）と呼ばれる．ここで，$\Omega = a/(2\pi)$ で，$\theta + m$ は θ と同じ状態を表す（m は整数）．以下，パラメータの範囲は $K \geqq 0$，$\Omega > 0$ とする．**図 2.6** にサークル写像の例を示す．

非線形性を表すパラメータ K が 0 ならば，位相は 1 回の写像につき Ω の割合で単調に増加してゆく．状態点は Ω が有理数ならば円周上の有限個の点の上のみを順次動いてゆくが，Ω が無理数ならば，状態点の軌道は任意の点の近傍を通過し，円周上をほぼ一様に埋めつくす．パラメータ K が増加して $2\pi\Omega$ を超えると，図 (a) に示すように，一対の固定点が生じ，そのうち一方は安定，もう一方は不安定である．この固定点は，周期パルスに駆動される振動子の場合には，パルスに振動子が引き込まれている状態に対応する（5 章）．更に K を増加させて非線形性を強めると，安定であった固定点も不安定化して 2 周期軌道が現れる．その後，ロジスティック写像と同様の周期倍分岐を経て，図 (c) に示すようなカオス状態に至る．

ここまで θ_n を $\theta_n + m$ と同一視してきたが，式 (2.30) において mod 1 をとらずに $[0, 1]$ の範囲外でも θ_n がそのまま発展し続けるとしよう．このとき

$$\rho = \lim_{n\to\infty}\frac{\theta_n - \theta_0}{n} \tag{2.31}$$

をサークル写像の**回転数**と定義する．すると，$0 \leqq K < 2\pi\Omega$ では固定点が存在せず θ が増加し続けるので $\rho > 0$ となり，$K > 2\pi\Omega$ で安定な固定点が現れると $\rho = 0$ となる．図 (c) に示すように，横軸に Ω，縦軸に K をとって $\rho = 0$

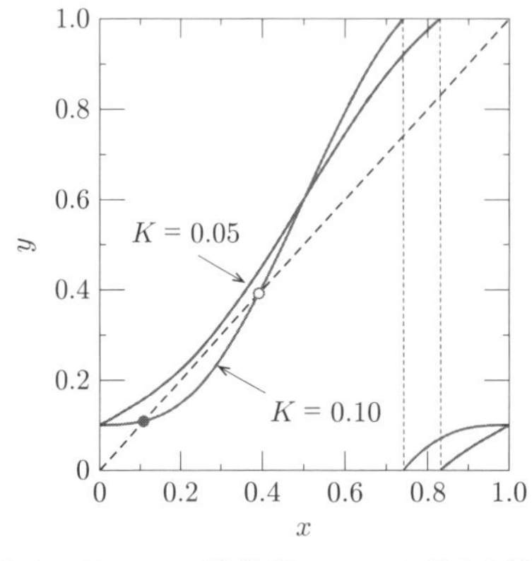

(a) $K = 0.05$ 及び $K = 0.10$ の場合の写像．$\Omega = 0.1$ は共通．$K = 0.10$ の場合には安定な固定点（黒丸）と不安定な固定点（白丸）が存在．$K = 0.05$ の場合には固定点は存在しない

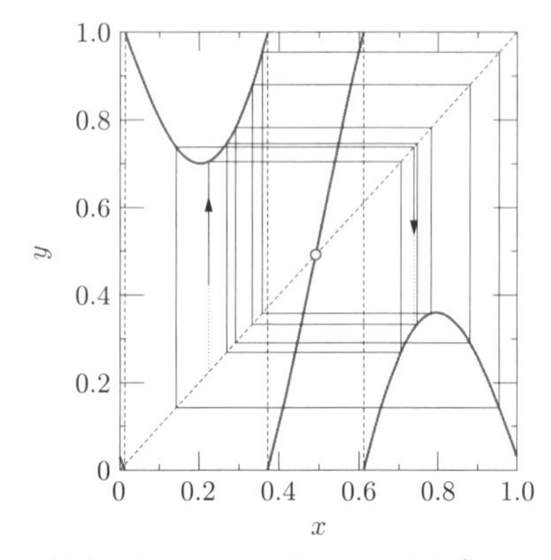

(b) $\Omega = 0.03$，$K = 3.5$ のときのカオス的なダイナミクス

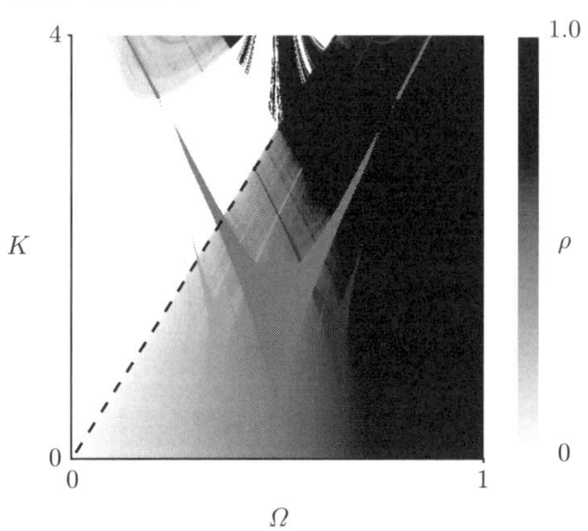

(c) アーノルドの舌．(Ω, K) に対して回転数 ρ を濃淡表示．図中の破線より左側の領域に固定点が存在する

図 2.6　サークル写像

となる領域を描くと，$\Omega = 0$ ならば $K = 0$ でも $\rho = 0$ となり，Ω が増加すると，固定点が現れるのに必要な K も増加するため，$K = 0$，$\Omega = 0$ に頂点を持つ三角形状の構造が現れる．これは**アーノルドの舌**（Arnold tongue）と呼ばれ，周期パルスによる非線形振動子の引き込みが生じるパラメータ領域の持

つ典型的な構造である（5 章参照）.

2.6 自己相関関数とパワースペクトル

状態変数の時系列の自己相関関数とパワースペクトルも系のダイナミクスの特徴づけに使われる．系がアトラクタに収束して定常なダイナミクスを示している状況を考えよう．軌道上の状態 $\{x_0, x_1, \ldots, x_n, \ldots\}$ の長時間平均を

$$\bar{x} = \lim_{T\to\infty} \frac{1}{T} \sum_{n=0}^{T-1} x_n \tag{2.32}$$

とする．また，この軌道の**自己相関関数**（autocorrelation function）を

$$C(m) = \lim_{T\to\infty} \frac{1}{T} \sum_{n=0}^{T-1} (x_{n+m} - \bar{x})(x_n - \bar{x}) \tag{2.33}$$

と定義する．この量は時間ステップ m 離れた二つの状態間の相関を定量化するものであり，時系列の特徴づけによく用いられる．なお，定常過程を考えているので，相関関数は時間差 m のみに依存する．また，実際に数値計算する際には，軌道の長さ T は十分に大きな自然数とする．

長さ T の軌道の時系列の離散フーリエ (Fourier) 変換を $k = -T/2, \ldots, T/2$ について

$$c_k = \sum_{n=0}^{T-1} (x_n - \bar{x}) \exp\left(\frac{2\pi i n k}{T}\right) \tag{2.34}$$

とする．ここで平均を差し引いており，i は虚数単位を表す．このとき

$$P(k) = |c_k|^2 \tag{2.35}$$

で定義される**パワースペクトル**も時系列の特徴づけによく用いられる．ウィーナー–ヒンチン (Wiener–Khinchine) の定理より，$C(m)$ と $P(k)$ は互いにフーリエ変換の関係にある．一般に，系のダイナミクスが周期的なときには，相関関数も周期的となり，パワースペクトルはいくつかの周波数のみにデルタ関数

的なピークを持つ．一方，系がカオス的なダイナミクスを示す場合，相関関数は典型的には指数関数的に減衰し，パワースペクトルは多数の周波数に広がった形状を持つ．

ロジスティック写像の自己相関関数 $C(m)$ を，2 周期軌道，4 周期軌道，パラメータ $a = 3.8$ 及び $a = 4$ でのカオス軌道について，**図 2.7**(a) に示す．周期軌道に対しては $C(m)$ も周期的となり，カオス軌道に対しては $C(m)$ は $|m|$ の増加とともに減衰する．特に，$a = 4$ の最も発達したカオス状態においては，自己相関関数は $m = 0$ 以外の値がほぼ 0 となり，デルタ関数的となっている．

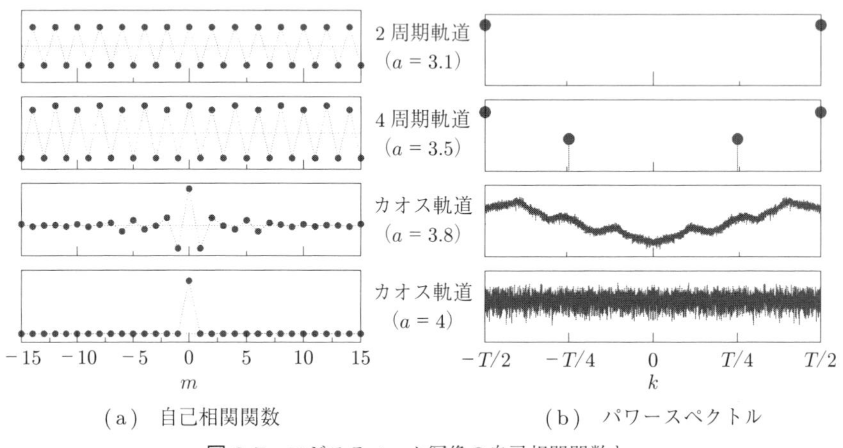

(a)　自己相関関数　　　　(b)　パワースペクトル

図 2.7　ロジスティック写像の自己相関関数とパワースペクトル

ロジスティック写像のパワースペクトル $P(k)$ を 2 周期軌道，4 周期軌道，$a = 3.8$ 及び $a = 4$ でのカオス軌道について図 (b) に示す（$T = 8\,000$ として計算）．ここで，縦軸は対数スケールで表示している．$P(k)$ は 2 周期軌道に対しては最大の振動数である $k = \pm T/2$ にデルタ関数的なピークを，4 周期軌道に対しては更に $k = \pm T/4$ にもピークを示し，カオス軌道に対しては $P(k)$ は幅広い k に広がった形状を持つ．特に，$a = 4$ の最も発達したカオス状態においては，自己相関関数がデルタ関数的となることに対応して，パワースペクトルはほぼフラットとなり，白色雑音的な性質を持つことを示している．

2.7 状態の不変密度とフロベニウス–ペロン方程式

1次元写像において，軌道の長時間の時系列を考え，その統計的性質を考えよう．軌道上の状態 x が微小区間 $[x, x+dx]$ に滞在する割合が $\rho(x)dx$ と表されるとき，$\rho(x)$ を**不変密度**（invariant density）という．これは，ディラック（Dirac）のデルタ関数 $\delta(x)$ を用いて

$$\rho(x) = \lim_{T\to\infty} \frac{1}{T} \sum_{n=0}^{T-1} \delta(x - x_n) \tag{2.36}$$

と表されることが多い（本書ではディラックのデルタ関数の詳細には立ち入らず形式的に用いる）．不変密度 $\rho(x)$ を用いると，軌道 $\{x_0, x_1, \ldots, x_n, \ldots\}$ についての滑らかな関数 $h(x)$ の長時間平均は，$\rho(x)$ に関する平均として

$$\lim_{T\to\infty} \frac{1}{T} \sum_{n=0}^{T-1} h(x_n) = \int \rho(x) h(x) dx \tag{2.37}$$

と表される．ここで，x の積分範囲は写像の定義された区間である．例えば，x の長時間平均は

$$\bar{x} = \lim_{T\to\infty} \frac{1}{T} \sum_{n=0}^{T-1} x_n = \int \rho(x) x dx \tag{2.38}$$

と表され，リアプノフ指数 Λ 及び自己相関関数 $C(m)$ は，それぞれ

$$\Lambda = \lim_{T\to\infty} \frac{1}{T} \sum_{n=0}^{T-1} \ln |f'(x_n)| = \int \rho(x) \ln |f'(x)| \, dx \tag{2.39}$$

及び

$$\begin{aligned} C(m) &= \lim_{T\to\infty} \frac{1}{T} \sum_{n=0}^{T-1} (x_n - \bar{x})(x_{n+m} - \bar{x}) \\ &= \int \rho(x)(x - \bar{x})(f^m(x) - \bar{x}) dx \end{aligned} \tag{2.40}$$

と表される．ここで，$f^m(x)$ は x を f により m 回写像した点であり，$x = x_n$ ならば $f^m(x_n) = x_{n+m}$ である．

1本の長い軌道に関する分布を考える代わりに，無数の初期点から発展した状態点のアンサンブルを考え，それらの確率密度関数を考えることもできる．初期時刻に滑らかな確率密度関数 $\rho_0(x)$ に従って分布する無数の初期点を考え，写像 $x_{n+1} = f(x_n)$ に従ってこれらの点群を発展させよう．時刻 n に微小区間 $[x, x+dx]$ にある状態点の割合は，確率密度関数 $\rho_n(x)$ を用いて $\rho_n(x)dx$ と表されるとする．このとき，$\rho_n(x)$ の時間発展は，**フロベニウス–ペロン**（Frobenius–Perron）**方程式**

$$\rho_{n+1}(x) = \int \rho_n(y)\delta\{x - f(y)\}dy \tag{2.41}$$

に従う．ここで右辺は，時刻 n に確率密度関数 $\rho_n(y)$ に従って分布する状態点 y のうち，写像 f により新たな状態点 $x = f(y)$ に移される点のみを集めたものが，時刻 $n+1$ における状態 x の密度 $\rho_{n+1}(y)$ を与えることを意味している．

フロベニウス–ペロン方程式 (2.41) は，デルタ関数を使わずに

$$\rho_{n+1}(x) = \sum_i \rho_n(y_i)\left|\frac{dy_i}{dx}\right| = \sum_i \rho_n(y_i)\left|f'(y_i)\right|^{-1} \tag{2.42}$$

とも表される．ここで，$\sum_i$ は写像 f によって同じ状態点 x に移される $x = f(y_i)$ を満たす状態点 $y_1, y_2, \ldots$ に関する和を表す．実際，写像 $x = f(y)$ によって区間 $[x, x+dx]$ に写される区間を $[y_1, y_1+dy_1], [y_2, y_2+dy_2], \ldots$ とすると，時刻 $n+1$ に区間 $[x, x+dx]$ に存在する軌道の確率 $\rho_{n+1}(x)|dx|$ は，一つ前の時刻 n に各区間 $[y_i, y_i+dy_i]$ に存在する軌道の確率 $\rho_n(y_i)|dy_i|$ の和となる．したがって

$$\rho_{n+1}(x)|dx| = \sum_i \rho_n(y_i)|dy_i| \tag{2.43}$$

であり，$|dy_i/dx| = |f'(y_i)|^{-1}$ を使って変形すれば式 (2.42) が得られる．ここで，dx, dy_i が負となる可能性があるため絶対値の記号を付けている．

フロベニウス–ペロン方程式 (2.41) の右辺

$$P\rho(x) = \int \rho(y)\delta\{x - f(y)\}dy = \sum_i \rho(y_i)\,|f'(y_i)|^{-1} \tag{2.44}$$

はフロベニウス–ペロン作用素と呼ばれ，これを用いると式 (2.41) は $\rho_{n+1}(x) = P\rho_n(x)$ と表される．写像 f の不変密度 $\rho(x)$ は，$\rho(x) = P\rho(x)$ を満たす式 (2.41) の定常解で与えられ，P の固有値 1 の固有関数である．

固定点や周期軌道に対する $\rho(x)$ は，それらの点にのみデルタ関数的なピークが立つ特異的なものとなる．写像がカオス的な状況では，カオス軌道に加えて不安定な固定点や周期軌道も共存するため，それらの上のみにピークを持つデルタ関数的な不変密度が複数存在するが，それらを除く典型的なカオス軌道に関する長時間平均を与えるものを，**自然な不変密度** (natural invariant density) という．多くのカオス写像において，滑らかな初期確率密度からフロベニウス–ペロン方程式を発展させると，自然な不変密度に収束することが知られている．例えば，ベルヌーイ写像においては，常に $|f'(x)| = 2$ で，二つの点 x と $x+1/2$ が一つの同じ点 $2x$ に移されるので，式 (2.42) より

$$\rho(x) = 1 \quad (0 \leqq x < 1) \tag{2.45}$$

が（自然な）不変密度となることがわかる．したがって，ベルヌーイ写像において，初期時刻に無数の初期点をばらまき，写像を繰り返して発展させると，状態点の分布は速やかに全区間 $[0, 1)$ に引き伸ばされて一様分布となる．得られた不変密度を用いて，リアプノフ指数 Λ 及び自己相関関数 $C(m)$ は

$$\Lambda = \int_0^1 \ln 2 \; dx = \ln 2 \tag{2.46}$$

及び

$$C(m) = \int_0^1 x(2^m x \bmod 1)dx - \frac{1}{4} = \frac{1}{12}\frac{1}{2^{|m|}} \tag{2.47}$$

と表され，$C(m)$ は $|m|$ とともに指数関数的に減衰することがわかる．

また，テント写像においても，やはり常に $|f'(x)| = 2$ なので

$$\rho(x) = 1 \quad (0 \leqq x < 1) \tag{2.48}$$

が自然な不変密度となり，リアプノフ指数 Λ 及び自己相関関数 $C(m)$ は

$$\Lambda = \int_0^1 \ln 2 \; dx = \ln 2 \tag{2.49}$$

及び

$$C(m) = \int_0^1 x f^m(x) dx - \frac{1}{4} = \frac{1}{12}\delta_{m,0} \tag{2.50}$$

と表される．よって，$C(m)$ はデルタ関数的となり，テント写像の生成するカオス時系列が白色ノイズ的であることを示す．

更に，$a = 4$ のロジスティック写像 $f(x) = 4x(1-x)$ については，変換

$$x = \frac{1}{2}(1 - \cos \pi z) \tag{2.51}$$

によってテント写像 $f(z) = 1 - |2z - 1|$ に変換でき，テント写像の自然な不変密度が $\rho(z) = 1$ であることから，二つの確率密度の間に $\rho(x)|dx| = \rho(z)|dz|$ が成り立つことに注意して，自然な不変密度は

$$\rho(x) = \rho(z(x)) \left| \frac{dz}{dx} \right| = \left| \frac{dx}{dz} \right|^{-1} = \frac{2}{\pi} \frac{1}{\sin \pi z} = \frac{1}{\pi} \frac{1}{\sqrt{x(1-x)}} \tag{2.52}$$

と表される．**図 2.8**(a) に，ロジスティック写像を長時間発展させて数値的に求めた不変密度を示す．

上式からわかるように，$x = 0$ と $x = 1$ において $\rho(x)$ は弱く発散している．リアプノフ指数はテント写像と等しく

$$\Lambda = \int_0^1 \ln |f'(x)| \, \rho(x) dx = \ln 2 \tag{2.53}$$

となり，また自己相関関数は

$$C(m) = \frac{1}{8}\delta_{m,0} \tag{2.54}$$

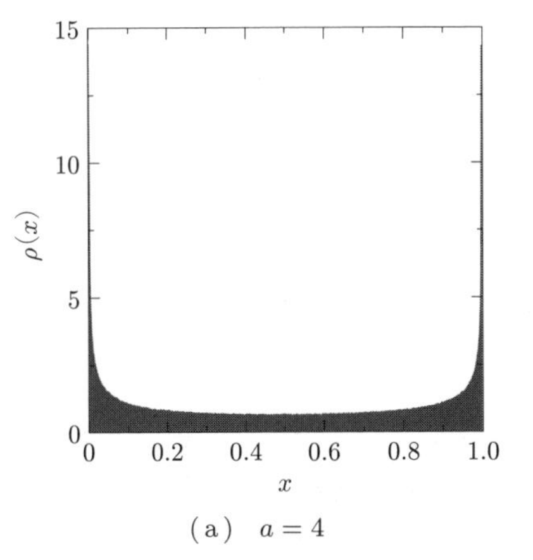

(a)　$a = 4$

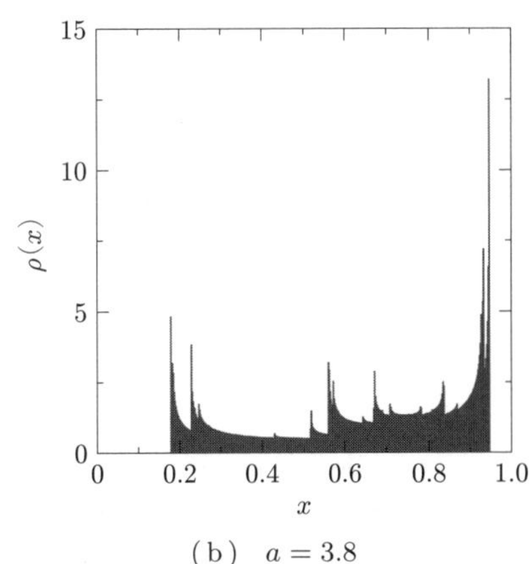

(b)　$a = 3.8$

図 **2.8**　ロジスティック写像の不変密度 $\rho(x)$

とデルタ関数的になることが知られている（図 2.7 参照）．なお，パラメータが $a = 4$ 以外のロジスティック写像のカオス状態については，$\rho(x)$ を解析的に求めることは難しい．例えば $a = 3.8$ の場合，図 2.8(b) に示すように，$\rho(x)$ は多数のピークを持つ複雑な形状となる．

章　末　問　題

【**1**】 ロジスティック写像のパラメータを $a = 19/6$ とする．固定点と 2 周期解を求め，それらの線形安定性を調べよ．

【**2**】 サークル写像の分岐パラメータ K を変化させたときの分岐ダイアグラムをコンピュータで作成せよ．

【**3**】 ベルヌーイ写像とテント写像の相関関数を求めよ．

第3章 連続時間力学系とカオス

本章では常微分方程式で記述される連続時間力学系について概説する．相空間やアトラクタの概念，固定点や周期軌道の安定性や分岐，カオス的な軌道の出現などについて，1次元，2次元，及び3次元の力学系の例を通じて簡単に述べる．連続時間力学系の非線形ダイナミクスに関しても，多数の良書が出版されているので，各項目の詳細についてはそれらの文献を参照されたい．

3.1 相空間

2章では一つの実変数で表される系の状態が1次元写像により発展する離散時間力学系を扱った．本章では，一般に多次元の変数で表される系の状態が常微分方程式に従って発展する連続時間力学系を考える．例えば，ニュートン（Newton）の運動方程式では質点の位置と運動量（または速度）が系の状態を表し，電気回路では電圧と電流，化学反応では複数の化学物質の濃度などが系の状態変数となる．写像では1次元系で既に周期解やカオスなどの複雑な運動が生じたが，常微分方程式では，1次元系では固定点あるいは無限遠に向かう運動，2次元系では周期的な運動までしか起こらず，3次元系で初めてカオスが発生する．

系が取り得る全ての状態の集合を**相空間**（phase space）と呼ぶ．これを**状態空間**（state space）と呼ぶ場合もある．系の状態は相空間の中の1点で表され，系の決定論的な時間発展に従って相空間の中を動いてゆく．系のダイナミクスはこの状態点の軌道に対応し，パラメータの変化によって相空間の構造が定性的に変化することにより，異なるダイナミクスが生じる．

例えば，線形なバネにつながって調和振動する質点の運動は，ニュートンの運動方程式 $md^2x/dt^2 = -kx$ で表される．t は時刻，x は質点の位置，m は質量，k はバネ定数であり，位置 x と運動量 $p = mdx/dt$（あるいは速度 dx/dt）により質点の状態は完全に決まる．よって，(x, p) の 2 変数が系の状態を表す．相空間は 2 次元平面 $\boldsymbol{R}^2$ であり，この場合，特に**相平面**（phase plane）と呼ばれる．なお，この系はエネルギーが保存されるハミルトン（Hamilton）系であり，状態点は初期条件によって決まる相平面内の周期軌道上を運動する．**図 3.1** にこの様子を示す．ハミルトニアンを $H = kx^2/2 + p^2/(2m)$ とすると，ハミルトンの運動方程式 $dx/dt = \partial H/\partial p = p/m$ 及び $dp/dt = -\partial H/\partial x = -kx$ が状態点の運動を表し，これらは元のニュートンの方程式に等価である．

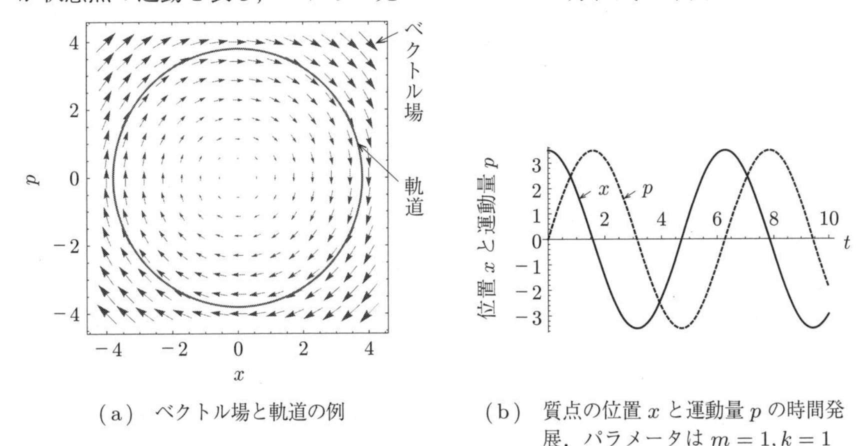

（a） ベクトル場と軌道の例

（b） 質点の位置 x と運動量 p の時間発展．パラメータは $m = 1, k = 1$

図 3.1 調和振動する質点の運動

3.2 常微分方程式

時刻 t における系の状態が N 次元の実ベクトル変数 $\boldsymbol{x}(t)$ で表され，常微分方程式

$$\frac{d\boldsymbol{x}}{dt} = \boldsymbol{F}(\boldsymbol{x}) \tag{3.1}$$

に従って相空間 $\boldsymbol{R}^N$ 内を動いてゆくとしよう．ここで，$\boldsymbol{x}=(x_1,x_2,\ldots,x_N)$，$\boldsymbol{F}(\boldsymbol{x})=(F_1(\boldsymbol{x}),F_2(\boldsymbol{x}),\ldots,F_N(\boldsymbol{x}))$ である．$\boldsymbol{F}(\boldsymbol{x})$ は**ベクトル場**と呼ばれ，相空間の各点 $\boldsymbol{x}$ における状態点の速度ベクトル，つまり系のダイナミクスを決める．与えられた初期点から出発した状態点は，相空間内に**軌道**（orbit，あるいは trajectory）を描き，軌道は各点 $\boldsymbol{x}$ でベクトル $\boldsymbol{F}(\boldsymbol{x})$ に接する．

式 (3.1) のように，ベクトル場 $\boldsymbol{F}(\boldsymbol{x})$ が時刻 t に陽には依存せず，状態 $\boldsymbol{x}(t)$ だけを通して t に依存する場合，系は**自律的**（autonomous）と呼ばれる．この場合，ある時刻で系の状態を与えれば，式 (3.1) の解が存在して一意的である限り，その後のダイナミクスも完全に決定される．一方，$\boldsymbol{F}(\boldsymbol{x})$ が時刻 t に陽に依存する場合，系は**非自律的**（non–autonomous）と呼ばれ，そのダイナミクスは

$$\frac{d\boldsymbol{x}}{dt}=\boldsymbol{F}(\boldsymbol{x},t) \tag{3.2}$$

と表される．この場合，ベクトル場が時刻 t にも依存するため，状態 $\boldsymbol{x}(t)$ だけでは系の将来のダイナミクスは決まらない．N 次元の非自律系は，時刻 t に対応する新たな力学変数を導入することにより，$N+1$ 次元の自律系に変形できる．今後，多くの場合，自律系を扱う．

一般に，ベクトル場 $\boldsymbol{F}(\boldsymbol{x})$ が点 $\boldsymbol{x}_0$ の近くで十分に滑らかなとき，例えば $\boldsymbol{F}(\boldsymbol{x})$ が $\boldsymbol{x}=(x_1,\ldots,x_N)$ について連続微分可能（微分も連続）ならば，式 (3.1) は状態点 $\boldsymbol{x}=\boldsymbol{x}_0$ の近傍で一意的な解を持つ．この**解の一意性**より，同じ方程式の二つの軌道が相空間内で交差することはない（同じ固定点に収束することはある）．この性質はダイナミクスを理解するうえでとても重要である．常微分方程式の解の存在と一意性などの主要事項に関しては，微分方程式の教科書[1)〜4)]を参照されたい．

3.3 散　逸　系

摩擦を受けないニュートンの運動方程式は力学的エネルギーを保存するハミルトン系である．実世界の多くの系ではエネルギーは保存されず，外部から系

へのエネルギーの注入と，摩擦や電気抵抗などによるエネルギーの散逸によって多彩なダイナミクスが生じている．ハミルトン系では，相空間にとった領域の体積は，系が時間発展しても保存されるが，領域の体積が系の時間発展とともに縮小する系を**散逸系**（dissipative system）という．

式 (3.1) で表される自律系を考え，時刻 t での相空間 $\boldsymbol{R}^N$ の有界な領域 B の体積を

$$V(t) = \int_B dv$$

とする（**図 3.2**）．ここで $dv = dx_1 dx_2 \cdots dx_N$ は相空間の体積要素である．この $V(t)$ の系の時間発展に伴う時間変化は

$$\frac{dV}{dt} = \int_B \mathrm{div}\boldsymbol{F}(\boldsymbol{x})dv \tag{3.3}$$

と表される．ここで

$$\mathrm{div}\boldsymbol{F}(\boldsymbol{x}) = \nabla \cdot \boldsymbol{F}(\boldsymbol{x}) = \sum_{i=1}^{N} \frac{\partial}{\partial x_i} F_i(\boldsymbol{x})$$

は，ベクトル場の**発散**（divergence）である．この式の直観的な説明は以下のとおりである．

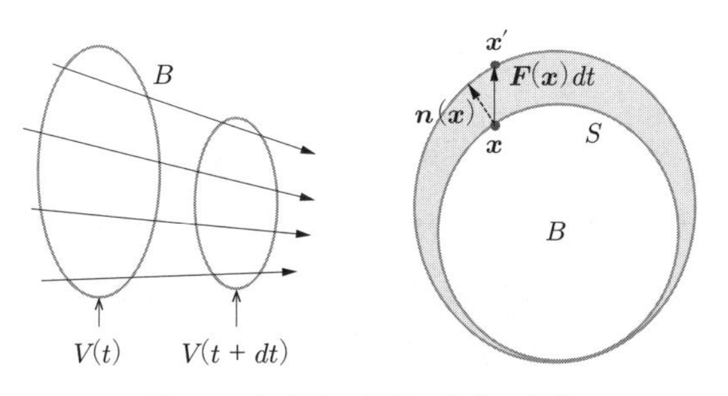

図 3.2　相空間の領域の体積の変化

図 3.2 に示すように，時刻 t での領域 B の体積を $V(t)$ として，微小時間 dt 後の領域 B の体積 $V(t + dt)$ を考えよう．時刻 t に領域 B を囲む面 S 上にある点 $\boldsymbol{x}$ は，速度が $\boldsymbol{F}(\boldsymbol{x})$ なので，時刻 $t + dt$ には S から少し外側（または内

側）の点 $\boldsymbol{x}' = \boldsymbol{x} + \boldsymbol{F}(\boldsymbol{x})dt$ に動く．したがって，$\boldsymbol{n}(\boldsymbol{x})$ を点 $\boldsymbol{x}$ における S の外向きの法線ベクトルとすると，時間 dt の間の領域 B の体積の変化 dV は，dS を面 S の面積要素として

$$dV = \left[\int_S \boldsymbol{F}(\boldsymbol{x}) \cdot \boldsymbol{n}(\boldsymbol{x}) dS\right] dt$$

となり，これにベクトル場の発散定理

$$\int_S \boldsymbol{F}(\boldsymbol{x}) \cdot \boldsymbol{n}(\boldsymbol{x}) dS = \int_B \mathrm{div} \boldsymbol{F}(\boldsymbol{x}) dv$$

を使うと式 (3.3) が得られる．

ハミルトン系では，$\mathrm{div}\ \boldsymbol{F}(\boldsymbol{x}) = 0$ となり，$V(t)$ は一定となる（**リウビル (Liouville) の定理**）．実際，1 次元の質点の場合，状態変数は $\boldsymbol{x} = (x, p)$ で，ハミルトンの運動方程式より $\boldsymbol{F}(\boldsymbol{x}) = (\partial H/\partial p, -\partial H/\partial x)$ なので

$$\mathrm{div}\ \boldsymbol{F}(\boldsymbol{x}) = \frac{\partial^2 H}{\partial x \partial p} - \frac{\partial^2 H}{\partial p \partial x} = 0$$

であり，多変数でも同様である．

一般に $\mathrm{div}\ \boldsymbol{F}(\boldsymbol{x}) \neq 0$ である系は散逸系と呼ばれる．特に，相空間のある領域内で，系の時間発展とともに $V(t)$ が縮小する，つまり

$$\frac{dV}{dt} = \int_B \mathrm{div} \boldsymbol{F}(\boldsymbol{x}) dv < 0 \tag{3.4}$$

となる場合には，その領域内の有限の体積を持つ範囲に状態点をばらまいても，いずれそれらの状態点は体積ゼロの集合に収束する．この極限集合を**アトラクタ (attractor)** という．アトラクタには，固定点，**リミットサイクル** (limit cycle)，あるいはカオス的なダイナミクスに対応する**ストレンジアトラクタ**（strange attractor）などがある．また，あるアトラクタに吸引されるような初期点の集合を，このアトラクタの**吸引領域**（basin，ベイスン）という．

ベクトル場 $\boldsymbol{F}(\boldsymbol{x})$ が定数行列 A を用いて $\boldsymbol{F}(\boldsymbol{x}) = \mathrm{A}\boldsymbol{x}$ で与えられる**線形系**

$$\frac{d\boldsymbol{x}}{dt} = \mathrm{A}\boldsymbol{x} \tag{3.5}$$

については，その発散は

$$\mathrm{div}(\mathrm{A}\boldsymbol{x}) = \sum_{i=1}^{N} \frac{\partial}{\partial x_i} \left(\sum_{j=1}^{N} A_{ij} x_j \right) = \sum_{i=1}^{N} A_{ii} = \mathrm{Tr\ A}$$

となる．ここで A_{ij} は行列 A の (i, j) 成分で，Tr は行列のトレースを表す．例えば，線形バネにつながった質点が，速度に比例する粘性摩擦を受けて

$$\frac{d^2x}{dt^2} = -\gamma \frac{dx}{dt} - x \tag{3.6}$$

というニュートンの方程式に従うとする．ここで，質量を $m = 1$，バネ定数を $k = 1$ とした．$\gamma \geqq 0$ は摩擦係数である．この系は，$x_1 = x$, $x_2 = dx/dt$ とすると

$$\frac{d}{dt} \begin{pmatrix} x_1 \\ x_2 \end{pmatrix} = \begin{pmatrix} x_2 \\ -x_1 - \gamma x_2 \end{pmatrix} = \begin{pmatrix} 0 & 1 \\ -1 & -\gamma \end{pmatrix} \begin{pmatrix} x_1 \\ x_2 \end{pmatrix} \tag{3.7}$$

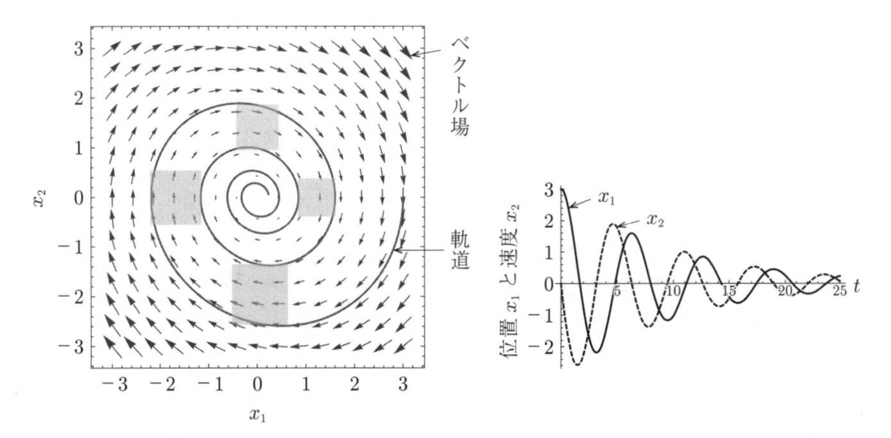

(a) ベクトル場と軌道の例．四角形は相空間の体積が縮小する様子を模式的に示す

(b) 質点の位置 x_1 と速度 x_2 の時間発展．摩擦係数は $\gamma = 0.2$

図 3.3　粘性摩擦を受けた質点の運動

という形の2次元の線形力学系となる．この系のベクトル場の発散は $\mathrm{div}\boldsymbol{F}(\boldsymbol{x}) = \mathrm{Tr}\ \mathrm{A} = -\gamma$ なので，相空間の領域 B の体積（2次元系なので実際には面積）は

$$\frac{dV}{dt} = -\gamma \int_B dv = -\gamma V \tag{3.8}$$

に従い，$V(t) = V(0)\exp(-\gamma t)$ となる．よって，摩擦係数が $\gamma > 0$ であれば，この系は相空間の体積が t とともに指数関数的に縮小する散逸系となる．実際，**図 3.3** のように，$\gamma > 0$ ならば系の状態は原点に巻きついていき，最終的には原点で静止するので，原点が唯一のアトラクタである．なお，摩擦がなく $\gamma = 0$ ならば系はハミルトン系となり，振動は持続し，相空間の体積は保存される．

3.4　1 次 元 系

本節ではまず1次元の連続時間力学系のダイナミクスと分岐について述べる．

3.4.1　実 軸 上 の 系

時刻 t における系の状態が一つの実変数 $x(t)$ で表され，ダイナミクスが

$$\frac{dx}{dt} = f(x) \tag{3.9}$$

に従うとしよう．相空間は実軸 $\boldsymbol{R}$ で1次元である．1次元系のダイナミクスは単純であり，**図 3.4** に示すように，$f(x)$ のグラフと実軸上のベクトル場を描け

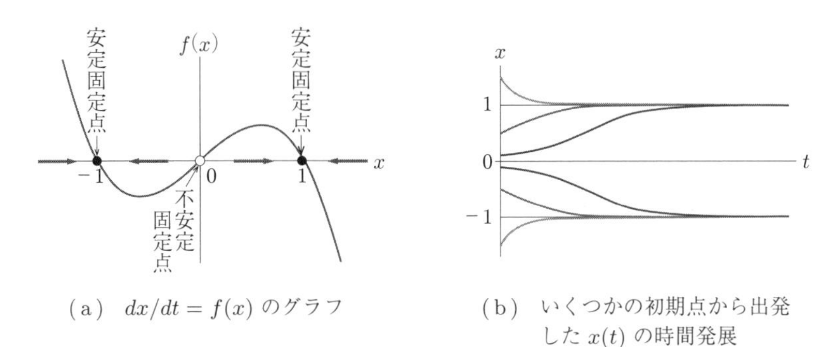

（a）$dx/dt = f(x)$ のグラフ

（b）いくつかの初期点から出発した $x(t)$ の時間発展

図 3.4　1次元系のダイナミクス

ば，容易に理解できる．変数 x は $f(x) > 0$ となる区間では増加し，$f(x) < 0$ となる区間では減少する．$f(x) = 0$ を満たす点では x は増加も減少もしないので，そのような点は**固定点**（不動点，平衡点）となる．実軸上の状態点は，いずれかの固定点に漸近するか，増加あるいは減少を続けるしかなく，振動やカオスなどの複雑なダイナミクスは実軸上の系では生じ得ない．したがって，1 次元形のダイナミクスは固定点のみによってその定性的な性質が決まる．

固定点 x^* の**線形安定性**は，その点での f の傾き $f'(x^*)$ で決まり，$f'(x^*) < 0$ ならば，x^* から僅かに離れた状態点は x^* に戻る方向に動くので，線形安定である．一方，$f'(x^*) > 0$ ならば，x^* から僅かに離れた状態点は x^* から更に離れる方向に進むので，固定点は不安定となる．ちょうど $f'(x^*) = 0$ のときには，線形の範囲では安定性は決まらず（写像の場合と同様に**中立安定**と呼ばれる），非線形項を考える必要がある．例えば，$f(x) = x^3$ ならば，$x = 0$ は線形の範囲では中立安定だが，x^3 の項のため不安定となり，$f(x) = -x^3$ ならば $x = 0$ は安定となる．なお，これらの場合，$x = 0$ 近傍で $f(x)$ が非常に小さくなるため，$x = 0$ 近傍のダイナミクスは極端に遅くなる．

3.4.2 分 岐

系のパラメータを変えることによってベクトル場が変化し，相空間の構造に定性的な違いが生じることを**分岐**（bifurcation）という．また，そのようなパラメータを**分岐パラメータ**という．1 次元系の一般的（generic）な分岐として，**ピッチフォーク分岐**（pitchfork bifurcation），**サドル–ノード分岐**（saddle-node bifurcation），**トランスクリティカル分岐**（transcritical bifurcation）が知られている．これらの分岐の性質について簡単に述べる．

（1） ピッチフォーク分岐 実パラメータ μ に依存する 1 次元系

$$\frac{dx}{dt} = \mu x - x^3 \tag{3.10}$$

を考えよう．この形の系は，磁性体の相転移や荷重をかけた構造物の座屈などの問題に関連して現れる．図 **3.5**(a)，(b) に，パラメータ μ の値を変化させた

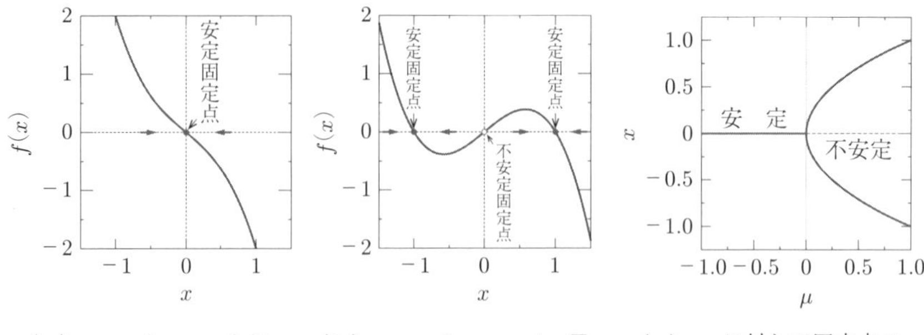

（a） $\mu < 0$．$x = 0$ に安定固定点　（b） $\mu > 0$．$x = \pm\sqrt{\mu}$ に安定固定点　（c） μ に対して固定点の位置を示した分岐図

図 3.5　超臨界ピッチフォーク分岐

ときのベクトル場と分岐図を示す．$\mu < 0$ であれば $x = 0$ が唯一の固定点で安定であるが，$\mu > 0$ とすると $x = 0$ に加えて $x = \pm\sqrt{\mu}$ に新たに二つの固定点の対が生じ，$x = 0$ は不安定，$x = \pm\sqrt{\mu}$ は安定となることがわかる．

この例のように，分岐とは，パラメータを変えることによってベクトル場の構造が定性的に変化して系のダイナミクスの性質が大きく変わることを指す．ここで，系のダイナミクスが「定性的に変化する」とは，固定点の個数や安定性が変わることにより，変化の前後の二つの軌道を，向きを保つ連続な変換によって重ね合わせることができなくなることをいう[5)~8)]．

式 (3.10) のベクトル場の示すダイナミクスの変化は**超臨界ピッチフォーク分岐**（supercritical pitchfork bifurcation）と呼ばれ，また式 (3.10) は超臨界ピッチフォーク分岐の**標準形**（normal form）と呼ばれる．ここで標準形とは，分岐点の近傍での変数変換により，系のベクトル場をできるだけ簡潔で一般的なべき級数の形で表したものである．横軸を分岐パラメータ μ として，縦軸に式 (3.10) の固定点の位置をプロットすると，図 (c) のようなグラフが得られる．これは**分岐図**（bifurcation diagram）と呼ばれる．ピッチフォーク，つまり熊手という名前は，この分岐図の形状に由来する．

式 (3.10) の 3 次の項の係数を正に変えた方程式，つまり

$$\frac{dx}{dt} = \mu x + x^3 \tag{3.11}$$

は，**亜臨界ピッチフォーク分岐**（subcritical pitchfork bifurcation）の標準形と呼ばれる．そのベクトル場と分岐図を**図 3.6** に示す．パラメータが $\mu < 0$ のときには，固定点 $x = 0$ は線形安定だが，その外側の二つの固定点 $x = \pm\sqrt{-\mu}$ は不安定である．一方，$\mu > 0$ では不安定固定点 $x = 0$ のみが存在する．したがって，$\mu < 0$ で $|x| > \sqrt{-\mu}$ の領域より出発した軌道，あるいは $\mu > 0$ で $x \neq 0$ から出発した軌道は，$\pm\infty$ に発散してしまう．このように，亜臨界ピッチフォーク分岐と超臨界ピッチフォーク分岐の標準形はよく似ているが，それらの分岐図は単に反転したものではなく，異なる性質を持つ．

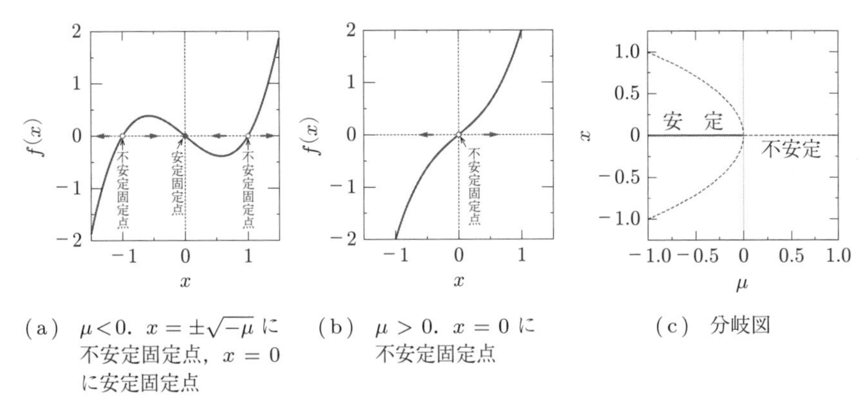

（a）$\mu<0$．$x = \pm\sqrt{-\mu}$ に不安定固定点，$x = 0$ に安定固定点　（b）$\mu > 0$．$x = 0$ に不安定固定点　（c）分岐図

図 3.6　亜臨界ピッチフォーク分岐

実現象では，パラメータの変化により亜臨界ピッチフォークが起きたとしても，状態変数が無限に大きくなることはなく，高次の非線形効果によって発散が抑えられることが多い．そのような状況でのダイナミクスを表すために，発散を抑え，また対称性を考慮した最低次の項として，5 次の項を導入した

$$\frac{dx}{dt} = \mu x + x^3 - x^5 \tag{3.12}$$

という形の方程式がよく扱われる．この場合，ベクトル場と分岐図は**図 3.7** に示すようになり，不安定な固定点の外側に，更に二つの安定な固定点が現れて，状態の発散が押さえられることがわかる．これらの不安定固定点と安定固定点は，このあとで述べるサドル–ノード分岐によって対消滅する．

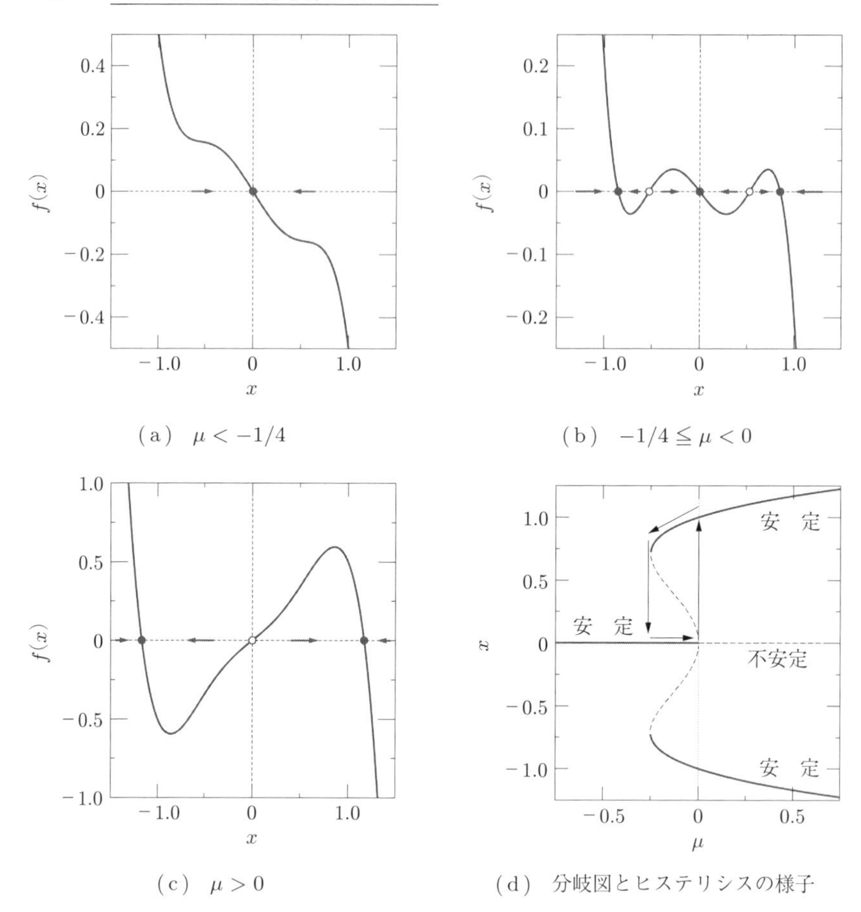

（a）$\mu < -1/4$　（b）$-1/4 \leqq \mu < 0$

（c）$\mu > 0$　（d）分岐図とヒステリシスの様子

図 3.7　亜臨界ピッチフォーク分岐の標準形に5次の非線形項を加えた場合

よく知られているように，この分岐図は**ヒステリシス**（hysteresis，履歴依存性）を示す典型的なものとなっている．図(d)に示すように，分岐パラメータμを負の値からゆっくりと増加させると，$\mu < 0$の間は$x = 0$が線形安定なので系の状態は$x = 0$に留まるが，$\mu > 0$になると$x = 0$は不安定化するので，系の状態は微小な摂動によって一番外側にある安定な固定点のいずれかにジャンプする．その後，μを減少させても，系の状態は$\mu = 0$で$x = 0$には戻らず，μが更に減少して，新たに外側に生じた固定点が消滅するときに，初めて$x = 0$

に戻る．このように，亜臨界ピッチフォーク分岐では，パラメータ μ の変化に対する系の応答がそれまでの系の履歴に依存する．

(2) サドル–ノード分岐 標準形は，μ を実パラメータとして

$$\frac{dx}{dt} = \mu - x^2 \tag{3.13}$$

で与えられる．ベクトル場の様子と分岐図を**図 3.8** に示す．パラメータ μ が負ならば dx/dt は常に負であり，x は単調に減少して $-\infty$ に向かう．パラメータ μ を増加させると，分岐点 $\mu = 0$ で $x = 0$ に固定点が一つだけ出現する．この固定点は線形の範囲では中立安定であるが，グラフより $x > 0$ への摂動に対しては安定，$x < 0$ への摂動に対しては不安定である．$\mu > 0$ では $x = \pm\sqrt{\mu}$ に二つの固定点が存在する．これらのうち，$x = -\sqrt{\mu}$ にある固定点（サドル (saddle)）は不安定で，$x = +\sqrt{\mu}$ にある固定点（ノード (node)）は安定である．逆に，μ を正の値から減少させると，二つの固定点は $\mu = 0$ で衝突して合体し，$\mu < 0$ では消滅する．このように，サドルとノードが対生成あるいは対消滅するため，**サドル–ノード分岐**と呼ばれる．

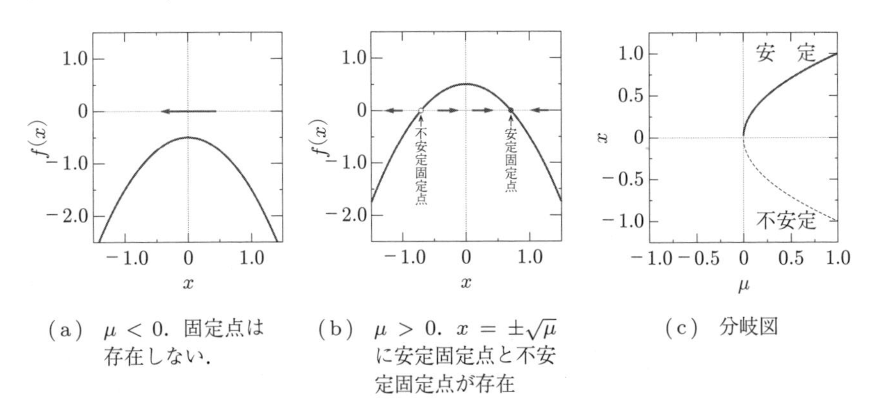

(a) $\mu < 0$．固定点は存在しない．

(b) $\mu > 0$．$x = \pm\sqrt{\mu}$ に安定固定点と不安定固定点が存在

(c) 分岐図

図 3.8 サドル–ノード分岐

式 (3.13) において x^2 の項の符号を変えた

$$\frac{dx}{dt} = \mu + x^2 \tag{3.14}$$

も，やはりサドル–ノード分岐の標準形である．この場合，$\mu < 0$ では二つの固定点が存在し，$\mu > 0$ では存在しない．この式の分岐図は式 (3.13) の分岐図を単に反転させたものとなり，ピッチフォーク分岐のような本質的な違いはない．したがって，サドル–ノード分岐については超臨界と亜臨界の区別はない．なお，ここでは1次元系を考えているため，サドル（鞍点）といっても安定な固有方向を持たない単なる不安定固定点であるが，この分岐は高次元でも一般的に生じ，その際には安定な固有方向と不安定な固有方向を持つサドル形の固定点に対応する．

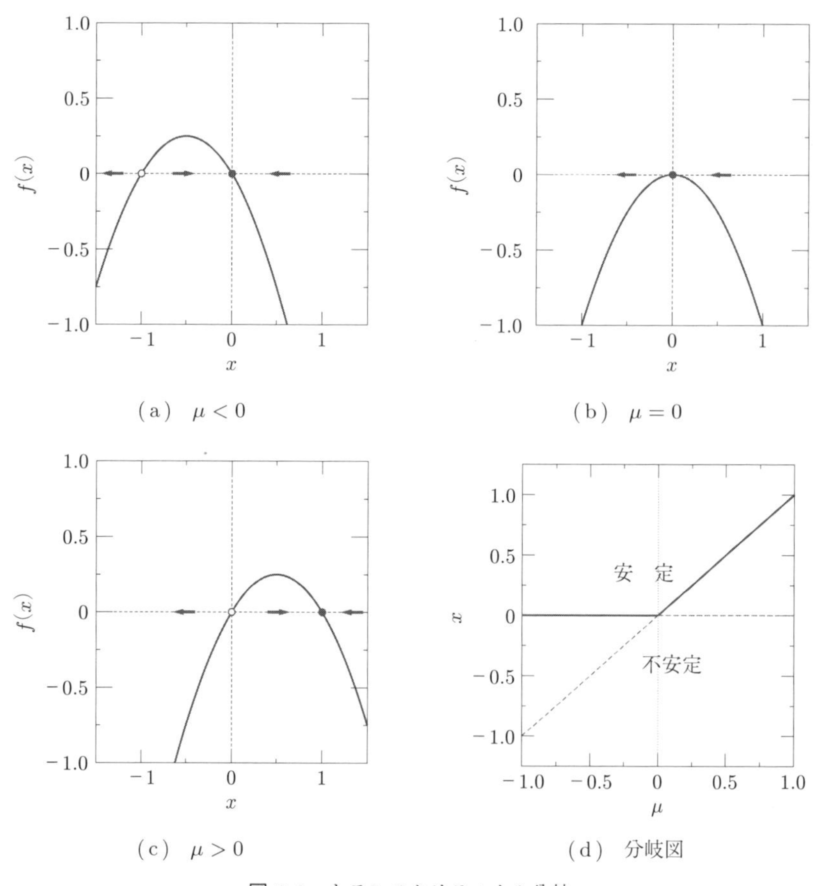

図 **3.9**　トランスクリティカル分岐

(3) トランスクリティカル分岐 標準形は，μ を実パラメータとして

$$\frac{dx}{dt} = x(\mu - x) \tag{3.15}$$

で与えられる．この系は，μ の値によらず $x = 0$ と $x = \mu$ に固定点を持つが，$\mu < 0$ では $x = \mu$ が不安定で $x = 0$ は安定，$\mu > 0$ では $x = 0$ が不安定で $x = \mu$ は安定となる．ベクトル場と分岐図を**図 3.9** に示す．分岐点 $\mu = 0$ を境に安定性が交代していることがわかる．式 (3.15) の x^2 の項の符号を変えた $dx/dt = x(\mu + x)$ もトランスクリティカル分岐の標準形で，同様の分岐図を与える．

3.4.3 円 周 上 の 系

3.4.2 項では実軸上の 1 次元系を考えた．ここでは円周上の 1 次元系を考えよう．系の状態は一つの実変数 θ で表され，θ が円周上にあるとして，θ と $\theta+2m\pi$（m は整数）は同じ状態を表すものとする．系のダイナミクスを $d\theta/dt = f(\theta)$ と表す．円周上で考えているので，ベクトル場 $f(\theta)$ は周期境界条件 $f(\theta+2\pi) = f(\theta)$ を満たす必要がある．この系のダイナミクスは，実軸上の系と局所的には同じであるが，実軸上で $\pm\infty$ に向けて単調に増加あるいは減少していた解は，円周上では周期的な振動解に対応することが大きく異なる．

例えば，$f(\theta) = \mu - \sin\theta$ として

$$\frac{d\theta}{dt} = \mu - \sin\theta \tag{3.16}$$

という系を考えよう．**図 3.10** にベクトル場と分岐図を示す．パラメータが $\mu > 1$ ならば，常に $d\theta/dt > 0$ なので，θ は単調に増加して円周上を正の向きに回り続ける．しかし，$\theta + 2m\pi$ は θ と同一視されるため，これは系の周期的な状態変化，すなわち振動に対応する．μ を減少させると，$\mu = 1$ でサドル–ノード分岐が起きて，$-1 < \mu < 1$ の範囲では安定な固定点と不安定な固定点が存在する．このときには θ は安定な固定点に漸近し，振動は停止する．$\mu = -1$ で再度サドル–ノード分岐が起きて二つの固定点が対消滅し，$\mu < -1$ では常に

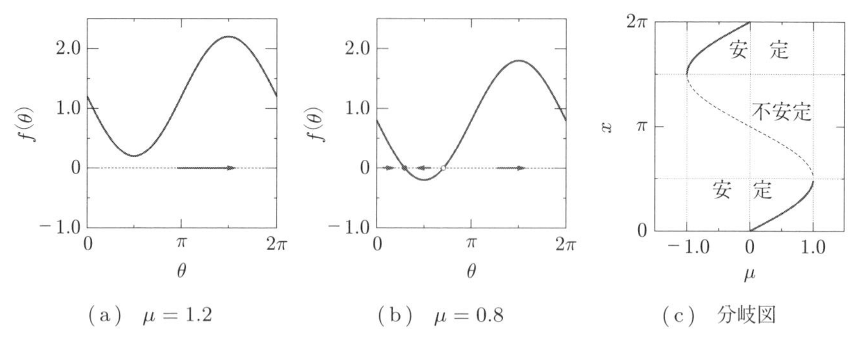

(a)　$\mu = 1.2$　(b)　$\mu = 0.8$　(c)　分岐図

図 3.10　円周上のサドル–ノード分岐

$d\theta/dt < 0$ となり，今度は θ は単調に減少して円周上を負の向きに回り続ける．なお，$\mu = \pm 1$ の近傍では，$\theta = \pi \mp \pi/2$ の近傍で右辺の $\mu - \sin\theta$ が 0 に非常に近くなるため，θ の変化は著しく遅くなり，$\mu \to \pm 1$ で振動周期は発散する．

円周上で生じるサドル–ノード分岐は，自励振動が発生する典型的な分岐の一つであり，周期の発散はその重要な特徴である．また，5 章で非線形振動子の位相同期を議論する際にも，式 (3.16) のタイプの方程式が現れる．

3.5　2　次　元　系

本節では 2 次元の連続時間力学系のダイナミクスと分岐について述べる．

3.5.1　平面上のベクトル場

2 次元の相空間，つまり相平面 $\boldsymbol{R}^2$ を持つ系を考え，系の状態変数を $\boldsymbol{x}(t) = (x(t), y(t))$ として，そのダイナミクスが

$$\frac{d}{dt}\begin{pmatrix} x \\ y \end{pmatrix} = \begin{pmatrix} F(x,y) \\ G(x,y) \end{pmatrix} \tag{3.17}$$

で表されるとしよう．ベクトル場 $\boldsymbol{F}(\boldsymbol{x}) = (F(x,y), G(x,y))$ は，相平面の各点 $\boldsymbol{x} = (x,y)$ における状態点の速度を表し，十分に滑らかとする．系の軌道 $\boldsymbol{x}(t) = (x(t), y(t))$ は各点 (x,y) でベクトル $(F(x,y), G(x,y))$ に接する．

特に，$F(x^*, y^*) = 0$ 及び $G(x^*, y^*) = 0$ を満たす点 $\boldsymbol{x}^* = (x^*, y^*)$ は，系の固定点である．1次元系とは異なり，2次元系では固定点のみで系の様子が決まるわけではないが，やはり固定点はダイナミクスを把握するうえで重要な役割を果たす．解が一意的に定まる2次元の相平面上の連続力学系では，二つの軌道が交差することは生じ得ないため，カオスのような複雑なダイナミクスが生じることはなく，系の状態は固定点に収束するか，周期的なダイナミクスを示すか，あるいは発散するかのいずれかとなる．

3.5.2 固定点の安定性

一般に，固定点 $\boldsymbol{x}^* = (x^*, y^*)$ は，$\boldsymbol{x}^*$ の十分近くから出発した軌道がその後もずっと $\boldsymbol{x}^*$ の近所に留まれば（つまり $\boldsymbol{x}^*$ から離れていかなければ）**リアプノフ安定**（Lyapunov stable）と呼ばれ，更に $\boldsymbol{x}^*$ の近くから出発した軌道が $t \to \infty$ で $\boldsymbol{x}^*$ に収束するなら**漸近安定**（asymptotically stable）と呼ばれる．$\boldsymbol{x}^*$ がリアプノフ安定でないときには，$\boldsymbol{x}^*$ は不安定である．

固定点の線形安定性を調べよう．固定点が線形安定ならば局所的には漸近安定である．時刻 t での系の状態 $(x(t), y(t))$ が固定点 (x^*, y^*) の近傍にあるとして，そこからの微小な変分を $(u(t), w(t))$ とすると

$$x(t) = x^* + u(t), \quad y(t) = y^* + w(t) \tag{3.18}$$

と表される．これを $F(x, y)$, $G(x, y)$ に入れてテイラー展開すると

$$\left.\begin{aligned} F(x, y) &= F(x^* + u, y^* + w) \\ &= F(x^*, y^*) + au + bw + O(u^2, w^2, uw) \\ G(x, y) &= G(x^* + u, y^* + w) \\ &= G(x^*, y^*) + cu + dw + O(u^2, w^2, uw) \end{aligned}\right\} \tag{3.19}$$

となる．ここで，a, b, c, d は固定点 (x^*, y^*) におけるベクトル場の偏微分係数

$$a = \frac{\partial F}{\partial x}, \quad b = \frac{\partial F}{\partial y}, \quad c = \frac{\partial G}{\partial x}, \quad d = \frac{\partial G}{\partial y} \tag{3.20}$$

である．固定点 (x^*, y^*) では $dx^*/dt = F(x^*, y^*) = 0$, $dy^*/dt = G(x^*, y^*) = 0$ が満たされるので，微小変分を表すベクトルと行列を

$$\boldsymbol{u} = \begin{pmatrix} u \\ w \end{pmatrix}, \quad \mathrm{J} = \begin{pmatrix} a & b \\ c & d \end{pmatrix} \tag{3.21}$$

として，テイラー展開の高次項を無視すれば，変分 $\boldsymbol{u}$ は線形化方程式

$$\frac{d\boldsymbol{u}}{dt} = \mathrm{J}\boldsymbol{u} \tag{3.22}$$

に従う．この J を固定点 (x^*, y^*) での**ヤコビ**（Jacobi）**行列**といい，J の固有値から (x^*, y^*) の線形安定性がわかる．つまり，J の全ての固有値の実部が負なら固定点は線形安定で，一つでも正なら固定点は不安定となる．

一般に，固定点のヤコビ行列 J が，実部が 0 となる固有値を持たないときに，この固定点は**双曲型**（hyperbolic）と呼ばれる．このとき，固定点近傍で線形化した系は元の非線形系と位相同型となり，定性的に同じダイナミクスを示す（ハートマン–グロブマン（Hartman–Grobman）の定理）．よって，線形化した系の解析によってもとの非線形系の固定点の安定性がわかる．一方，0 となる固有値がある場合には，系の固定点の安定性は線形の範囲では定まらず，非線形性を考慮する必要がある．

3.5.3 線　　形　　系

3.5.2 項で，固定点の周りでのベクトル場の線形化により

$$\frac{d\boldsymbol{x}}{dt} = \mathrm{A}\boldsymbol{x} \tag{3.23}$$

という形の 2 次元の線形系が得られた．ここで

$$\boldsymbol{x} = \begin{pmatrix} x \\ y \end{pmatrix}, \quad \mathrm{A} = \begin{pmatrix} a & b \\ c & d \end{pmatrix} \tag{3.24}$$

である．この形の線形系について議論しておこう．

明らかに原点 $\boldsymbol{x}^* = 0$ は固定点である．線形系の一般解は A の固有値と固有ベクトルで表せる．A の固有値を λ，固有ベクトルを $\boldsymbol{v}$ として，$\boldsymbol{x}(t) = \boldsymbol{v}\exp(\lambda t)$ いう形の解を仮定して式 (3.23) に代入すると，λ と $\boldsymbol{v}$ は固有値方程式 $\lambda\boldsymbol{v} = \mathrm{A}\boldsymbol{v}$ を満たす．この方程式が $\boldsymbol{v} \neq 0$ の非自明な解を持つためには，λ は特性方程式

$$\det(\lambda\mathrm{I} - \mathrm{A}) = \lambda^2 - \tau\lambda + \Delta = 0 \tag{3.25}$$

を満たす必要がある．ここで I は単位行列で，A のトレースと行列式を $\tau = \mathrm{Tr}\,\mathrm{A} = a + d$, $\Delta = \det\mathrm{A} = ad - bc$ と置いた．この式より，A の固有値は

$$\lambda_1 = \frac{\tau + \sqrt{\tau^2 - 4\Delta}}{2}, \quad \lambda_2 = \frac{\tau - \sqrt{\tau^2 - 4\Delta}}{2} \tag{3.26}$$

の二つとなる．特性方程式 (3.25) の判別式が $\tau^2 - 4\Delta \geqq 0$ を満たせば λ_1 と λ_2 は実数となり，$\tau^2 - 4\Delta < 0$ ならば λ_1 と λ_2 は共役な複素数となる．固有値が実数なら $\boldsymbol{v}_1, \boldsymbol{v}_2$ は実ベクトルであり，固有値が複素数なら $\boldsymbol{v}_1, \boldsymbol{v}_2$ は複素ベクトルである．以下，いくつかの場合に分けて，$\boldsymbol{x}(t)$ の典型的な挙動を述べる．

(1)　二つの固有値が異なる場合 ($\lambda_1 \neq \lambda_2$)　それぞれの固有値に対応する固有ベクトル $\boldsymbol{v}_1$, $\boldsymbol{v}_2$ を用いて，$\boldsymbol{x}(t)$ の一般解は

$$\boldsymbol{x}(t) = C_1\exp(\lambda_1 t)\boldsymbol{v}_1 + C_2\exp(\lambda_2 t)\boldsymbol{v}_2 \tag{3.27}$$

となり，定数 C_1, C_2 は初期条件より決まる．したがって，固有値 λ_1, λ_2 の実部がいずれも負ならば，$\boldsymbol{x}(t)$ は指数関数的に減衰するので，原点 $\boldsymbol{x}^* = 0$ は線形安定である．このときのダイナミクスの様子を**図 3.11** に模式的に示す．なお，図では $\boldsymbol{v}_1$, $\boldsymbol{v}_2$ が直交するように表示しているが，一般に J は非対称行列なので，両者は直交していない．

まず，固有値 λ_1, λ_2 が 0 以外の実数のとき，$\lambda_1 > \lambda_2$ として，以下の三つに分けられる．

(i)　$0 > \lambda_1 > \lambda_2$ のとき，原点は**安定ノード**（stable node）となり，$\boldsymbol{x}(t)$ は $\boldsymbol{v}_1$, $\boldsymbol{v}_2$ の両方向に縮小する（$\boldsymbol{v}_2$ 方向の縮小が速い）．

(ii)　$\lambda_1 > 0 > \lambda_2$ のとき，原点は**サドル**（鞍点）となり，$\boldsymbol{x}(t)$ は $\boldsymbol{v}_1$ 方向に

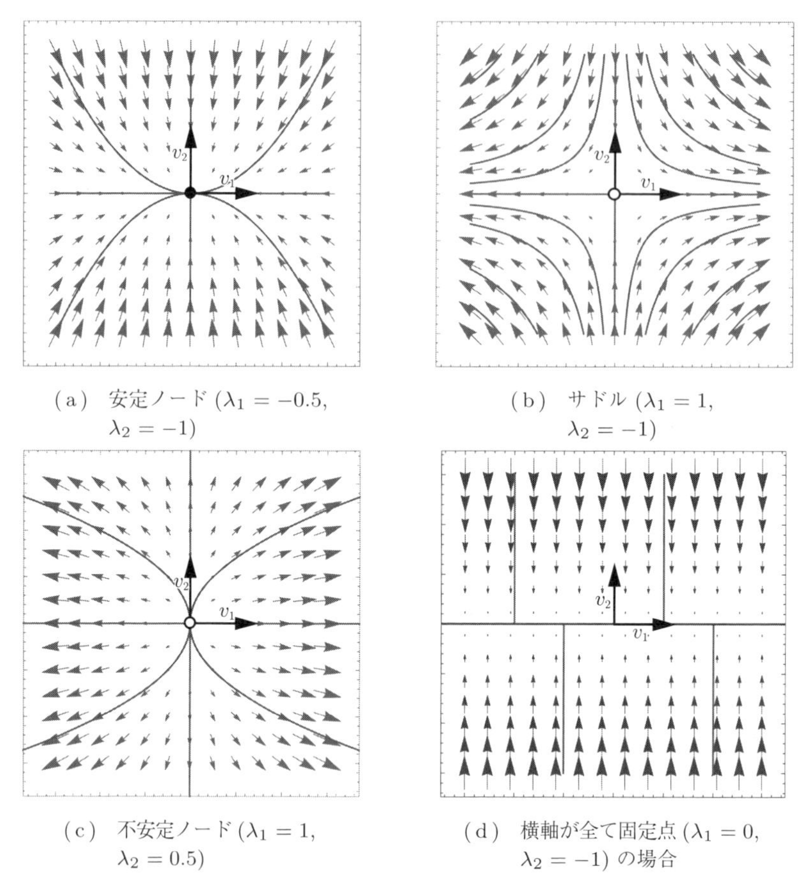

(a) 安定ノード ($\lambda_1 = -0.5$, $\lambda_2 = -1$)

(b) サドル ($\lambda_1 = 1$, $\lambda_2 = -1$)

(c) 不安定ノード ($\lambda_1 = 1$, $\lambda_2 = 0.5$)

(d) 横軸が全て固定点 ($\lambda_1 = 0$, $\lambda_2 = -1$) の場合

図 3.11　線形系のダイナミクス．固有値が二つの異なる実数の場合

は拡大，$\boldsymbol{v}_2$ 方向には縮小する．

(iii) $\lambda_1 > \lambda_2 > 0$ のとき，原点は**不安定ノード**（unstable node）となり，$\boldsymbol{x}(t)$ は $\boldsymbol{v}_1, \boldsymbol{v}_2$ の両方向に拡大する（$\boldsymbol{v}_1$ 方向の拡大が速い）．

また，固有値のいずれかが 0 となるとき，以下の二つに分けられる．

(i) $\lambda_1 = 0 > \lambda_2$ のとき，$\boldsymbol{x}(t)$ は $\boldsymbol{v}_1$ 方向には伸び縮みせず，$\boldsymbol{v}_2$ 方向に縮小する．

(ii) $\lambda_1 > \lambda_2 = 0$ のとき，$\boldsymbol{x}(t)$ は $\boldsymbol{v}_1$ 方向には拡大し，$\boldsymbol{v}_2$ 方向には伸び縮みしない．

これらの場合，原点だけではなく，原点を通り，0 となる固有値に対応する固有ベクトル方向の直線上の点が全て固定点となる特殊な状況となる．

一方，固有値 λ_1 と λ_2 が共役な複素数となる場合には，$\boldsymbol{v}_1$ と $\boldsymbol{v}_2$ も互いに複素共役なベクトルとなる．このとき，$\alpha = \tau/2,\ \omega = (\sqrt{4\Delta - \tau^2})/2$ と置くと $\lambda_1 = \alpha + i\omega,\ \lambda_2 = \alpha - i\omega$ なので，$\boldsymbol{x}(t)$ の一般解は複素定数 C_1, C_2 と複素ベクトル $\boldsymbol{v}_1, \boldsymbol{v}_2$ から定まる実定数 D_1, D_2 と実ベクトル $\boldsymbol{w}_1, \boldsymbol{w}_2$ を用いて

$$\boldsymbol{x}(t) = e^{\alpha t}(D_1\boldsymbol{w}_1 \cos\omega t + D_2\boldsymbol{w}_2 \sin\omega t) \tag{3.28}$$

と表される．したがって，$\alpha = \tau/2$ の値によって原点の安定性が決まり，以下の三つに分けられる．

(i) $\alpha = \tau/2 < 0$ のとき，原点は**安定フォーカス**（stable focus）となり，$\boldsymbol{x}(t)$ は回転しつつ収束する．

(ii) $\alpha = \tau/2 > 0$ のとき，原点は**不安定フォーカス**（unstable focus）となり，$\boldsymbol{x}(t)$ は回転しつつ発散する．

(iii) $\alpha = \tau/2 = 0$ のとき，原点は**センター**（center）となり，$\boldsymbol{x}(t)$ は周期軌道となる（半径は初期条件で決まる）．

図 3.12 にそれぞれの様子を示す．

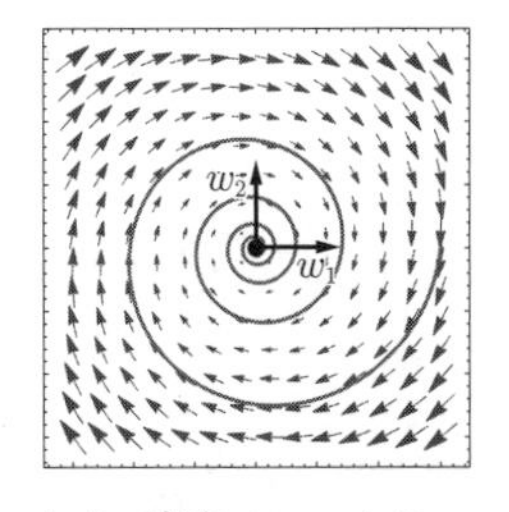

(a) 安定フォーカス ($\lambda_{1,2} = -0.12 \pm i$)

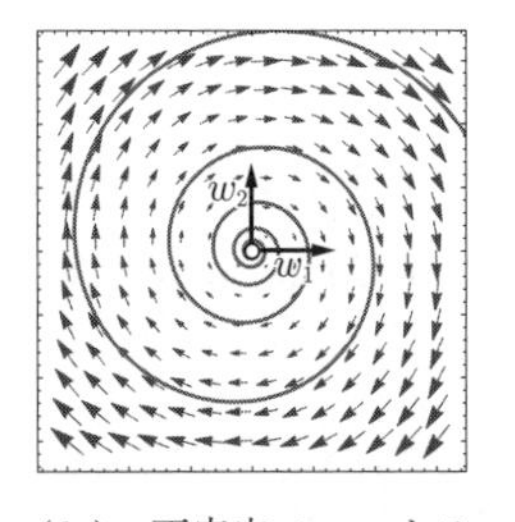

(b) 不安定フォーカス ($\lambda_{1,2} = 0.12 \pm i$)

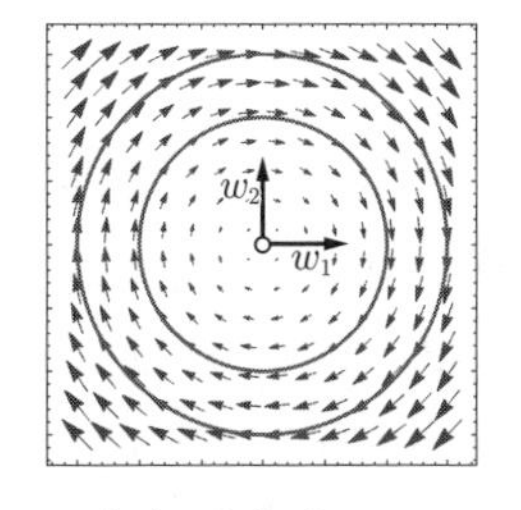

(c) センター ($\lambda_{1,2} = \pm i$)

図 3.12　線形系のダイナミクス．固有値が共役な複素数の場合

(2) 二つの固有値が等しい場合 ($\lambda_1 = \lambda_2$)　この場合，固有値は実数であり，これを $\lambda_1 = \lambda_2 = \lambda$ とする．このときは，A の性質により更に二つの場

合に分けられる．まず，固有値 λ に対応する二つの独立な固有ベクトル $\boldsymbol{v}_1, \boldsymbol{v}_2$ が取れる場合，つまり rank $(\lambda\mathrm{I}-\mathrm{A})=0$ のとき，一般解はやはり

$$\boldsymbol{x}(t)=(C_1\boldsymbol{v}_1+C_2\boldsymbol{v}_2)e^{\lambda t} \tag{3.29}$$

と表される．ここで，C_1, C_2 は初期条件で決まる定数である．これは原点を通る直線状の軌道群を表しており，原点は $\lambda<0$ なら安定，$\lambda>0$ なら不安定となる．この場合，図 **3.13**(a) に示すように，軌道の図が原点を中心とする星状となるので，**スターノード**（star node）などと呼ばれる．

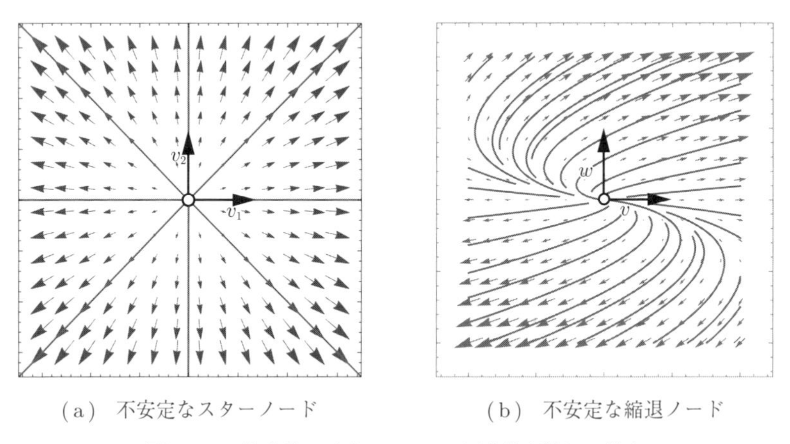

(a) 不安定なスターノード　　(b) 不安定な縮退ノード

図 3.13　線形系のダイナミクス．固有値が等しい場合

一方，λ に対応する固有ベクトルが $\boldsymbol{v}$ が一つしか取れないとき，つまり rank $(\mathrm{A}-\lambda\mathrm{I})=1$ のときには，$(\mathrm{A}-\lambda\mathrm{I})\boldsymbol{w}=\boldsymbol{v}$ の解である一般化固有ベクトル $\boldsymbol{w}$ を用いて，$\boldsymbol{x}(t)$ は

$$\boldsymbol{x}(t)=C_1e^{\lambda t}\boldsymbol{v}+C_2(\boldsymbol{v}t+\boldsymbol{w})e^{\lambda t} \tag{3.30}$$

と表される．原点は $\lambda<0$ ならば安定，$\lambda>0$ なら不安定で，図 (b) に示すように，原点付近で軌道の向きは $\boldsymbol{v}$ に平行に近づく．この場合，原点は**縮退ノード**（degenerate node）と呼ばれる．

平面上の線形系の原点にある固定点の線形安定性は，図 **3.14** に示すように行

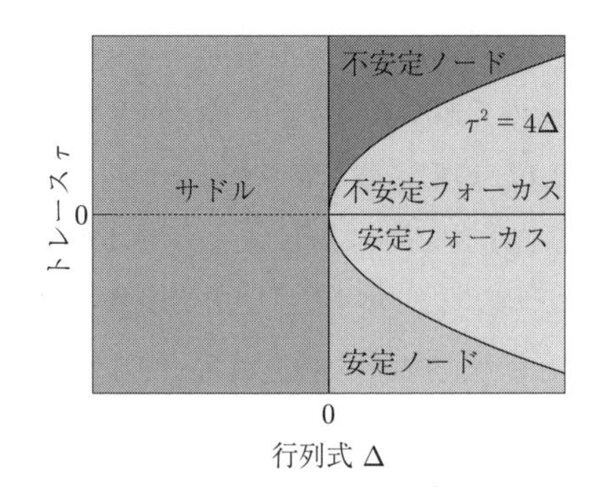

グラフの右下が線形安定な領域

図 3.14 線形系の安定性ダイアグラム

列 A のトレース τ と行列式 Δ で整理できる．これらは $\tau = \lambda_1 + \lambda_2$, $\Delta = \lambda_1\lambda_2$ を満たすので，$\Delta < 0$ ならば，固有値の一方は正，一方は負であり，固定点はサドルとなって不安定である．$\Delta > 0$ のときには，固有値は同じ符号の実数か，複素共役な対となる．このとき，特性方程式 (3.25) の判別式が $\tau^2 - 4\Delta > 0$ ならば，二つの固有値は同符号の実数なので，$\tau > 0$ なら不安定ノード，$\tau < 0$ なら安定ノードとなる．一方，$\tau^2 - 4\Delta < 0$ なら，固有値は複素数の対となるので，$\tau > 0$ なら固定点は不安定フォーカス，$\tau < 0$ なら安定フォーカスとなる．また，$\tau^2 - 4\Delta = 0$ の線上では二つの固有値が等しくなるのでスターノードか縮退ノードとなり，$\Delta = 0$ の直線上では固有値の一つが 0 となる．

3.5.4 自励振動の発生

1 次元系では円周上の系を考えない限り振動を表現できなかったが，2 次元系では相平面上に周期軌道が生じ得る．特に，散逸力学系においては，自励振動現象に対応する安定な**リミットサイクル**（limit cycle，極限周期軌道）が生じる．安定なリミットサイクルを持ち自励振動を示す力学系を**リミットサイクル振動子**と呼び，5 章及び 6 章における中心的なテーマである．

例えば，電気回路の非線形振動を表す非常に有名な**ファンデルポル**（van der Pol）**モデル**は

$$\frac{d^2x}{dt^2} + \varepsilon(x^2 - 1)\frac{dx}{dt} + x = 0 \tag{3.31}$$

で与えられる．これは，調和振動子が非線形な散逸を受けた形をしており，ε は

散逸の強さを表すパラメータである．この方程式は，非線形素子として真空管を含む電気回路のモデルから導出されたものである．変数 $y = dx/dt$ を導入すれば，系の状態変数を (x, y) として式 (3.17) の形に書き表される．

分岐パラメータとして ε を変化させ，系の挙動を調べよう．$\varepsilon < 0$ では相平面の原点は線形安定であり，軌道は回転しつつ原点に収束する．これは減衰振動に対応する．一方，$\varepsilon > 0$ では原点は不安定となり，非線形な散逸項 $\varepsilon(x^2 - 1)dx/dt$ の効果により，系は持続的な自励振動を生じる．この項は $|x| > 1$ なら正の摩擦として働いて振動の振幅を減衰させるが，$|x| < 1$ なら負の摩擦として働いて振動の振幅を増大させる．これにより，軌道は安定なリミットサイクルに漸近し，持続的な振動が発生する．また，ε の値によりリミットサイクルの形状は変化する．これらの状況を**図 3.15** に示す．

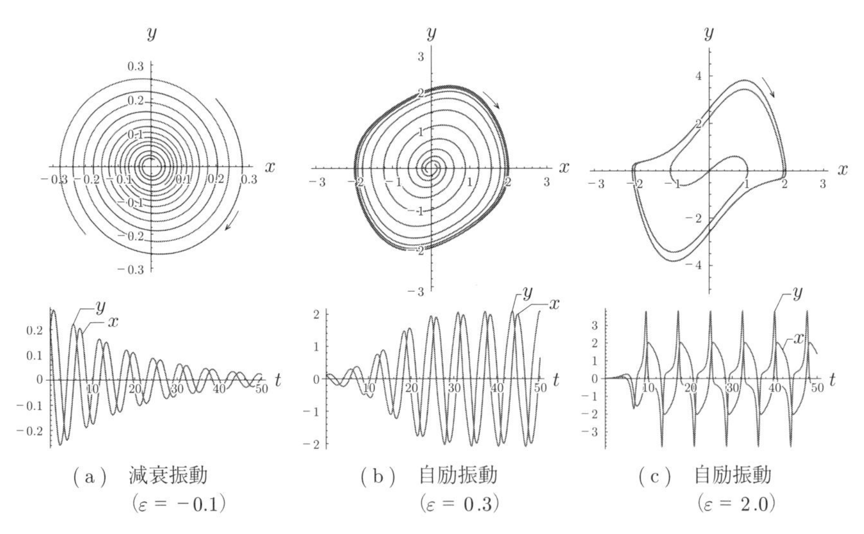

(a)　減衰振動 ($\varepsilon = -0.1$)　(b)　自励振動 ($\varepsilon = 0.3$)　(c)　自励振動 ($\varepsilon = 2.0$)

図 3.15　ファンデルポル方程式の相平面上の軌道と変数 x, y の時間発展

安定なリミットサイクル振動と調和振動の本質的な違いは，リミットサイクル振動においては系が決まった形状の孤立した安定な周期軌道をアトラクタとして持ち，その吸引領域内から出発した状態点が，十分な時間が経ったのち，初期条件によらずにこの周期軌道に漸近して，その上を運動し続けることである．

一方，線形な調和振動子は，初期条件により任意の振幅の周期軌道を示し得るが，現実には必ず散逸があるため，振動は安定には持続せずいずれ減衰する．

3.5.5 リミットサイクルを生じる分岐

平面上の力学系において，パラメーター一つを変化させた際に自律的な振動状態に至る一般的な分岐として，ホップ（Hopf）分岐，リミットサイクルのサドル–ノード分岐，無限周期分岐，ホモクリニック分岐などの 4 種類が知られている．

(1) ホップ分岐　固定点のヤコビ行列が複素共役な固有値の対 λ, λ^* を持ち，系の分岐パラメータ μ を変化させたときに，その実部 $\mathrm{Re}\lambda$ が虚軸を負から正に横断的に横切る際に，一般にホップ分岐が生じる．これにより，安定フォーカスであった固定点が不安定フォーカスに変化し，非線形項の効果によって孤立したリミットサイクル軌道が生じる．ピッチフォーク分岐の場合と同様に，ホップ分岐にも超臨界と亜臨界の区別がある．

超臨界ホップ分岐（supercritical Hopf bifurcation）の標準形は

$$\frac{d}{dt}\begin{pmatrix} x \\ y \end{pmatrix} = \begin{pmatrix} \mu x - \omega y - (x - by)(x^2 + y^2) \\ \omega x + \mu y - (bx + y)(x^2 + y^2) \end{pmatrix} \tag{3.32}$$

という形で与えられる．ここで μ, ω, b はパラメータである．原点は系の唯一の固定点であり，そのヤコビ行列は

$$\mathrm{J} = \begin{pmatrix} \mu & -\omega \\ \omega & \mu \end{pmatrix} \tag{3.33}$$

なので，固有値は $\lambda = \mu \pm i\omega$ である．したがって，原点は $\mu < 0$ なら安定フォーカスであり，$\mu > 0$ なら不安定フォーカスである．よって，μ はベクトル場の性質を定性的に変える分岐パラメータである．

極座標 (r, θ) を用いて $x = r\cos\theta$, $y = r\sin\theta$ と表すと，振幅 r と角度 θ は

$$\frac{dr}{dt} = \mu r - r^3, \quad \frac{d\theta}{dt} = \omega + br^2 \tag{3.34}$$

に従う．ここで，角度 θ の式は $r > 0$ の場合にのみ成り立つ．振幅 r の式は，式 (3.10) の 1 次元系のピッチフォーク分岐の標準形と同じ形であるが，$r \geq 0$ なので，0 と $\sqrt{\mu}$（$\mu > 0$ のとき）に固定点を持つ．$\mu < 0$ では $r = 0$ の安定固定点のみが存在し，$\mu > 0$ では $r = 0$ の固定点は不安定化して $r = \sqrt{\mu}$ の固定点が安定となる．したがって，$\mu > 0$ ならば振幅 r は $\sqrt{\mu}$ に漸近し，θ は一定の割合 $\omega + b\mu$ で増加するようになる．よって，この系は $\mu > 0$ で安定なリミットサイクル解

$$r(t) = \sqrt{\mu}, \quad \theta(t) = (\omega + b\mu)t + \theta_0 \tag{3.35}$$

を持つ．ここで定数 θ_0 は初期条件で決まる．変数を (x, y) に戻すと，これは半径 $\sqrt{\mu}$ の円周上を一定の振動数 $\omega + b\mu$ で回転する運動を表す．超臨界ホップ分岐では，μ が分岐点を超えると，振動の振幅は 0 から連続的に増大する．図 **3.16** 及び図 **3.17** に超臨界ホップ分岐の分岐図と相平面の軌道の様子を示す．

超臨界ホップ分岐はさまざまな系で見られ，その分岐点近傍では，変数の変

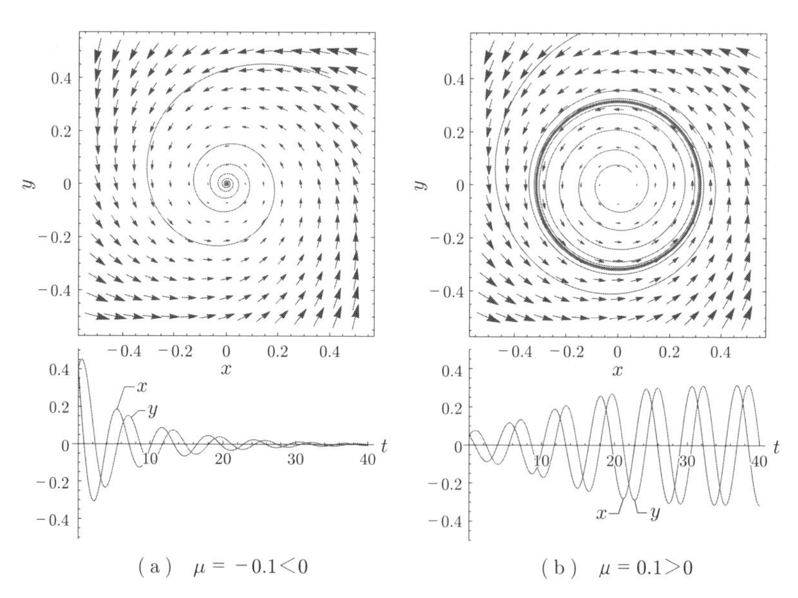

（a）$\mu = -0.1 < 0$　　（b）$\mu = 0.1 > 0$

図 3.16　超臨界ホップ分岐．相平面と変数 x, y の時間発展

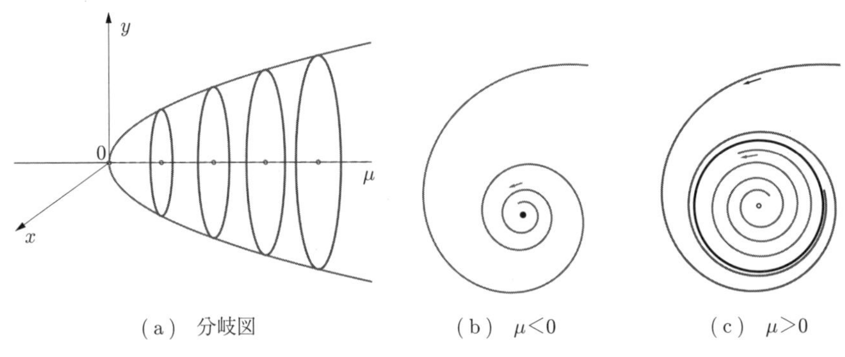

(a) 分岐図 (b) $\mu<0$ (c) $\mu>0$

図 3.17 超臨界ホップ分岐．分岐図と軌道の模式図

換により，系を式 (3.32) の標準形に帰着できる．数値計算や実験でホップ分岐を観察する際の特徴としては，上述の結果からわかるように，パラメータ μ が振動の発生する分岐点 μ_c を超える際に，$\mu = \mu_c$ 近傍で振幅が $\sqrt{\mu - \mu_c}$ に比例する平方根則に従って連続的に 0 から増加することと，分岐点近傍での振動数が $\mu = \mu_c$ における固有値の虚部 $\mathrm{Im}\ \lambda = \omega$ に近いことが挙げられる．

一方，**亜臨界ホップ分岐**（subcritical Hopf bifurcation）の標準形は

$$\frac{d}{dt}\begin{pmatrix} x \\ y \end{pmatrix} = \begin{pmatrix} \mu x - \omega y + (x - by)(x^2 + y^2) \\ \omega x + \mu y + (bx + y)(x^2 + y^2) \end{pmatrix} \tag{3.36}$$

で与えられ，(x, y) の 3 次の項の係数が正となっている．極座標表示では

$$\frac{dr}{dt} = \mu r + r^3, \quad \frac{d\theta}{dt} = \omega + br^2 \tag{3.37}$$

であり，振幅 r の式は式 (3.10) の亜臨界ピッチフォーク分岐と同じ形である．よって，$\mu < 0$ ならば安定固定点 $r = 0$ と不安定固定点 $r = \sqrt{-\mu}$ を持ち，$\mu > 0$ では不安定固定点 $r = 0$ のみを持つ．そのため，$\mu < 0$ のときには，系は原点の安定固定点 $r = 0$ と不安定なリミットサイクル解

$$r(t) = \sqrt{-\mu}, \quad \theta(t) = (\omega - b\mu)t + \theta_0 \tag{3.38}$$

を持ち，$\mu > 0$ では原点に不安定な固定点のみを持つことになる．ここで，不安定なリミットサイクルとは，時間を逆向きに発展させたときに安定なリミッ

トサイクルとなるものであり，リペラである．亜臨界ピッチフォーク分岐の標準形と同様に，亜臨界ホップ分岐の標準形では，$\mu > 0$ では不安定化した原点以外に固定点がないので，軌道は無限遠に発散することになる．したがって，μ を負の値から増加させると，$\mu = 0$ で系の状態は僅かな摂動によって原点から突然離れる．これは亜臨界ホップ分岐の特徴である．図 **3.18** に超臨界ホップ分岐の分岐図と相平面の軌道の様子を模式的に示す．

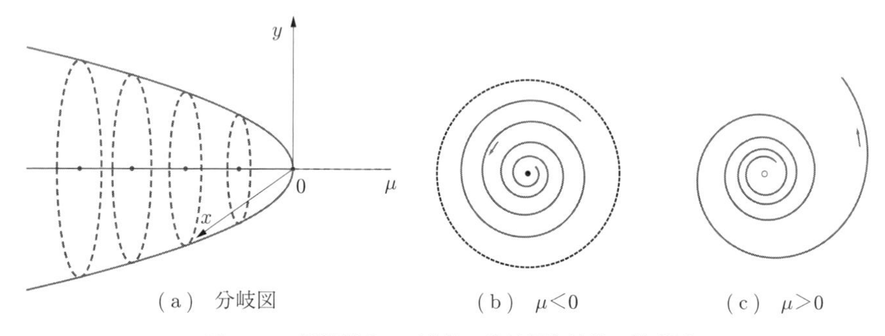

（a）分岐図　　（b）$\mu<0$　　（c）$\mu>0$

図 **3.18**　亜臨界ホップ分岐．分岐図と軌道の模式図

なお，実際の系では，亜臨界ホップ分岐が生じても，高次の非線形性によって振動の発散は抑制されると考えられる．この効果を考慮するために，ピッチフォーク分岐の場合と同様に，式 (3.37) に r の 5 次の項を加えた

$$\frac{dr}{dt} = \mu r + r^3 - r^5, \quad \frac{d\theta}{dt} = \omega + br^2 \tag{3.39}$$

という形の系がよく扱われる．r の固定点の位置はピッチフォーク分岐の場合と同様であり，r は振幅なので，$r \geqq 0$ の固定点のみに意味がある．図 **3.19** に示すように，5 次項の追加により，$\mu > -1/4$ の範囲で新たに一番外側の大きな安定なリミットサイクル軌道が現れる．また，$\mu < 0$ のときにもともと存在していた不安定なリミットサイクル軌道は，$-1/4 < \mu < 0$ の範囲にのみ存在するようになる．$\mu = -1/4$ で，これらの二つのリミットサイクルが，リミットサイクルのサドル–ノード分岐によって対生成（対消滅）する．

ピッチフォーク分岐の場合と同様に，亜臨界ホップ分岐においてもヒステリシスが生じる．つまり，μ を負の値から増加させて $\mu = 0$ を超えると，$r = 0$ に

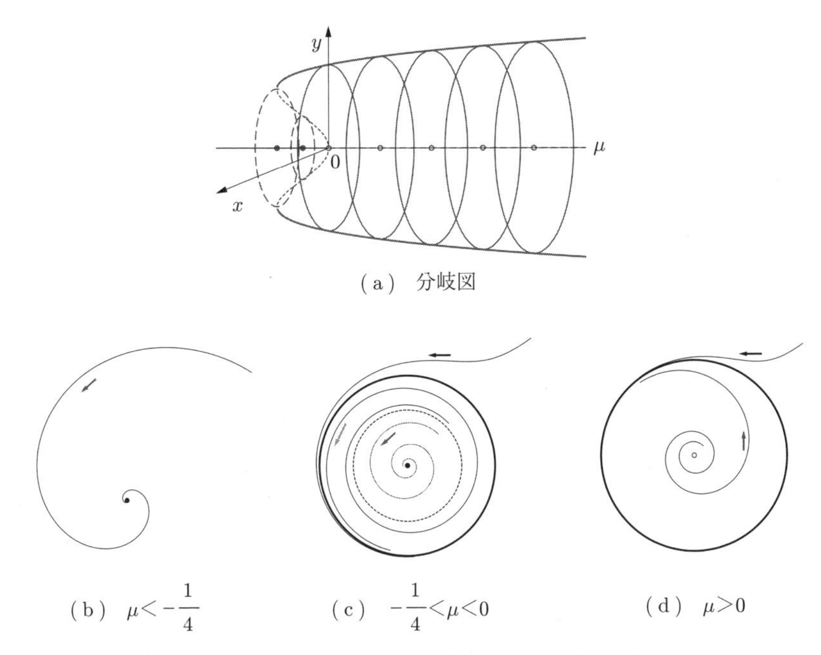

図 3.19　亜臨界ホップ分岐の標準形に 5 次項を加えた場合の分岐図と軌道の模式図

ある固定点が不安定化して，状態点は安定なリミットサイクル軌道に突然ジャンプし，大振幅の振動が発生する．そのあと，μ を 0 以下に減少させても，しばらくの間，状態点はこの軌道に留まるため振動は消えずに持続し，$\mu=-1/4$ で安定なリミットサイクルが不安定なリミットサイクルと衝突して対消滅するときに，初めて系の状態は $r=0$ の固定点に戻る．このように，亜臨界ホップ分岐においては超臨界ホップ分岐とは定性的に異なるダイナミクスが観察される．

(2)　リミットサイクルのサドル–ノード分岐　これは安定なリミットサイクルと不安定なリミットサイクルが対生成（対消滅）する分岐であり，上記の亜臨界ホップ分岐の標準形に 5 次の非線形項を加えた

$$\frac{dr}{dt}=\mu r+r^3-r^5, \quad \frac{d\theta}{dt}=\omega \tag{3.40}$$

がその例となっている．この系では，$\mu<-1/4$ ではリミットサイクルは存在しないが，$\mu=-1/4$ でリミットサイクルのサドル–ノード分岐が生じて，安定

なリミットサイクルと不安定なリミットサイクルが対生成している．

(3)　無限周期分岐　　これは周期軌道上でのサドル–ノード分岐によってリミットサイクルが生じる分岐で，**SNIC**（Saddle–Node on Invariant Circle），**SNIPER**（Saddle–Node Infinite PERiod）などとも呼ばれる．簡単な例として

$$\frac{dr}{dt} = r - r^3, \quad \frac{d\theta}{dt} = a - \sin\theta \tag{3.41}$$

を考えよう．ここで a は正のパラメータである．この系は，1 次元の超臨界ピッチフォーク分岐の標準形の式 (3.10) において $\mu = 1$ とした系と，円周上でサドル–ノード分岐を起こす系の式 (3.16) を組み合わせたものである．振幅 r については，$r = 1$ が安定な固定点なので，系の状態は半径 $r = 1$ の円周上に吸引される．角度 θ については，$a < 1$ であれば θ は安定固定点と不安定固定点を持つが，a が増加して $a = 1$ になると，これらはサドル–ノード分岐により対消滅する．$a > 1$ では常に $d\theta/dt = a - \sin\theta > 0$ なので，θ は単調に増加し続け，系の状態は円周上を回り続ける．これにより，サドル–ノード分岐点 $a = 1$ において振幅 $r = 1$ のリミットサイクルが発生する．この状況を図 **3.20** に示す．

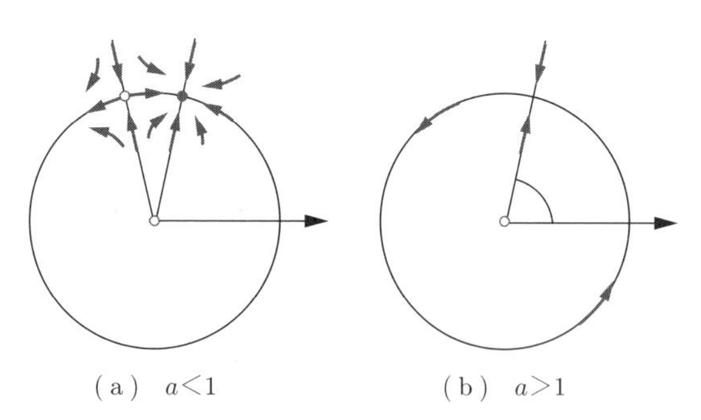

(a)　$a<1$　　　(b)　$a>1$

円周上で二つの固定点がサドル–ノード分岐で対消滅して周期軌道が生じる．

図 **3.20**　無限周期分岐の模式図

パラメータ a が僅かに 1 より大きいリミットサイクルの発生直後においては，$\theta = \pi/2$ 近傍で $d\theta/dt = a - \sin\theta$ が非常に小さな値をとるため，θ がこの点を

通過するのに非常に長い時間がかかり，リミットサイクルの周期は $a \to +1$ で $(a-1)^{-1/2}$ のように発散する．一方，発生したリミットサイクルは，最初から $O(1)$ の大きな振幅を持つ．これらは，最初からある有限の周期を持つ振動が，振幅 0 から徐々に発生する超臨界ホップ分岐とは異なる特徴である．

（4） **ホモクリニック分岐** 例として次の系を考えよう[7]．

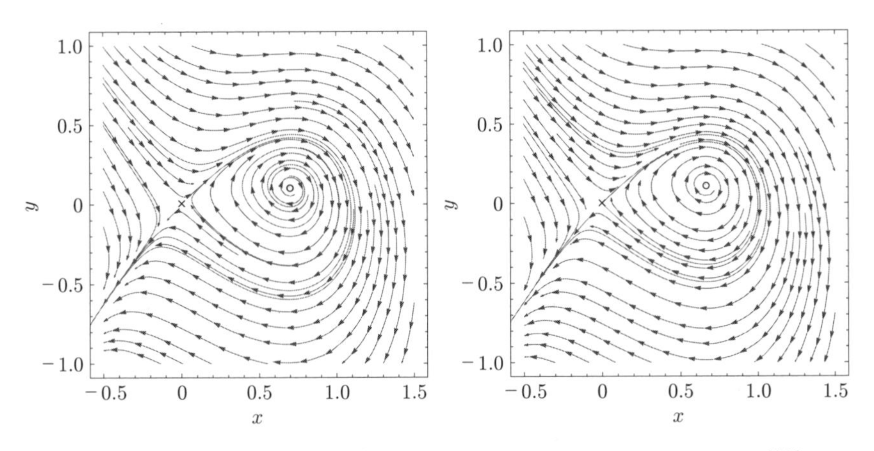

（a） $\mu = 2.1$，サドル (×) と不安定固定点 (∘) のみが存在

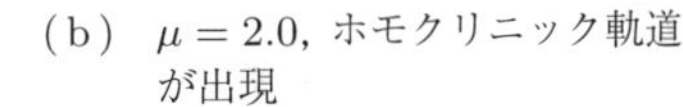

（b） $\mu = 2.0$，ホモクリニック軌道が出現

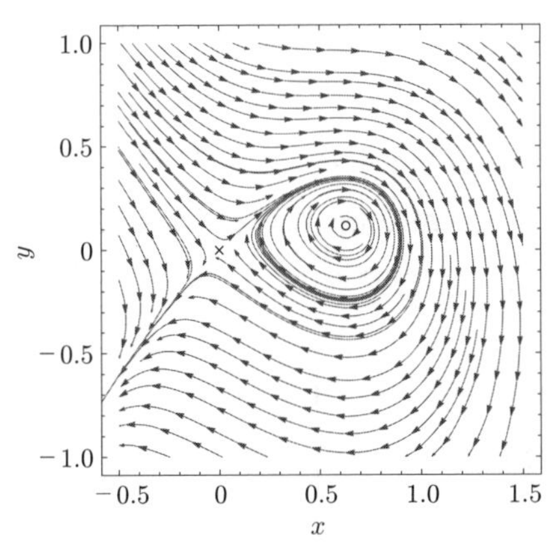

（c） $\mu = 1.9$．ホモクリニック軌道が壊れて内側にリミットサイクルが出現

図 3.21 ホモクリニック分岐の例

$$\frac{dx}{dt} = -x + 2y + x^2, \quad \frac{dy}{dt} = \mu x - y - 3x^2 + \frac{3}{2}xy \tag{3.42}$$

図 3.21 に $\mu = 2$ 付近での様子を示す．μ が 2 より少し大きいときには，この系は不安定なサドルと原点 $(0,0)$ にある不安定固定点を持ち，軌道は相平面の左下方向へ向かう．μ を減少させると，ちょうど $\mu = 2$ で，サドルから不安定な固有方向に沿って出ていき，安定な固有方向に沿って再びサドルに戻ってくる**ホモクリニック軌道**（homoclinic orbit）が出現する．更に μ が減少すると，ホモクリニック軌道が壊れてその内側にリミットサイクルが生じる．

3.5.6 FitzHugh–南雲モデル

化学反応や電気回路，神経の発火活動などの実現象の数理モデルには，タイムスケールの大きく異なる変数が含まれることがしばしばある．2 次元系の場合には，一方の変数がもう一方の変数に比べて著しく変化が速い状況である．このような系は slow-fast 系などと呼ばれ，ヌルクラインを用いた解析が有用となる．その典型例として，**FitzHugh–南雲モデル**について述べる[9),10)]．

FitzHugh は，神経細胞の発火活動を表す 4 次元の力学系であるホジキン–ハクスレイモデルを 2 次元系に簡略化した．また，南雲らは，このモデルを負性抵抗を持つトンネルダイオードを用いた等価電気回路で表し，実験的に実装した．更に，この回路の 1 次元配列を用いて神経パルスの伝播をシミュレートした．

神経細胞あるいは電気回路の電位に対応する変数を x，電流に対応する量を y とすると，FitzHugh–南雲モデルは

$$\left.\begin{aligned} \frac{dx}{dt} &= f(x) - y \\ \frac{dy}{dt} &= \varepsilon(x - \gamma y) \\ f(x) &= -x(x-1)(x-a) \end{aligned}\right\} \tag{3.43}$$

という形で与えられる．ここで，$f(x)$ は電位変化の非線形性を表す関数であり，a, γ, ε はパラメータである．γ 及び ε は正とする．なお，FitzHugh–南雲モデルは，変数の変換により上式とは異なる形で表現されることも多い．

パラメータ ε は変数 y の変動のタイムスケールを表しており，一般に $O(1/10)$ 以下の小さな値をとる．したがって，変数 x は変数 y に比べてずっと速く変化する．また，パラメータ a は注入電流に対応しており，電流を大きくすると減少する．パラメータ γ は神経細胞や電気回路の特性を反映したものである．この系は，$-1 < a < 0$ では自励振動を示し，$0 < a < 1/2$ では一過性の興奮を示す．**図 3.22** に FitzHugh–南雲モデルの相平面の様子と x, y の時系列を示す．

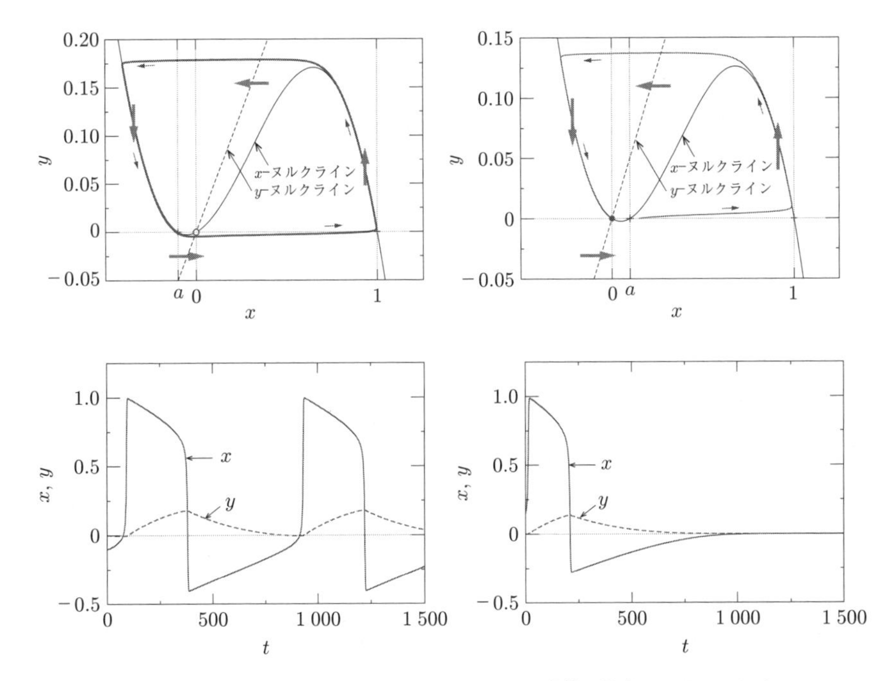

(a)　自励振動．パラメータは $a = -0.1$, $\gamma = 2.0$, $\varepsilon = 0.001$

(b)　一過性の興奮．パラメータは $a = 0.1$, $\gamma = 2.0$, $\varepsilon = 0.001$

各ヌルクライン上の大きな矢印は，その点におけるベクトル場の向きを表す．

図 3.22　FitzHugh–南雲モデルの相平面と時間発展

このような相平面上での slow–fast 系の挙動は，**ヌルクライン**（nullcline）を考えることにより，定性的に理解できる．ヌルクラインとは (x, y) 相平面において $dx/dt = 0$ あるいは $dy/dt = 0$ を満たす曲線であり，$dx/dt = 0$ を満たす 3 次曲線 $y = f(x) = -x(x-1)(x-a)$ を x–ヌルクライン，$dy/dt = 0$ を

満たす直線 $y = x/\gamma$ を y–ヌルクラインと呼ぶことにする．x–ヌルクラインの上方では $y > f(x)$ なので $dx/dt < 0$ となって状態点は左に進み，下方では $y < f(x)$ なので右に進む．同様に，y–ヌルクラインの上方では $y > x/\gamma$ なので $dy/dt < 0$ となって状態点は下に進み，下方では上に進む．

二つのヌルクラインが交差する点は $dx/dt = 0$, $dy/dt = 0$ を満たすので，系の固定点となる．以下，γ が十分に小さく，y–ヌルクラインの傾きが大きいと仮定する．すると，二つのヌルクラインは原点 $(0, 0)$ のみで交差し，固定点は原点のみとなる．図 3.14 より，原点での系のヤコビ行列のトレース τ と行列式 Δ が $\tau < 0, \Delta > 0$ を満たせば，原点は線形安定である．

まず，注入電流が大きい状況に対応する $-1 < a < 0$ の場合を考えよう．このとき系はリミットサイクル振動を生じる．x–ヌルクラインと x 軸は，$x = a\ (< 0), 0, 1$ の 3 点で交わる．原点にある固定点は，a が $a < -\varepsilon\gamma$ を満たせば，$\tau > 0$ となって線形不安定となる．このとき，$\Delta = \varepsilon(a\gamma + 1)$ はパラメータにより正にも負にもなるので，原点はサドルか不安定フォーカスとなる．

系の状態が不安定な原点近傍から出発したとしよう．状態点はやがて x–ヌルクラインの下側に移動する．すると，そこでベクトル場は右向きなので，状態点は x 軸の正方向に動いて，x–ヌルクラインの右側のブランチに向かう．このとき，パラメータ ε が小さいため，y はほとんど変化せず，状態点はほぼ水平に動く．状態点が x–ヌルクラインに十分に近づくと，ほぼ $y = f(x)$ が成立するようになり，x の変化は遅くなる．その後，状態点はヌルクラインの右側のブランチに沿って y の増加する方向へゆっくりと上昇する．やがて x–ヌルクラインの極大点に達したら，状態点は x–ヌルクラインを離れ，今度は x 軸の負の方向にほぼ水平に動いて，x–ヌルクラインの左側のブランチに漸近する．その後，状態点は x–ヌルクラインの左側のブランチにそってゆっくりと下降し，やがて極小点に達すると，再び x–ヌルクラインを離れて x 軸の正方向に向かう．このようにしてリミットサイクル軌道が生じ，持続的な振動が発生する．パラメータ ε が小さく，x と y のタイムスケールが大きく異なるため，変数 x の振動はサイン波的なスムーズなものではなく，急速な上昇と下降，及びそれらをつなぐゆっくりとした変動の組み合わさった**弛緩振動**（relaxation oscillation）となる．

FitzHugh–南雲モデルは，注入電流が少ない状況に対応する $0 < a < 1/2$ のときには，一過性の**興奮**（excitation）を示す．このとき，x–ヌルクラインは x 軸と $x = 0, a\ (> 0), 1$ の 3 点で交わり，$\tau < 0$，$\Delta > 0$ となって原点は線形安定である．したがって，原点のごく近傍から出発した状態点は，原点に戻ってそのまま留まる．しかし，初期状態を原点からやや離れた x–ヌルクラインの極小の谷の右側にとると，そこではベクトル場は右向きなので，状態点はまず x 軸の正方向に動く．すると，振動の場合と同様に，まず状態点はほぼ水平に x–ヌルクラインの右側のブランチに向かい，ヌルクラインに沿ってゆっくりと上昇し極大点に達したら，今度は x–ヌルクラインの左側のブランチに向けてほぼ水平に動いて，これに沿ってゆっくりと下降する．振動の場合とは違い，二つのヌルクラインが交差する原点は線形安定なので，状態点は原点まで戻ると静止する．このようにして系はパルスを一度だけ生じて静止する興奮性を示す．

3.6　3次元系とカオス

3 次元系では，固定点や周期軌道に加え，カオス的な軌道も生じ得る．ここでは非常に有名なローレンツ（Lorenz）モデルとレスラー（Rössler）モデルについて簡単に述べる．

3.6.1　ローレンツモデル

ローレンツは，1963 年に出版した “Deterministic Nonperiodic Flow” という歴史的な論文[11)] において，気象現象の長期予測の不可能性に関する議論を念頭に，シンプルな熱対流を表す偏微分方程式を，低次の空間モードの振幅を表す 3 変数のみの常微分方程式に簡略化して解析した．その結果，この 3 次元力学系が，決定論的であるにもかかわらず非常に複雑な非周期軌道を示すことを発見し，その後のカオス研究の発端となった．

ローレンツモデルは三つの変数 X, Y, Z を持ち，そのダイナミクスは

$$\left.\begin{aligned} \frac{dX}{dt} &= \sigma(-X+Y) \\ \frac{dY}{dt} &= -XZ+rX-Y \\ \frac{dZ}{dt} &= XY-bZ \end{aligned}\right\} \tag{3.44}$$

で与えられる．ここで，σ, r, b は正のパラメータで，σ が流体の粘性と熱伝導度の比であるプラントル（Prandtl）数に，r は流体上下の温度差を表すレイリー（Rayleigh）数に対応する．この方程式のベクトル場の発散は負の一定値であり，相空間の体積は指数関数的に縮小する．したがって，系の状態は速やかに体積 0 のアトラクタ上に引き寄せられる．一般に 3 次元系のアトラクタは固定点や周期軌道のような単純なものとは限らず，カオス的なストレンジアトラクタであることもある．

ローレンツモデルの式 (3.44) は，熱対流の生じていない状態に対応する固定点を原点 $(X,Y,Z)=(0,0,0)$ に持ち，これは $r<1$ では線形安定である．パラメータ r が増加して $r>1$ となると，原点はピッチフォーク分岐により不安定化して，$X=Y=\pm\sqrt{b(r-1)}$, $Z=r-1$ に二つの安定な固定点が生じ，それぞれ右回りと左回りの定常な対流状態に対応する．パラメータが $\sigma>b+1$ を満たす状況で r を増加させると，これらの二つの固定点は亜臨界ホップ分岐により不安定化して系の挙動は複雑化し，カオス的なダイナミクスに至る．図 **3.23**(a) にこれらの分岐を模式的に示す．なお，ローレンツモデルは変換 $X\to-X$, $Y\to-Y$ に対して対称なので，相空間の様子も対称となる．

系の状態は，複雑なダイナミクスに至ったあとも，無限遠に発散することはなく，相空間の有限の大きさの領域内で運動を続ける．パラメータを $\sigma=10$, $b=8/3$, $r=28$ として，系がアトラクタに達したあとの運動を図 (b) に示す．有名なバタフライ状の構造を持つストレンジアトラクタが生じており，状態点は二つの「羽根」の間をランダムに遷移し続ける．図 (c) には変数 X, Y, Z の

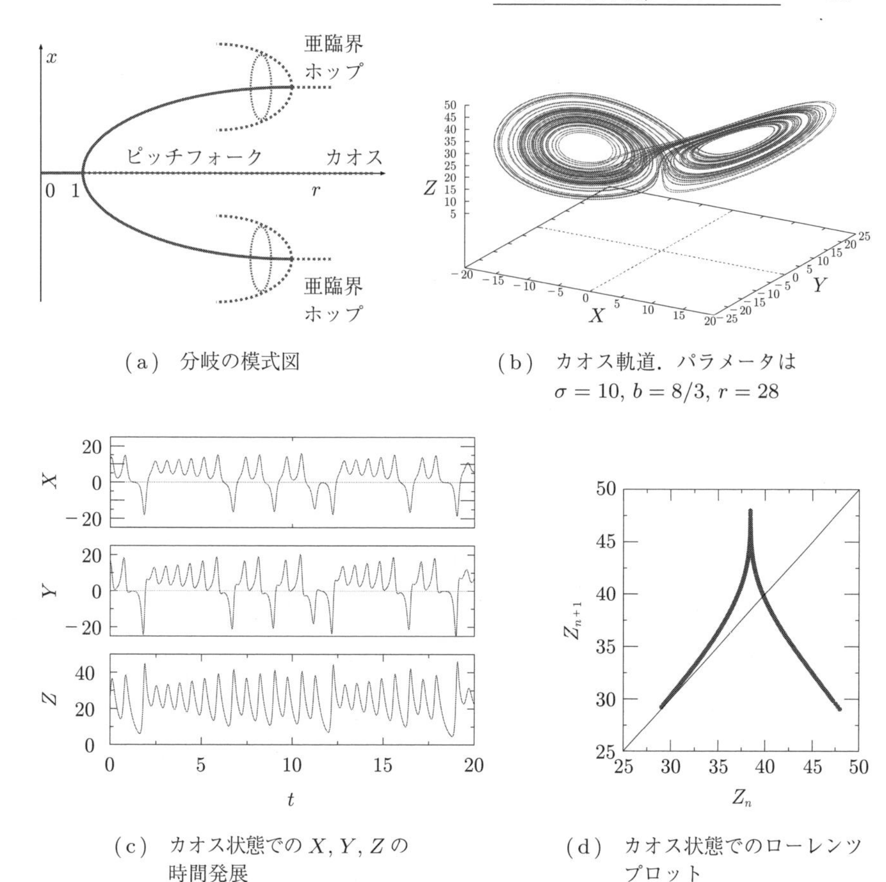

(a)　分岐の模式図

(b)　カオス軌道．パラメータは $\sigma = 10,\ b = 8/3,\ r = 28$

(c)　カオス状態での X, Y, Z の時間発展

(d)　カオス状態でのローレンツプロット

図 3.23　ローレンツモデルのダイナミクス

時間発展を示す．シンプルで決定論的な系であるにもかかわらず，非周期的で不規則な運動が生じていることがわかる．

ローレンツは，軌道の不規則性を議論するために，変数 Z の極大値に着目して，n 番目の極大値 Z_n に対して $n+1$ 番目の極大値 Z_{n+1} をプロットして，図 (d) のようなほぼ 1 次元的な写像を得た．これは**ローレンツプロット**と呼ばれる．一般の 3 次元系に対してこのプロットをしても 1 次元的なグラフは得られないが，ローレンツアトラクタは非常に薄い構造を持つため，グラフはほぼ 1 次元的な曲線に見えている．ローレンツは，この写像をテント写像で近似して，系の周期軌道が全て不安定であり，非周期的な軌道が大部分を占めることなどを議論した．

3.6.2 レスラーモデル

レスラーは，1976 年の “An equation for continuous chaos” という論文で，ローレンツモデルを更に簡略化する目的で以下のモデルを提案した[12]．

$$\left.\begin{aligned}\frac{dX}{dt} &= -(Y+Z)\\ \frac{dY}{dt} &= X + aY\\ \frac{dZ}{dt} &= b + Z(X-c)\end{aligned}\right\} \tag{3.45}$$

ここで X, Y, Z は変数，a, b, c はパラメータで，レスラーが用いた値は $a = 0.2$, $b = 0.2$, $c = 5.7$ である．この系の典型的なダイナミクスを図 **3.24** に示す．この方程式の非線形項は一つだけで，変数 X と Y のなす線形な振動子に，変数 Z による非線形なサブシステムを加えることで，引き伸ばしと折りたたみというカオスのメカニズムが実現されている．

パラメータのうち，$a = 0.2$, $b = 0.2$ を固定して，c を 2 から増加させてみよう．パラメータ c が小さいうちは系は安定なリミットサイクル軌道を持つ．c を増加させると，図 (a) 及び図 (b) に示すように，リミットサイクル軌道の周期が倍加していき，やがてカオス状態に至る．カオス状態においては，系はメビウス（Möbius）の帯的な薄いストレンジアトラクタを持ち，その大半は XY 平面のごく近傍にある．一周するたびに，変数 Z の非線形なダイナミクスによって引き伸ばしと折りたたみが繰り返されるため，このストレンジアトラクタは非常に薄いが単一の面内にはなく，厚み方向にフラクタル的な構造を持つ．

次節で述べるポアンカレ断面として $X = 0$, $Y > 0$ の面を考えると，軌道はこの面を $X > 0$ から $X < 0$ の方向に横断し，また，横断する際には Z が 0 に非常に近い値をとる．実際，変数 Z は，ほとんどの時間は 0 に近い小さな値をとり，軌道の折りたたみが生じるときにのみ大きな値をとる．そのため，ローレンツ系の場合と同様に，近似的に変数 Y のみでダイナミクスを解釈すること

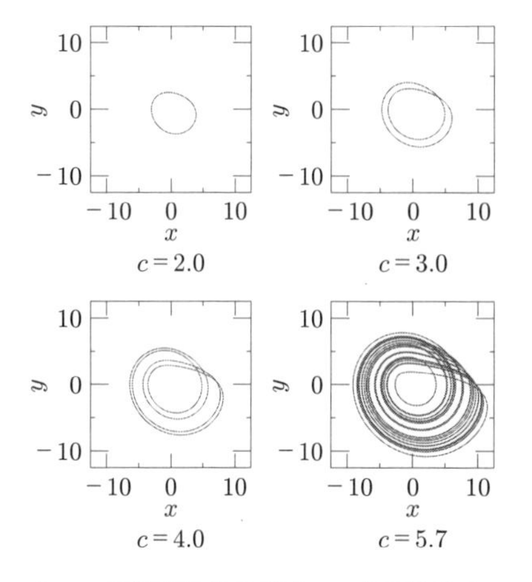

(a) 周期倍分岐の様子．c を変化させた際の軌道の XY 平面への射影

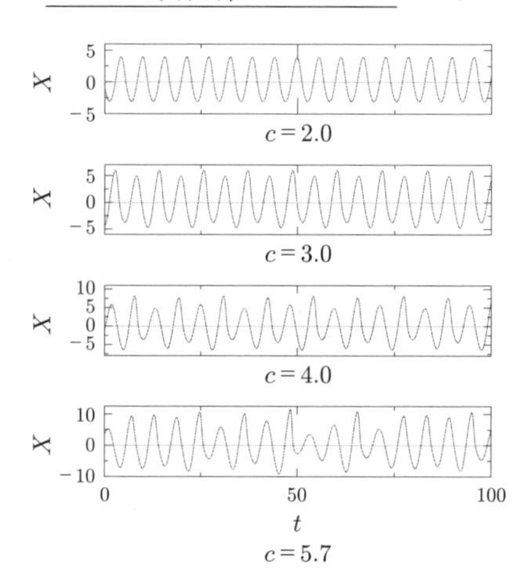

(b) c を変化させた際の変数 X の時間発展

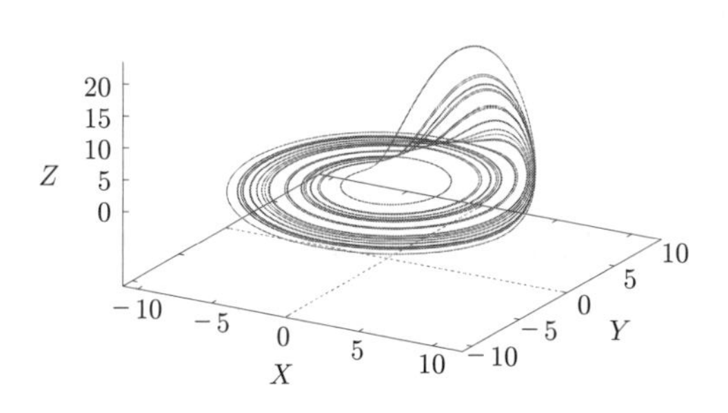

(c) 相空間の様子．$a=0.2$, $b=0.2$, $c=5.7$

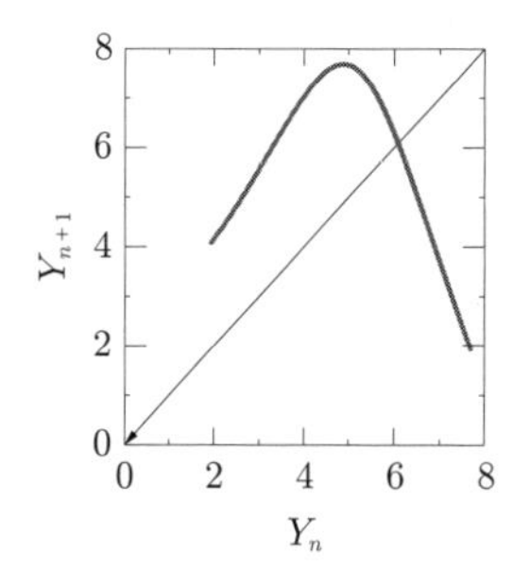

(d) $c=5.7$ のカオス状態でのポアンカレ写像

図 3.24　レスラーモデルのダイナミクス

ができる．軌道が n 回目に断面を通過したときの変数 Y の値を Y_n，$n+1$ 回目に通過したときの値を Y_{n+1} とすると，図 (d) のようなほぼ１次元の曲線が得られる．この形は１次元のロジスティック写像に似ており，実際，パラメータ c を変化させると，ロジスティック写像とほぼ同様の周期倍分岐を経てカオス状態に至ることがわかる．

3.7 軌道の安定性

本節では，周期軌道とカオス軌道の安定性の特徴づけについて簡単に述べる．

3.7.1 周期軌道の安定性

一般に，周期軌道の線形安定性は**フロケ乗数**（Floquet multiplier）によって特徴づけられる．状態変数 $\boldsymbol{x}(t) = (x_1(t), \ldots, x_N(t))$ が N 次元の連続時間力学系

$$\frac{d\boldsymbol{x}}{dt} = \boldsymbol{F}(\boldsymbol{x}) \tag{3.46}$$

に従い，周期 T の周期軌道 $\boldsymbol{x}_0(t)$ を持つとしよう．周期軌道なので $\boldsymbol{x}_0(t) = \boldsymbol{x}_0(t+T)$ が満たされる．この周期軌道の安定性を調べるために，周期軌道上にある系の状態 $\boldsymbol{x}_0(t)$ に与えた微小な変位 $\boldsymbol{y}(t)$ を考え，これが振動の 1 周期後に拡大するか縮小するかを調べよう．

微小変位を与えた系の状態を $\boldsymbol{x}(t) = \boldsymbol{x}_0(t) + \boldsymbol{y}(t)$ とおき，式 (3.46) に代入して $\boldsymbol{y}(t)$ について線形化すると

$$\frac{d\boldsymbol{y}}{dt} = \mathrm{J}(\boldsymbol{x}_0(t))\boldsymbol{y} \tag{3.47}$$

という変分方程式が得られる．ここで，$\mathrm{J}(\boldsymbol{x}_0(t))$ は周期軌道上の状態 $\boldsymbol{x}_0(t)$ におけるヤコビ行列で，その成分は $\boldsymbol{F}(\boldsymbol{x}) = (F_1(\boldsymbol{x}), \ldots, F_N(\boldsymbol{x}))$ として

$$\mathrm{J}_{ij}\boldsymbol{x}(t) = \left.\frac{\partial F_i(\boldsymbol{x})}{\partial x_j}\right|_{\boldsymbol{x}=\boldsymbol{x}(t)} \qquad (i, j = 1, \ldots, N) \tag{3.48}$$

である．固定点の線形安定性解析ではヤコビ行列は定数であったが，周期軌道 $\boldsymbol{x}_0(t)$ は周期 T の周期関数なので，$\mathrm{J}(\boldsymbol{x}_0(t))$ も T–周期的な行列である．

このような周期的な係数行列に駆動される線形系に対しては**フロケの定理**が成立し，時刻 $t=0$ での初期状態を $\boldsymbol{y}(0)$ とすると，時刻 t での状態は $\boldsymbol{y}(t) = \mathrm{P}(t)\exp(t\mathrm{R})\boldsymbol{y}(0)$ のように表される．ここで $\mathrm{P}(t)$ は，T–周期的な行列で，R

は定数行列である．特に，$t=0$ から $t=T$ までの一周期分 $\boldsymbol{y}(t)$ を発展させると，$\mathrm{P}(T)=\mathrm{P}(0)=\mathrm{I}$ なので

$$\boldsymbol{y}(T)=\exp(T\mathrm{R})\boldsymbol{y}(0) \tag{3.49}$$

と表される．この行列 $\exp(T\mathrm{R})$ の固有値 λ_i $(i=1,\ldots,N)$ が，フロケ乗数である．また，対応する固有ベクトル $\boldsymbol{u}_i$ をフロケ固有ベクトルと呼ぶことにする．これらは固有値方程式

$$\exp(T\mathrm{R})\boldsymbol{u}_i=\lambda_i\boldsymbol{u}_i \quad (i=1,\ldots,N) \tag{3.50}$$

を満たす．ここで，固有値 λ_i は一般には複素数である．特に，初期条件 $\boldsymbol{y}(0)$ として軌道の接ベクトル $\boldsymbol{v}=d\boldsymbol{x}_0(t)/dt|_{t=0}$ をとると，これは軌道に沿って一周させても伸び縮みしないので，$\exp(T\mathrm{R})\boldsymbol{v}=\boldsymbol{v}$ となる．したがって，$\boldsymbol{v}$ は $\exp(T\mathrm{R})$ の固有値 1 の固有ベクトルとなる．これらを $\lambda_1=1$ 及び $\boldsymbol{u}_1$ に割り当てる．

フロケ固有ベクトルを用いて初期条件を

$$\boldsymbol{y}(0)=\sum_{\ell=1}^{N}a_\ell\boldsymbol{u}_\ell \tag{3.51}$$

と展開すれば（a_ℓ は展開係数），式 (3.51) より一周期後には

$$\boldsymbol{y}(T)=\exp(T\mathrm{R})\sum_{\ell=1}^{N}a_\ell\boldsymbol{u}_\ell=\sum_{\ell=1}^{N}\lambda_\ell a_\ell\boldsymbol{u}_\ell \tag{3.52}$$

となる．したがって，フロケ乗数 λ_i の値により，一周期後の変位 $\boldsymbol{y}(T)$ が拡大するか減衰するかを判定でき，軌道の接ベクトル方向以外に対応する特性乗数 $\lambda_2,\ldots,\lambda_N$ の絶対値が全て 1 未満であれば周期軌道は線形安定で，一つでも $|\lambda_i|>1$ となるものがあれば，周期軌道は不安定である．

3.7.2 ポアンカレ写像

ポアンカレ写像の方法も周期軌道の安定性を調べるためによく使われる．N 次元の力学系の軌道に対して横断的な $N-1$ 次元のポアンカレ断面を考えよう

(図 **3.25**)．ここで横断的とは，断面上の各点 $\boldsymbol{x}$ で法線ベクトルと軌道の速度ベクトル $\boldsymbol{F}(\boldsymbol{x})$ が直交しないという意味である．

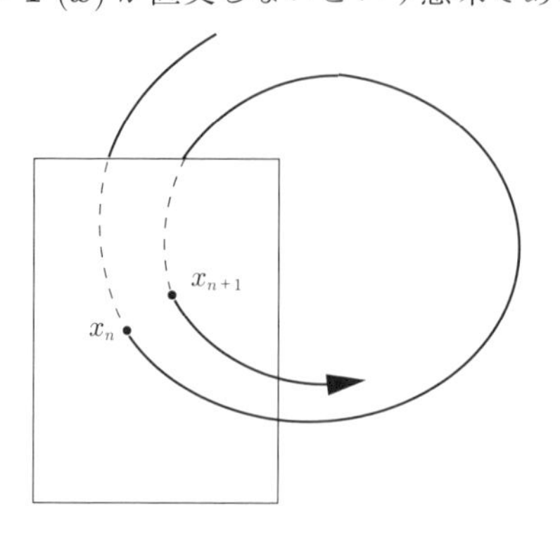

図 **3.25**　ポアンカレ断面

軌道とポアンカレ断面が n 回目に交差するときの状態を $\boldsymbol{x}_n$ とする．$\boldsymbol{x}_n$ から出発した系の状態が $n+1$ 回目に再びポアンカレ断面と交差するときの状態を $\boldsymbol{x}_{n+1}$ として，$\boldsymbol{x}_n$ を $\boldsymbol{x}_{n+1}$ に移す写像

$$\boldsymbol{x}_{n+1} = Q(\boldsymbol{x}_n) \tag{3.53}$$

を**ポアンカレ写像**という．特に，系の周期軌道とポアンカレ断面は，いつも同じ一点で交わる．つまり，周期軌道とポアンカレ断面の交点 $\boldsymbol{x}^*$ はポアンカレ写像の固定点となり $\boldsymbol{x}^* = Q(\boldsymbol{x}^*)$ を満たす．

周期軌道の線形安定性は，固定点 $\boldsymbol{x}^*$ の線形安定性より判定できる．軌道が n 回目にポアンカレ断面と交差するときの位置 $\boldsymbol{x}_n$ の固定点 $\boldsymbol{x}^*$ からの微小な変位を $\boldsymbol{y}_n$ として $\boldsymbol{x}_n = \boldsymbol{x}^* + \boldsymbol{y}_n$ とすると，ポアンカレ写像 Q の $\boldsymbol{x}^*$ におけるヤコビ行列を $\mathrm{J}(\boldsymbol{x}^*)$ として，$\boldsymbol{y}_n$ の発展は次式の線形化写像で表される．

$$\boldsymbol{y}_{n+1} = \mathrm{J}(\boldsymbol{x}^*)\boldsymbol{y}_n \tag{3.54}$$

したがって，$\mathrm{J}(\boldsymbol{x}^*)$ の固有値 $\tilde{\Lambda}_i$ $(i = 1, 2, \ldots, N-1)$ の絶対値が全て $|\tilde{\Lambda}_i| < 1$ を満たせば，固定点 $\boldsymbol{x}^*$ は線形安定であり，周期軌道も線形安定となる．これらの固有値は，前項のフロケ乗数のうち，軌道の接ベクトル方向に対応する 1 を除いたものに対応する．なお，2 次元系ではポアンカレ写像は 1 次元となるので，線形化しなくてもグラフを描けば $\boldsymbol{x}^*$ の安定性が判定できる．

3.7.3 リアプノフ指数

ローレンツモデルやレスラーモデルはカオス的なダイナミクスを示し，初期条件の僅かな違いが時間発展とともに大きく拡大される．二つの近傍にある状態点が指数関数的に離れて行く速さは，写像の場合と同様に，リアプノフ指数で定量化される[13)〜18)]．N 次元の連続時間力学系の状態 $\boldsymbol{x}(t)$ が

$$\frac{d\boldsymbol{x}}{dt} = \boldsymbol{F}(\boldsymbol{x}) \tag{3.55}$$

に従うとしよう．周期軌道に対するフロケ乗数の場合と同様に，系の状態 $\boldsymbol{x}(t)$ に与えた微小な変位 $\boldsymbol{y}(t)$ の従う線形化方程式は

$$\frac{d\boldsymbol{y}}{dt} = \mathrm{J}(\boldsymbol{x}(t))\boldsymbol{y} \tag{3.56}$$

となる．$\mathrm{J}(\boldsymbol{x}(t))$ は点 $\boldsymbol{x}(t)$ での $\boldsymbol{F}(\boldsymbol{x})$ のヤコビ行列で，その (i,j) 成分は

$$J_{ij}(\boldsymbol{x}(t)) = \left.\frac{\partial F_i(\boldsymbol{x})}{\partial x_j}\right|_{\boldsymbol{x}=\boldsymbol{x}(t)} \qquad (i,j=1,\ldots,N) \tag{3.57}$$

である．この方程式の解は，微小変位の初期条件を $\boldsymbol{y}(0)$ とすると

$$\boldsymbol{y}(t) = \Phi(t)\boldsymbol{y}(0) \tag{3.58}$$

で表される．ここで行列 $\Phi(t)$ は，I を単位行列とし，ヤコビ行列を用いて

$$\begin{aligned}\Phi(t) = \mathrm{I} + \sum_{n=1}^{\infty}\int_0^t ds_1\int_0^{s_1} ds_2 \\ \cdots\times\int_0^{s_{n-1}} ds_n \mathrm{J}(\boldsymbol{x}(s_1))\mathrm{J}(\boldsymbol{x}(s_2))\cdots\mathrm{J}(\boldsymbol{x}(s_n))\end{aligned} \tag{3.59}$$

と定義される式 (3.56) の素解であり，系の初期条件 $\boldsymbol{x}(0)$ に依存する．

リアプノフ指数は，変位 $\boldsymbol{y}(t)$ の大きさの長時間にわたる拡大率の対数であり，対称行列

$$\Xi(t) = \Phi(t)^{\dagger}\Phi(t) \tag{3.60}$$

を導入すると（$\dagger$ は転置を表す）

$$\sigma(\boldsymbol{x}(0), \boldsymbol{z}(0)) = \lim_{t\to\infty} \frac{1}{t} \ln \frac{|\boldsymbol{y}(t)|}{|\boldsymbol{y}(0)|}$$
$$= \lim_{t\to\infty} \frac{1}{2t} \ln |\boldsymbol{z}(0)^\dagger \Xi(t) \boldsymbol{z}(0)| \tag{3.61}$$

で与えられる．この量は，系の初期条件 $\boldsymbol{x}(0)$ と，状態点に与える変位の初期条件の向き $\boldsymbol{z}(0) = \boldsymbol{y}(0)/|\boldsymbol{y}(0)|$ に依存する．N 次元系においては N 個の線形独立な変位の向きを選ぶことができるので，N 次元系は N 個のリアプノフ指数

$$\sigma_1(\boldsymbol{x}(0)) \geqq \sigma_2(\boldsymbol{x}(0)) \geqq \cdots \geqq \sigma_N(\boldsymbol{x}(0)) \tag{3.62}$$

を持つ．数学的には Oseledec の乗法的エルゴード定理によりこの極限値の存在が示される．なお，初期点 $\boldsymbol{x}(0)$ に対する依存性を明示しているが，同じアトラクタの吸引領域にある $\boldsymbol{x}(0)$ については，リアプノフ指数も同じ値となる．最大リアプノフ指数 σ_1 が 0 より大きければ，$\boldsymbol{y}(t)$ は

$$\boldsymbol{y}(t) \simeq \boldsymbol{y}(0) \exp(\sigma_1 t) \tag{3.63}$$

のように指数関数的に拡大し，軌道は不安定でカオス的なものとなる．

ローレンツモデルやレスラーモデルなどの 3 次元系は三つのリアプノフ指数 $\sigma_1, \sigma_2, \sigma_3$ を持ち，系がカオス的なアトラクタを持つ場合には，$\sigma_1 > 0, \sigma_2 = 0, \sigma_3 < 0$ となる．このうち，$\sigma_2 = 0$ は伸び縮みしない軌道に接する方向への変位に対応する．初期条件が僅かに異なる二つの状態間の距離 $\Delta(t) = |\boldsymbol{x}'(t) - \boldsymbol{x}(t)|$ は，$\Delta(t) \sim e^{\sigma_1 t}$ のように指数関数的に増大していき，やがて $\Delta(t)$ がアトラクタの大きさ程度になると，非線形性が効いて増大しなくなる．

実際にカオス力学系のリアプノフ指数を数値計算する際には，最大リアプノフ指数 σ_1 に対応する成分を含まないように初期変位を与えたとしても，数値誤差のため，σ_1 に対応する方向の成分が拡大してしまう．そのため，2 番目以降のリアプノフ指数を求めるには，より拡大率の大きな方向に拡大する成分を定期的に取り除く必要がある．そのようなアルゴリズムとして，グラム–シュミット（Gram–Schmidt）直交化に基づく方法が Benettin や島田・長島らによって提案されている．近年では，リアプノフ指数だけではなく，随伴するリ

アプノフベクトルを数値的に求めることができるアルゴリズムが Ginelli らや Kuptsov と Parlitz らによって考案されており，さまざまなカオス力学系の解析に用いられるようになっている．

章末問題

【1】 固定点を $x = -2, -1, 0, 1, 2$ に持つ滑らかな1次元系の例を作れ．$x = -2$ が線形安定のときに他の固定点の安定性を述べよ．ただし，各固定点は中立安定ではないとする．

【2】 亜臨界分岐の標準形に5次の項を加えた系について，μ の値ごとに，全ての固定点とそれらの線形安定性を求め，分岐図を再現せよ．

【3】 FitzHugh–南雲モデルの原点 $(0, 0)$ のヤコビ行列を求め，線形安定性を議論せよ．

【4】 ローレンツモデルのベクトル場の発散を求め，相空間内にとった領域の体積の縮小率を求めよ．

【5】 レスラーモデルの最大リアプノフ指数を分岐パラメータ c の関数として数値計算せよ．

第 4 章

ネットワーク

本章では，ネットワークあるいはグラフに関する基礎的事項と，21 世紀初頭から急速に発展した「複雑ネットワーク」の特徴，及びネットワーク上の拡散過程について簡単に述べる．それぞれの内容の詳細については，参考文献のほか，グラフ理論の基礎に関しては本シリーズの第 2 巻 1 章に，複雑ネットワークに関する記述とネットワークの生成法に関しては第 2 巻 7 章に，グラフのスペクトルに関しては第 3 巻 2 章に説明があるので，適宜参照されたい．

4.1 ネットワーク（グラフ）

電力網やインターネット，道路網や物流ネットワーク，交友関係やソーシャルネットワークなど，実世界にはさまざまなネットワークがあるが，これらは数学的にはグラフとして抽象化される．グラフ理論は古い歴史を持つが，21 世紀の初頭に，後述するスモールワールド性やスケールフリー性などのいくつかの特徴的な性質を持つグラフのクラスを「複雑ネットワーク」と呼ぶことが提唱された．その後の多数の研究により，そのようなネットワークが実世界に驚くほど普遍的に存在することが明らかにされ，いまや複雑ネットワークという概念は，当初の物理学や応用数学の枠をはるかに超えて，各種の工学，生命科学，神経科学，経済学や社会学など，広範な分野に多大な影響を与えている．

詳しくは後述するが，スモールワールド性とは，ショートカットの存在により，ネットワーク上のノード間距離が，友人（ノード）の友人はまた自分の友人であるというクラスター性を保ちつつ，規則的な格子状のネットワークなどに比べずっと短いことを意味する．また，スケールフリー性とは，ネットワークの各ノードの次数（他のノードとの間のリンクの本数）が，特徴的なスケールを持たないベキ分布に従うことを意味する．これらの特徴的な性質が，インターネットや航空路線網，細胞内酵素反応や脳の神経回路網，交友関係やソーシャルネットワークなど，実世界の多様なネットワークに共通して見出されることが，膨大な研究によって明らかにされてきている．

実世界に多数存在する複雑ネットワーク構造の機能的意義を理解するためには，ネットワークの静的な構造だけではなく，その上でのダイナミクスを知る必要がある．実際，脳の神経回路網，工場プラントや物流システム，センサネットワークなどの通信システム，生体の細胞やバクテリア集団などのさまざまな事象が，複雑ネットワークを介して相互作用する結合力学系として抽象化・モデル化され，その非線形ダイナミクスが盛んに研究されてきている．

4.1.1 用　　語

ネットワークあるいはグラフに関する基礎用語をまとめておこう．ネットワーク（グラフ）は，**ノード**（node）あるいは**頂点**（vertex）と，それらを結ぶ**リンク**（link）あるいは**辺**（エッジ，edge）からなる．リンクに向きがないネットワークは**無向**（undirected），リンクに向きがあるネットワークは**有向**（directed）と呼ばれる．また，複数のリンクが（有向の場合には向きの同じ複数のリンクが）二つのノードを結ぶことがない，つまり多重辺が存在せず，同一のノードを結ぶリンク，つまりループも存在しないネットワークは，**単純**（simple）と呼ばれる．

ネットワークのリンクを辿って，あるノードから別のあるノードまで，各ノードを高々一度だけ通って移動する道筋を，**経路**（path）という．また，あるノードから出発してそれ自身に戻ってくるような道筋を**閉路**（cycle）という．ネットワークは，任意の二つのノード間に経路が存在する場合，**連結**（connected）であるといわれる．一方，あるネットワークが二つ以上の部分に分けられ，それらの間に経路が存在しない場合には**非連結**（disconnected）であり，その各部分はネットワークの**成分**（component）と呼ばれる．

4.1.2　隣接行列と次数

ネットワークは，ノードの集合を V，リンクの集合を E として，$G = (V, E)$ と表される．集合 V に属する各ノードに 1, 2, $\cdots$ のように番号でラベルを付け，また，集合 E に属する各リンクに，その始点と終点の番号を用いて $(1, 2)$ のようにラベルを付けることにする．二つのノード i と j がリンクで結ばれているとき，i と j は**隣接**（adjacent）しているといわれる．また，このときノード i と j はリンク (i, j) に**接続**（incident）しているといわれる．あるノードに出入りするリンクの総数は，そのノードの**次数**（degree）と呼ばれる．

N 個のノード $V = \{1, \ldots, N\}$ とそれらを結ぶリンクからなる単純なネットワークを考えよう．このネットワークは，$N \times N$ の**隣接行列**（adjacency matrix）A によって表現できる．ここで，行列 A の成分 A_{ij} は，ノード i と j を結ぶリンクの本数を表す $(i, j = 1, \ldots, N)$．ノード間を結ぶリンクは高々 1 本なので，A の各成分は 0 か 1 をとり，また，同じノードを結ぶループは存在しないので $A_{jj} = 0$ である．無向ネットワークではリンクに向きがないため A は対称行列 $(A_{ij} = A_{ji})$ で，ノード i と j にリンクがあれば $A_{ij} = A_{ji} = 1$，なければ $A_{ij} = A_{ji} = 0$ となる．一方，有向ネットワークでは，ノード j から i に向くリンクがあるときに $A_{ij} = 1$，なければ $A_{ij} = 0$ とする．この場合，A は一般に非対称行列となる．

ノードの次数はネットワークの特徴づけによく使われ，ネットワークを介して結合する力学系のダイナミクスの理解においても重要である．単純無向ネットワークでは，ノード i の次数は隣接行列 A を用いて

$$k_i = \sum_{j=1}^{N} A_{ij} \tag{4.1}$$

と表される．リンクの総数 M は，各リンクが二つのノードを結ぶため

$$M = \frac{1}{2}\sum_{i=1}^{N} k_i = \frac{1}{2}\sum_{i=1}^{N}\sum_{j=1}^{N} A_{ij} \tag{4.2}$$

となる．したがって，次数 k_i の全ノードにわたる平均，すなわち**平均次数**は

$$\overline{k} = \frac{1}{N}\sum_{i=1}^{N} k_i = \frac{2M}{N} \tag{4.3}$$

と表される．**図 4.1** に単純無向ネットワークとその隣接行列 A の例を示す．リンクに向きはないので A は対称行列であり，同一ノードを結ぶループも存在しないので A の対角要素は 0 となる．各ノードの次数は A より式 (4.1) で与えられ，$k_1 = 2$, $k_2 = 3$, $k_3 = 3$, $k_4 = 2$, $k_5 = 1$, $k_6 = 1$ である．また，リンクの総数は式 (4.2) より $M = 6$ で，平均次数は (4.3) より $\overline{k} = 2$ となる．

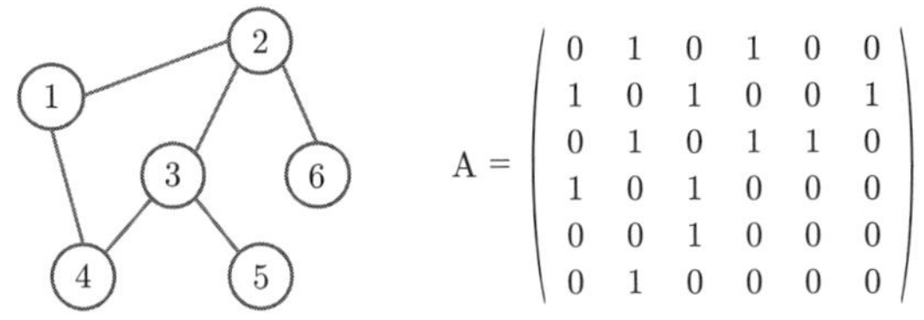

（a）単純無向ネットワークの例　（b）対応する隣接行列

図 4.1　単純無向ネットワークとその隣接行列

有向ネットワークでは，ノードに入ってくるリンクと出ていくリンクを区別する必要があるため，ノード i に入るリンク数

$$k_i^{\mathrm{in}} = \sum_{j=1}^{N} A_{ij} \tag{4.4}$$

をノード i の**入次数**（in–degree），ノード j から出ていくリンク数

$$k_j^{\mathrm{out}} = \sum_{i=1}^{N} A_{ij} \tag{4.5}$$

をノード j の**出次数**（out–degree）と呼ぶ．単純有向ネットワークのリンクの総数 M は，全ノードに入るリンク数の総和に等しく，また，全ノードから出ていくリンク数の総和に等しいので

$$M = \sum_{i=1}^{N} k_i^{\mathrm{in}} = \sum_{j=1}^{N} k_j^{\mathrm{out}} = \sum_{i=1}^{N}\sum_{j=1}^{N} A_{ij} \tag{4.6}$$

となる．また，入次数と出次数の全ノードにわたる平均は次式で与えられる．

$$\overline{k}^{\rm in} = \overline{k}^{\rm out} = \frac{M}{N} \tag{4.7}$$

4.1.3 最短経路と直径

以下，単純無向ネットワークを考える．あるノードから別のノードに至る経路の**長さ**（length）は，その経路を辿る際に通過するリンクの数で与えられる．隣接行列 A_{ij} を用いると，ノード j から i へのリンクがあれば $A_{ij}=1$ なので，ノード j から ℓ を通って i に $j \to \ell \to i$ と至る長さ 2 の経路がある場合には $A_{i\ell}A_{\ell j}=1$ となり，なければ0である．これを中間ノード ℓ について足しあげることにより，ノード i から j への長さ 2 の経路の総数は

$$N_{ij}^{(2)} = \sum_{\ell=1}^{N} A_{i\ell}A_{\ell j} = (\mathrm{A}^2)_{ij} \tag{4.8}$$

のように，A の 2 乗の i,j 成分で与えられる．同様に，i から j に至る長さ r の経路の総数は，中間ノードを $\ell_1,\ell_2,\ldots,\ell_{r-1}$ として，それらについて $i \to \ell_1 \to \ell_2 \to \cdots \to \ell_{r-1} \to j$ となるような経路の総和をとって

$$N_{ij}^{(r)} = \sum_{\ell_1=1}^{N}\sum_{\ell_2=1}^{N}\cdots\sum_{\ell_{r-1}=1}^{N} A_{i\ell_1}A_{\ell_1\ell_2}\ldots A_{\ell_{r-1}j} = (\mathrm{A}^r)_{ij} \tag{4.9}$$

と表される．連結なネットワークについて，二つのノードを結ぶ最も短い経路を**最短経路**（shortest path）という．また，最短経路の長さを**距離**（distance）という．ノード i と j の距離 d_{ij} は，上記の $(\mathrm{A}^r)_{ij}$ が正の値をとる最も小さな r の値となる．最短経路はそれ自身と交差することはない．また，一つのネットワークに複数の最短経路が存在することもある．

ネットワークの**直径**（diameter）とは，ネットワーク中の任意の二つのノード間の最短経路のうち最長のものの長さと定義され，ネットワークの大きさを表す．つまり，最も遠いノード間の最短経路の長さであり

$$d = \max_{i,j} d_{ij} \tag{4.10}$$

で与えられる．また，ネットワークのノード間の**平均距離**（mean distance）

$$\overline{d} = \frac{1}{N^2}\sum_{i=1}^{N}\sum_{j=1}^{N} d_{ij} \tag{4.11}$$

も，ネットワークの大きさを表す量としてよく使われる．例えば，図 **4.2**(a) に示すネットワークにおいて，ノード 1 と 5 を結ぶ経路は複数あるが，最短となるのは 1 → 3 → 5 の長さ 2 の経路である．また，最短経路が最長となるのはノード 4 と 6 の間の長さ 3 の経路なので，このネットワークの直径は 3 である．

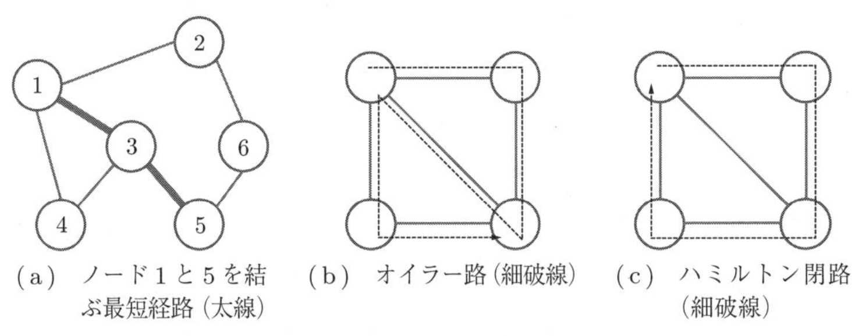

(a) ノード 1 と 5 を結ぶ最短経路（太線）　(b) オイラー路（細破線）　(c) ハミルトン閉路（細破線）

図 **4.2**　ネットワーク上の経路

あるノードを出発して，全てのリンクを一度だけ通るような経路を**オイラー路**（Eulerian path），全てのノードを一度だけ通って出発ノードに戻るような経路を**ハミルトン閉路**（Hamiltonian cycle）という．前者はオイラー（Euler）の Königsberg の七つの橋の問題として有名で，後者の中で最短なものを探すのが巡回セールスマン問題である．いずれもさまざまな分野に応用がある．図 (b) に全てのリンクを一度だけ通るオイラー路を，図 (c) に全てのノードを一度だけ通って出発点に戻るハミルトン閉路を示す．

4.1.4　複雑ネットワーク

近年，実世界のさまざまなネットワークに普遍的に見られる性質であるスモールワールド性やスケールフリー性を持つクラスのネットワークが広く**複雑ネットワーク**（complex network）と総称されるようになり，盛んに研究されている．

（1） **スモールワールド性** **スモールワールド**（small–world）**性**とは，単純にはネットワークの直径，あるいは二つのノード間の平均距離が，そのノード数に比して非常に小さいことを意味する．例えば，N 個のノードが 1 次元格子をなしているとすると，あるノードから別のノードに到達するために，その間の全てのリンクを経由する必要があるので，このネットワークの直径は $O(N)$ となる．また，ネットワークが d 次元格子をなしていれば，直径は $O(N^{1/d})$ となる．しかし，実世界の多くのネットワークでは，その直径は典型的には $O(\ln N)$ 程度であり，これは N が非常に大きくても小さな数となる．

有名なミルグラム（Milgram）の「スモールワールド実験」では，ネブラスカ州のランダムに選ばれたある人物からボストンのある人物まで，知人への手紙の送付のみを繰り返して手紙を届ける実験が行われ，平均 6 ステップ以下で到達することが示された．つまり，この社会ネットワークのノード間の平均距離は 6 以下であった．近年では，7 億人のユーザ（ノード）と 690 億のリンクを持つ Facebook のネットワークのデータが解析され，ノードの 9 割が一つの連結した成分となっており，平均 5 ステップ以下で互いに到達できることが示されている．

なお，全く構造のない完全にランダムなネットワークにおいても，直径やノード間の平均距離は規則的な格子に比べ非常に小さい．そのため，ワッツ（Watts）とストロガッツ（Strogatz）は，スモールワールド性の条件にクラスター性が高いことを含めた[1)]．これは，ネットワーク中の三角形の数が相対的に大きいこと，あるいは，「友人の友人がまた友人である」確率が高いという推移性の大きさを表しており，実世界のネットワークはそのような性質を持ちつつ直径も小さいと主張した．また，そのようなネットワークを生成するごく単純なモデルを提案した．

（2） **スケールフリー性** ネットワークの特徴づけの一つとして，ノードの次数分布がよく用いられる．バラバシ（Barabási）とアルバート（Albert）の提唱した**スケールフリー**（scale–free）**性**とは，この分布が特徴的なスケールを持たないベキ乗則に従い，次数分布の不均一性が大きいことを意味する[2)]．バラバシらは，実世界のさまざまなネットワークにおいてそのような性質が見いだされることを発見し，これを**スケールフリーネットワーク**（scale–free network）と名付けた．また，そのような特徴を持つネットワークを生成するシンプルでわかりやすいモデルを提案した．

後述するように，古典的なエルデシュ（Erdös）とレニー（Rényi）のモデルで生成した**図 4.3** のランダムネットワークでは，次数 k の確率分布 $P(k)$ が二項分布となる．この場合，ノード間の次数の不均一性は小さく，ネットワークには明確に特徴的な次数（例えば平均次数），すなわちスケールが存在する．一方，バラバシとアルバートのモデルで生成したランダムネットワークでは，次数分布が $P(k) \sim k^{-\gamma}$ のような重い裾を持つベキ乗則に従い，不均一性が非常に大きい[2),4)]．特に，ノード数が大きい極限を考えると，γ の値によっては次数の平均値が発散して存在しないこともある．このように，特徴的な次数，つまりスケールが存在しないことをバラバシらはスケールフリー性と呼び，複雑ネットワークの典型的な特徴であるとした．なお，現実のネットワークは有限なので，ベキ則などの性質は次数の適切な上限と下限の間において近似的にのみ成立する[2),4)]．

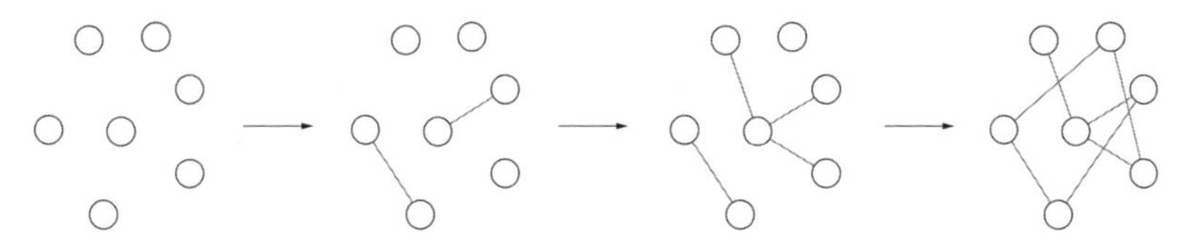

図 4.3 エルデシュ–レニーの単純ランダムネットワークの生成．N 個のノードを確率 p でランダムに接続

ワッツとストロガッツの研究とバラバシとアルバートの研究は，ネットワーク研究の大きなブームを引き起こし，実世界のさまざまなネットワークが調べられて，スモールワールド性やスケールフリー性が普遍的に成立することが明らかにされた．現在においても，それらの性質の機能的意義が盛んに議論されている．

4.2　ランダムネットワークの生成モデル

実世界のネットワークの構造はさまざまであるが，その数理モデルとして，それらの統計的性質の一部を再現するようなランダムネットワークの生成モデル（アルゴリズム）が数多く提案されている．その最も典型的なものについて述べる．

4.2.1　エルデシュ–レニーの単純ランダムネットワークモデル

これは最も基本的で古典的な無向ランダムネットワークの生成モデルであり，図 4.3 のように，N 個のノードを考え，二つのノード間に確率 p でランダムにリンクを張るというものである．得られたネットワークの例を**図 4.4**(a) に示す．ネットワークは確率的に作られるので，実際に生成されるリンクの本数などは試行ごとに異なる．一般に，リンクを張る確率 p がある臨界値を超えると，全てのノードが単一の連結されたネットワークになる確率が急激に上昇する．

ノード数が N ならばノードのペアの総数は $N(N-1)/2$ 個あり，それぞれのペアの間には確率 p でリンクが存在し，確率 $1-p$ で存在しないので，全部でちょうど M 本のリンクを持つネットワークの一つが生成される確率は

$$P(N,M) = p^M (1-p)^{N(N-1)/2-M} \tag{4.12}$$

となる．また，それぞれのネットワークの持つリンクの総数 M の平均は

$$\overline{M} = \frac{1}{2}N(N-1)p \tag{4.13}$$

となる．単純無向ネットワークでは，各リンクは二つのノードに接続しているので，ネットワークの次数の平均は，式 (4.3) を用いて

$$\overline{k} = \frac{2\overline{M}}{N} = (N-1)p \tag{4.14}$$

となる．この平均次数 $\overline{k}$ が 1 より小さいときには，生成されたネットワークは

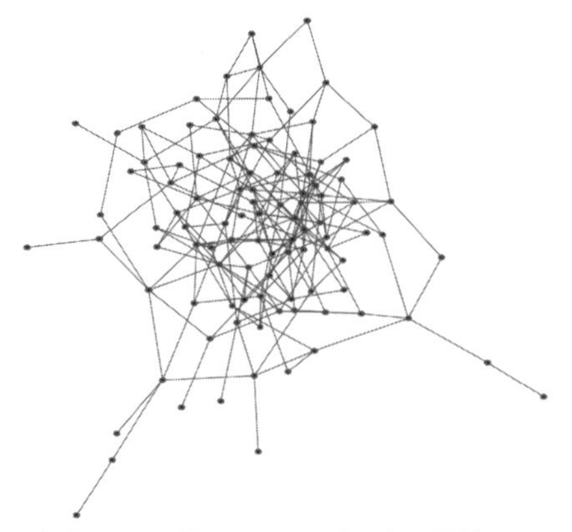

(a) エルデシュ–レニー (ER) の単純ランダムネットワークの例

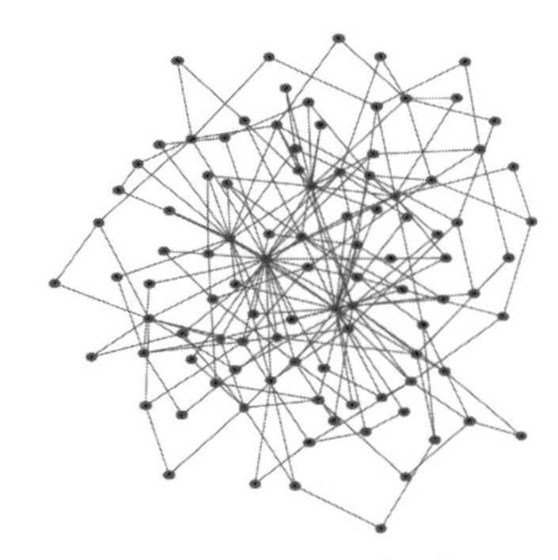

(b) バラバシ–アルバート (BA) のスケールフリーネットワークの例

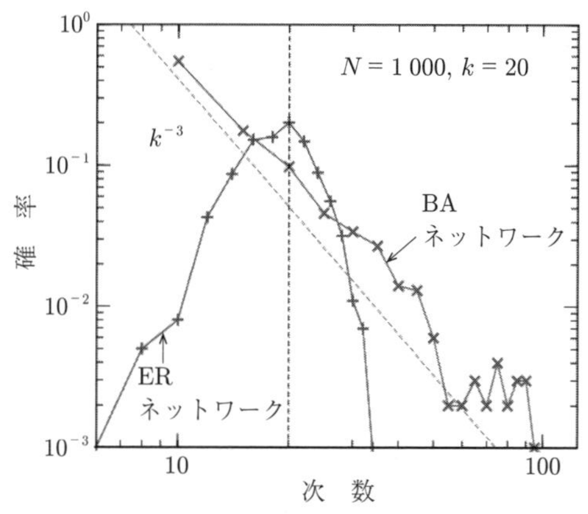

(c) 単純ランダムネットワーク (ER) とスケールフリーネットワーク (BA) の次数分布の両対数プロット．いずれも $N = 1\,000$, $\overline{k} = 20$

図 4.4　単純ランダムネットワークとスケールフリーネットワーク

非連結である確率が高い．一方，$\overline{k}$ が 1 より大きいと，ネットワークの大部分を占める一つの大きな連結成分ができる確率が高い．

次数 k の分布 $P(k)$ は，各ノードがそれ以外の $N-1$ 個のノードのおのおのに確率 p で接続しており，$N-1$ 個のうちちょうど k 個のノードとの間にリンクが存在する確率は $p^k(1-p)^{N-1-k}$ であること，更に，$N-1$ 個のノードから k 個を選ぶ組合せの数が ${}_{N-1}C_k$ であることに注意すると

$$P(k) = {}_{N-1}C_k\ p^k(1-p)^{N-1-k} \tag{4.15}$$

という二項分布となる．よって，各ノードの次数は平均次数のまわりに局在した一山の分布に従う（図 (c)）．更に，N が十分に大きいときに，平均次数 $\overline{k} \simeq Np$ を固定して $p \to 0$, $N \to \infty$ の極限をとると，二項分布のポアソン（Poisson）近似により

$$P(k) \simeq e^{-\overline{k}} \frac{\overline{k}^k}{k!} \tag{4.16}$$

が得られる．このように，エルデシュ–レニーネットワークの次数分布は，N が大きく p が小さい極限で，平均次数 $\overline{k}$ のポアソン分布に近づく．

エルデシュ–レニーネットワークについては各種の統計量が計算されており，例えばノード数が N のネットワークのノード間の平均距離は

$$\overline{d} \simeq \frac{\ln N}{\ln \overline{k}} \tag{4.17}$$

のように $O(\ln N)$ となることが知られている．これは $\overline{k}^{\overline{d}} \simeq N$ と書き換えることができ，あるノードからネットワークの閉路を無視して距離 $\overline{d}$ までのツリー状のネットワークを考えたときのノードの総数が大体 N であることに対応する．

4.2.2 ワッツ–ストロガッツのスモールワールドネットワークモデル

先に述べたように，実世界のランダムネットワークは，ノード数 N に比べて直径やノード間の平均距離が著しく小さいという性質を持ちつつ，「友人の友人はまた友人である確率が高い」という性質（クラスター性）も持っている．ワッツとストロガッツは，5 章で述べる相互作用する振動子系の研究において，振動子間の相互作用ネットワークのモデルとして，これらの両方の性質を持つ簡単な無向ネットワークのモデルを提案した[1),3)]．

図 4.5 に示すように，N 個のノードが 1 次元のリング状に並んでおり，各ノードから近接する $2n$ 個のノードにリンクの張られた規則的な格子状のネットワークを考える（図では $n = 1$）．次に，各ノードについて，そのノードを一端とするリンクのもう一方の端を，確率 p で別のノードにランダムに張り替える（二つのノード間に既にリンクが存在する場合には避ける）．これをリングに沿って一周行うことにより，規則的な構造を保ちつつ，離れたノード間にランダムな「ショートカット」の存在するネットワークを作る．

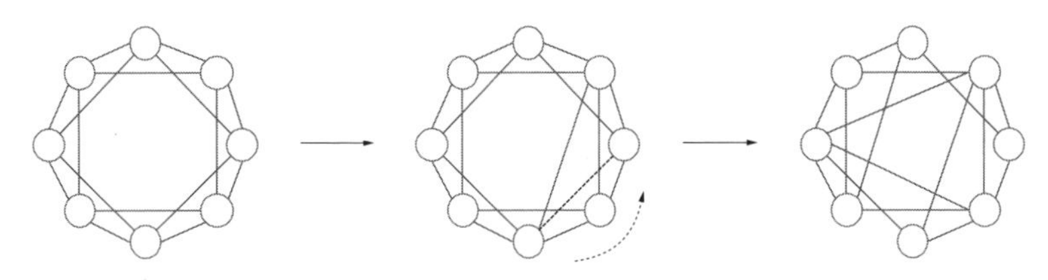

図 4.5 ワッツ–ストロガッツ（WS）のスモールワールドランダムネットワークの生成

張り替え確率が $p = 0$ であれば，ネットワークは格子状のままであり，ノード数 N のネットワークの直径や平均ノード間距離は $O(N)$ となる．張り替え確率 p を 0 から増加させると，直径や平均ノード間距離は急速に減少する．つまり，少数のショートカットを加えることにより，格子状の構造がある程度保たれていても，二つのノード間の平均距離は大幅に小さくなる．張り替え確率が最大値の $p = 1$ では，全てのリンクが張り替えられるので，ほぼランダムなネットワークとなる．このときには直径や平均ノード間距離は $O(\ln N)$ となるが，格子状の構造は保たれず，クラスター性は失われる．なお，このモデルではリンクの総数 $M = 2nN$ は保たれるので，ネットワークの平均次数は $\overline{k} = 2n$ である．

ワッツとストロガッツは，**クラスター係数**（clustering coefficient）

$$C = \frac{\text{長さ 2 の閉じた経路の数}}{\text{長さ 2 の経路の総数}} \tag{4.18}$$

を用いてネットワークを特徴づけた．ここで，「長さ 2 の閉じた経路」とは，ノード a, b, c を通る長さ 2 の経路 $a \to b \to c$ があったとき，ノード c と a の間にもリンクが存在する，つまり，ノード a, b, c が三角形をなしているものをいう．クラスター係数 C はその総数の長さ 2 の経路数に対する比であり，ネットワークがツリー状で三角形が存在しなければ $C = 0$ である．逆に，すべての長さ 2 の経路が閉じていて，どのノードも三角形の一部となっていれば $C = 1$ である．これにより，「友人の友人がまた友人である確率」が定量化される．

ワッツとストロガッツは，張り替え確率 p を 0 から 1 まで変化させて，p に対して最大値で規格化したクラスター係数の平均 $\overline{C}(p)/\overline{C}(0)$ と，やはり最大値で規格化した平均ノード間距離 $\overline{d}(p)/\overline{d}(0)$ をプロットした．ここで，上線は多数のランダムネットワークに対する平均を表し，$\overline{C}(0)$ と $\overline{d}(0)$ は $p = 0$ での値で，いずれもこのとき最大となる．その結果，p を 0 から少しだけ増加させると，平均ノード間距離はショートカットが生じることにより大きく減少する一方，格子状の構造がある程度保たれることによりクラスター係数は大きな値に留まることを見出した．これは，ノード間の距離が小さく，かつ，三角形の存在する割合が大きく友人の友人が友人である確率の高い状況が生じていることを意味し，この状況をスモールワールド性と呼んだ．確率 p を更に大きくすると，ネットワークはランダムに近づき平均ノード間距離はより小さくなるが，三角形の個数は減少し平均局所クラスター係数は大きく減少する．

4.2.3　バラバシ–アルバートのスケールフリーネットワークモデル

もう一つの良く知られたネットワークの生成モデルとして，バラバシとアルバートの**優先的選択**（preferential attachment）**モデル**を紹介しよう[2),4)]．これは，少数個のノードの集合を初期条件として出発し，徐々にノードを追加して新しいリンクをランダムに張っていく成長ネットワークモデルである．成長の各ステップで，新たにノードを追加してそこから既存のノードにリンクを張るが，その際に，より大きな次数を持つ既存のノードにより高い確率で結合させることが特徴である．この様子を**図 4.6** に示す．これにより，大きな次数を

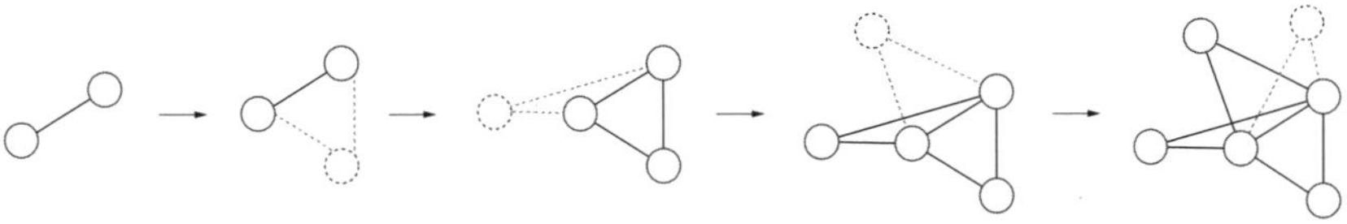

図 **4.6** バラバシ–アルバート（BA）のスケールフリーランダムネットワークの生成

持つノードが更に多数のリンクを獲得して，次数の不均一性の非常に強いランダムネットワークが得られる．この様子は，例えばソーシャルネットワークにおいて，すでに人気のあるメンバーにより高い確率で友達申請があることに対応しており，「金持ちがますます金持ちとなる（rich gets richer）」と形容される．得られたネットワークの例を図 4.4(b) に示す．

バラバシ–アルバートモデルでは，初期状態として m_0 個のノードを用意し，各ステップで新たなノードを一つ加えて既存の m 個のノードに優先的選択ルールに従ってリンクを張っていく．つまり，既存のノード群より，ノード i をその次数に比例する $k_i/(\sum_{i=1}^{m} k_i)$ の確率で選び，新たに加えたノードとの間にリンクを張る．これにより，次数分布が $P(k) \sim k^{-3}$ とベキ的となり，特徴的な次数を持たないという意味でスケールフリーなランダムネットワークが生成される（図 4.4(c)）．これは，$P(k)$ が平均次数の周りに局在したエルデシュ–レニーのネットワークとは大きく異なる性質で，実世界のネットワークにも，$P(k)$ がベキ的な分布に近く，特徴的な次数の存在しないものが数多く存在することから，このモデルは大きな注目を集めた．なお,「特徴的なスケールがない」という言葉は，もともと拡大してもまた同様の構造を持つため特徴的な長さスケールが存在しないフラクタルに対して用いられてきたものであり，バラバシ自身もフラクタル物理の研究から出発してスケールフリーネットワークの提唱に至っている．

次数分布がベキ則 $P(k) \sim k^{-\gamma}$ に従う一般のスケールフリーネットワークを考えよう．次数の最小値を $k_{\min}$，最大値を $k_{\max}$ として，本来は自然数である次数 k を連続近似すると，k の確率分布は次式となる．

$$\tilde{P}(k) \simeq \frac{\gamma - 1}{k_{\min}^{1-\gamma} - k_{\max}^{1-\gamma}} k^{-\gamma} \tag{4.19}$$

これより次数の平均 $\overline{k} = \displaystyle\int_{k_{\min}}^{k_{\max}} k\tilde{P}(k)dk$ や，各次のモーメントを計算でき，大きなネットワークの極限で平均次数が有限であるためには $\gamma > 2$ でなくてはならず，また，$2 < \gamma < 3$ では2次モーメントが発散することがわかる．スケールフリーネットワークの次数の2次モーメントの発散は，その上に定義した感染病モデルや結合位相振動子系において，感染率や結合強度が $+0$ の極限でも伝染病が蔓延したり集団同期転移が生じたりするなどの特異な挙動に導くことが知られている．

4.3　ネットワーク上の拡散とラプラシアン行列

本節では，単純無向ネットワーク上の拡散過程を表すラプラシアン (Laplacian) 行列について簡単に述べる．ラプラシアン行列はネットワークのさまざまな問題に関連して現れる[5)~9)]．

4.3.1　ラプラシアン行列

ネットワーク上の拡散過程を考えよう．各ノード上に仮想的な「化学物質」があり，これがリンクを通じてネットワーク上を拡散するとしよう．ノード j $(j = 1, \ldots, N)$ 上の化学物質の濃度を変数 X_j で表す．問題に応じてこの X_j はノード上のさまざまな量を表す．X_j が実際に化学物質の濃度を表す場合には $X_j \geqq 0$ であるべきだが，考える問題によっては負の値をとるとしてもよい．

図 4.7(a) に示すように，リンクの存在する二つのノード i と j の間に，古典的なフィック（Fick）の拡散法則に従って，ノード i と j における化学物質の濃度差 $X_j - X_i$ に比例する量の化学物質が，ノード j から i に単位時間に流れ込むとする．ただし，$X_j - X_i$ が負の場合にはノード i から j に流れる．

これによる拡散過程は，隣接行列 $A_{j\ell}$ を用いてノード j $(= 1, 2, \ldots, N)$ につ

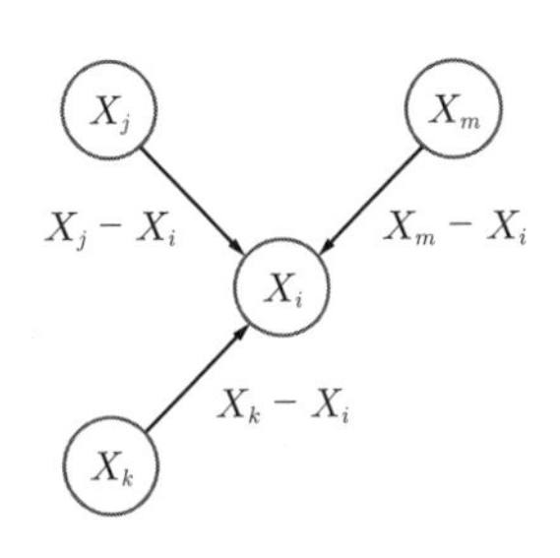

(a)　フィックの拡散法則による化学物質の流れ

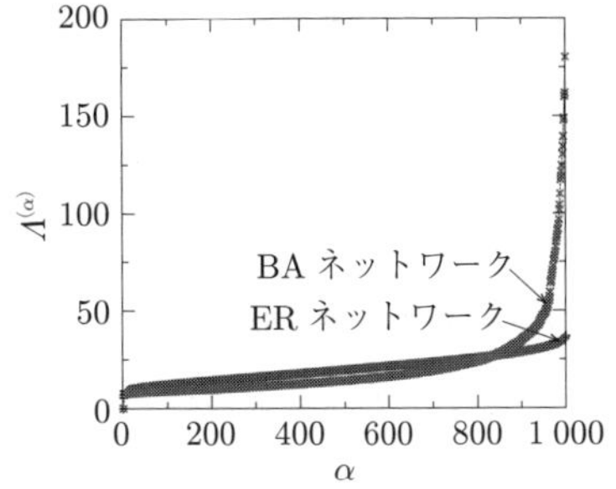

(b)　エルデシュ–レニーのランダムネットワーク (ER) とバラバシ–アルバートのスケールフリーネットワーク (BA) のラプラシアン固有値．$N = 1\,000$, $\overline{k} = 20$

図 4.7　ネットワーク上の拡散

ながった全ノードについて和をとることにより，拡散定数を $D \geqq 0$ として

$$\dot{X}_j(t) = D \sum_{\ell=1}^{N} A_{j\ell}(X_\ell - X_j) = -D \sum_{\ell=1}^{N} L_{j\ell} X_\ell \tag{4.20}$$

と表すことができる．ここで，二つめの式で導入した行列 $L_{j\ell}$ は

$$L_{j\ell} = -A_{j\ell} + k_j \delta_{\ell j} \qquad (j, \ell = 1, \ldots, N) \tag{4.21}$$

となり，これがネットワーク上の拡散を表す**ラプラシアン行列**である．

例えば，1次元の格子状のネットワークで，各ノードがその両隣のノードのみと結合している場合には，隣接行列は格子の両端を除き $A_{j\ell} = \delta_{j,\ell\pm1}$ で与えられる．したがって，式 (4.20) の拡散項の和の部分は

$$-\sum_{\ell=1}^{N} L_{j\ell} X_\ell = X_{j-1} - 2X_j + X_{j+1} \tag{4.22}$$

となり，連続場のラプラシアン $\nabla^2 X$ の差分形を与えることがわかる．また，全ノードが相互に結合した全結合ネットワークの場合，隣接行列は $A_{j\ell} = 1 - \delta_{j,\ell}$ のように表されるので，X_j の平均値を $\overline{X} = (1/N) \sum_{\ell=1}^{N} X_\ell$ とすれば，拡散項は

$$-\sum_{\ell=1}^{N} L_{j\ell} X_\ell = N(\overline{X} - X_j) \tag{4.23}$$

と表される．これは，各ノード上の化学物質がネットワーク全体にわたる平均値 $\overline{X}$ との差に依存して増減することを意味しており，そのようなネットワークを介して相互作用する系は，平均場結合系あるいは大域結合系などと呼ばれる．

4.3.2　ラプラシアン行列の固有値と固有ベクトル

ラプラシアン行列 $L_{j\ell}$ の固有値と固有ベクトルを導入しておこう．$L_{j\ell}$ は実対称な $N \times N$ 行列なので，固有値と固有ベクトルは N 個存在する．これを α $(= 1, 2, \ldots, N)$ で表す．α 番目の固有値を $\Lambda^{(\alpha)}$，対応する固有ベクトルを

$$\boldsymbol{\phi}^{(\alpha)} = (\phi_1^{(\alpha)}, \ldots, \phi_N^{(\alpha)})^\dagger \tag{4.24}$$

として（$\dagger$ は転置），固有値方程式は

$$\sum_{\ell=1}^{N} L_{j\ell}\phi_\ell^{(\alpha)} = \Lambda^{(\alpha)}\phi_j^{(\alpha)} \quad (\alpha = 1, 2, \ldots, N) \tag{4.25}$$

となる．$L_{j\ell}$ は実対称行列なので，固有値は実数で，固有ベクトルは

$$\sum_{\ell=1}^{N} \phi_\ell^{(\alpha)}\phi_\ell^{(\beta)} = \delta_{\alpha,\beta} \quad (\alpha, \beta = 1, 2, \ldots, N) \tag{4.26}$$

と正規直交化できる．定義より $L_{j\ell}$ は $\displaystyle\sum_{\ell=1}^{N} L_{j\ell} = 0$ を満たすので，全ノード上で一定の値をとるベクトル

$$\boldsymbol{\phi}^{(1)} = \frac{1}{\sqrt{N}}(1, 1, \ldots, 1)^\dagger \tag{4.27}$$

は $\displaystyle\sum_{\ell=1}^{N} L_{j\ell}\phi_\ell^{(1)} = 0$ を満たし，固有値 $\Lambda^{(1)} = 0$ に対応する固有ベクトルとなる．ここで，固有値 0 に対応する一様な固有ベクトルを番号 $\alpha = 1$ に割り当てた．

また，ラプラシアン行列 $L_{j\ell}$ は，任意のベクトル u_j に対して

$$\sum_{j=1}^{N}\sum_{\ell=1}^{N} u_j L_{j\ell} u_\ell = -\frac{1}{2}\sum_{j=1}^{N}\sum_{\ell=1}^{N} L_{j\ell}(u_j - u_\ell)^2 \geqq 0 \tag{4.28}$$

を満たすことがわかる．ここで，$\sum_{j=1}^{N} L_{j\ell} = \sum_{\ell=1}^{N} L_{j\ell} = 0$ であることと，$j \neq \ell$ のときに $L_{j\ell} \leqq 0$ であることを使った．したがって，$L_{j\ell}$ は半正定値であり，固有値 $\Lambda^{(\alpha)}$ は全て 0 以上の値をとる．以下，固有値が $0 = \Lambda^{(1)} \leqq \Lambda^{(2)} \leqq \Lambda^{(3)} \leqq \cdots \leqq \Lambda^{(N)}$ と並ぶように，固有値と固有ベクトルに番号 α を与えることにする．

ラプラシアン行列の固有値についてはさまざまな性質が知られている．特に，ラプラシアン行列の最小固有値 0 の個数は，ネットワークの連結成分の数を与える．これは，それぞれの連結成分ごとにノードを並び替えてグループ化すればラプラシアン行列がブロック対角型となることからわかる．したがって，一つの連結したネットワークでは，0 となる固有値は $\Lambda^{(1)} = 0$ のみである．また

$$\sum_{\alpha=1}^{N} \Lambda^{(\alpha)} = \mathrm{Tr}\ L = \sum_{j=1}^{N} L_{jj} = \sum_{j=1}^{N} k_j \tag{4.29}$$

が成り立つので，固有値の総和は各ノードの次数の総和に等しい．これは式 (4.2) よりリンクの総数 M の 2 倍であり，各固有値はこの数を超えることはない．

なお，前節で述べた格子状の結合や大域結合の場合には，固有値や固有ベクトルを解析的に求められるが，一般のランダムネットワークについては数値計算で求めることになる．図 4.7(b) に，エルデシュ–レニーの単純ランダムネットワークとバラバシ–アルバートのスケールフリーネットワークのラプラシアン固有値を示す．ここで $N = 1\,000$, $\bar{k} = 20$ である．スケールフリーネットワークの固有値は単純ランダムネットワークの固有値に比べてずっと幅広い値をとることがわかる．ラプラシアン行列の固有値・固有ベクトルは，ネットワークの構造を特徴づける重要な量であり，データ解析や画像処理など，さまざまな用途に使われる．

4.3.3　ネットワーク上の拡散方程式の解

ラプラシアン固有値と固有ベクトルを用いて，ネットワーク上の拡散方程式

$$\dot{X}_j(t) = -D \sum_{\ell=1}^{N} L_{j\ell} X_\ell(t) \quad (j = 1, \ldots, N) \tag{4.30}$$

の一般解を求めよう．ラプラシアン行列の固有ベクトル $\{\boldsymbol{\phi}^{(1)}, \ldots, \boldsymbol{\phi}^{(N)}\}$ は $\boldsymbol{R}^N$ の基底をなすので，各ノード上の変数 $X_j(t)$ は，展開係数を $c_\beta(t)$ として

$$X_j(t) = \sum_{\beta=1}^{N} c_\beta(t) \phi_j^{(\beta)} \tag{4.31}$$

と展開できる．これを拡散方程式に代入して式 (4.25) を用いると

$$\begin{aligned} \sum_{\beta=1}^{N} \dot{c}_\beta(t) \phi_j^{(\beta)} &= -D \sum_{\beta=1}^{N} c_\beta(t) \sum_{\ell=1}^{N} L_{j\ell} \phi_\ell^{(\beta)} \\ &= -D \sum_{\beta=1}^{N} c_\beta(t) \Lambda^{(\beta)} \phi_j^{(\beta)} \end{aligned} \tag{4.32}$$

という式が得られる．ここで，両辺に $\phi_j^{(\alpha)}$ を掛けて j について和をとり，固有ベクトルの正規直交性 (4.26) を用いると，上式は個々の固有ベクトルに対応する成分ごとに独立な方程式に分解されて，展開係数の $c_\alpha(t)$ は

$$\dot{c}_\alpha(t) = -D\Lambda^{(\alpha)} c_\alpha(t) \tag{4.33}$$

に従い，その解は

$$c_\alpha(t) = c_\alpha(0) \exp(-D\Lambda^{(\alpha)} t) \tag{4.34}$$

となることがわかる $(\alpha = 1, \ldots, N)$．したがって，$X_j(t)$ の一般解は

$$X_j(t) = \sum_{\beta=1}^{N} c_\beta(0) \exp(-D\Lambda^{(\beta)} t) \phi_j^{(\beta)} \tag{4.35}$$

で与えられる．ここで，$c_\beta(0) = \sum_{\ell=1}^{N} \phi_\ell^{(\beta)} X_\ell(0)$ は $t = 0$ での展開係数である．

連結したネットワークではラプラシアン行列の固有値は $\Lambda^{(1)} = 0$ を除いて正なので，$\alpha \geqq 2$ の固有モードは時間が経つと全て減衰して $c_\alpha(t) \to 0$ となる．したがって，$t \to \infty$ では $\alpha = 1$ の一様モードの成分のみが残ることになり

$$X_j(t) \to c_1(0)\phi_j^{(0)} = \frac{1}{N}\sum_{\ell=1}^{N} X_\ell(0) \qquad (j = 1, \ldots, N) \tag{4.36}$$

となる．すなわち，ネットワーク上の拡散過程では，初期にネットワーク上に存在していた全化学物質が全てのノードに均等に行き渡った状態が，最終的な定常状態となる．図 **4.8** に，拡散によるネットワーク上に分布した化学物質の濃度が拡散によって一様化する過程と，ラプラシアン固有モードの係数 c_α が指数関数的に減衰していく過程を示す．

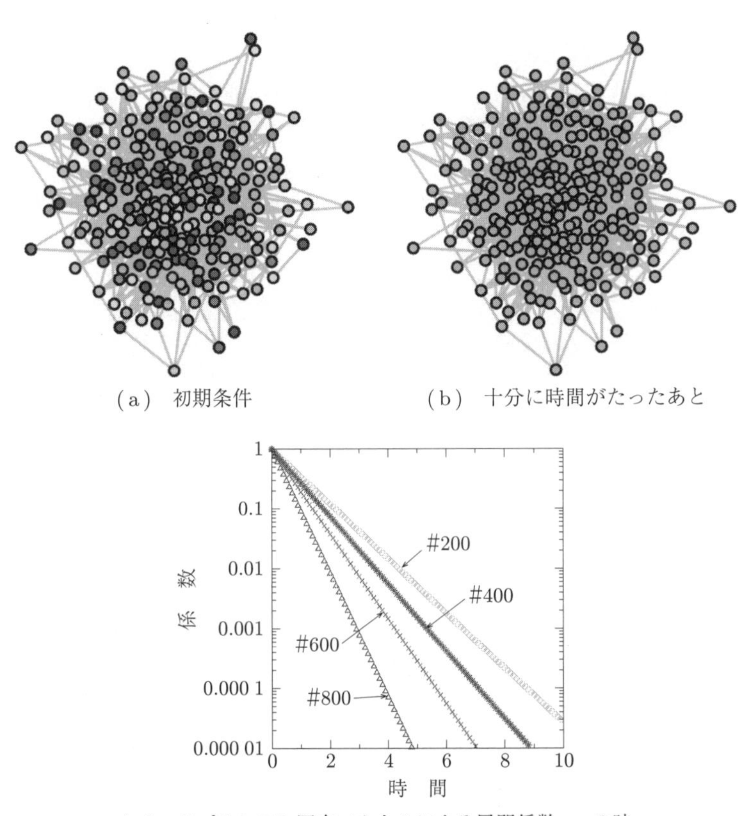

（a）　初期条件　　　（b）　十分に時間がたったあと

（c）　ラプラシアン固有ベクトルによる展開係数 c_α の時間発展．$N = 1\,000$, $\overline{k} = 20$ のバラバシ–アルバートのスケールフリーネットワーク．モード $\alpha = 200$, 400, 600, 800 の係数の時間発展

図 **4.8**　ネットワーク上の拡散過程

ネットワーク上の拡散過程は，ネットワーク上のエージェント間の意見の一致のモデルや，ネットワーク上のランダムウォークモデルなどに幅広く用いられる．また，5 章，7 章で，ネットワークの各ノード上に置かれた振動子やカオス素子などの動的要素がラプラシアンによる拡散を通じて相互作用する系において，系の全要素が同期して活動する状況の安定性を解析する．このとき，ネットワークのラプラシアン固有値と固有ベクトルの性質が重要な役割を果たす．

章末問題

【1】 次数 k を連続値と近似して，式 (4.19) の確率分布を用い，次数に関する和を積分で近似して平均次数と次数の 2 次モーメントを求め，大きなネットワークの極限でそれらが発散しない γ の範囲を求めよ．

【2】 図 4.1 に示したネットワークのラプラシアン固有値を数値計算せよ．

第 5 章

リミットサイクル振動子の位相縮約と同期現象

リミットサイクル振動子は，その自然振動数に近い振動数の周期的な外力に駆動されると，外力に同期する．この現象は，引き込み，または注入同期などと呼ばれる．また，自然振動数の近い複数のリミットサイクル振動子を結合させると，それらの間に相互同期が生じる．実世界にはさまざまな同期現象があり，重要な機能的役割を持つことも多い．本章では，リミットサイクル振動子の同期現象を，周期外力や結合が弱い場合について，位相縮約法により解析する．実世界のさまざまな同期現象の例や，位相縮約法のより数理的な詳細については，参考文献を参照されたい．

5.1　リミットサイクル振動子の位相縮約

弱い外力や相互作用の影響を受けたリミットサイクル振動子の同期現象の解析には，**位相縮約法**（phase reduction method）が役立つ[1)~7)]．これは，一般に多次元の非線形力学系で記述される振動子の状態を，リミットサイクル軌道に沿って導入した**位相**（phase）のみを用いて近似的に表し，そのダイナミクスを簡潔な一次元の**位相方程式**（phase equation）で記述する手法であり，同期現象の理解に重要な役割を果たしてきた．本節では位相縮約法を概説し，その応用例として，周期外力への振動子の同期と，結合振動子間の相互同期を解析する．

5.1.1　リミットサイクル上の状態点の位相

安定なリミットサイクル軌道を持つ N 次元の常微分方程式で記述される力学

系を考え，時刻 t での系の状態 $\boldsymbol{X}(t) \in \boldsymbol{R}^N$ が

$$\frac{d\boldsymbol{X}}{dt} = \boldsymbol{F}(\boldsymbol{X}) \tag{5.1}$$

に従うとする．この系が周期 T の漸近安定なリミットサイクル軌道を持つとして，これを $\boldsymbol{X}_0(t)$ と表そう．$\boldsymbol{X}_0(t)$ は T-周期的な関数で，$\boldsymbol{X}_0(t+T) = \boldsymbol{X}_0(t)$ を満たす．また，リミットサイクルの自然振動数を $\omega = 2\pi/T$ とする．

まず，リミットサイクル上にある状態点に対して，位相 θ を与えよう．位相の範囲は $\theta \in [0, 2\pi)$ とする（0 と 2π は同一視する）．位相の定義にはさまざまなものがあり得る．もしリミットサイクルが単に円で，状態点が一定の角速度でこの円上を回転していれば，単に円の中心から測った状態点の角度を位相とすればよいが，一般にリミットサイクルの形状はひずんでおり，その上を状態点が動いていく速度も一定ではないので，単に角度を位相とすると，その増加速度は一定とはならず，減少することもあり得る．位相縮約法では，位相方程式を簡単な形にするために，図 **5.1**(a) のように，リミットサイクル上に位相の目盛りをうまく振って，常に一定の振動数 ω で増加する位相を導入する．以下に述べるように，これは位相 θ と時刻 t を，定数倍の任意性を除いて同一視することによって実現できる．

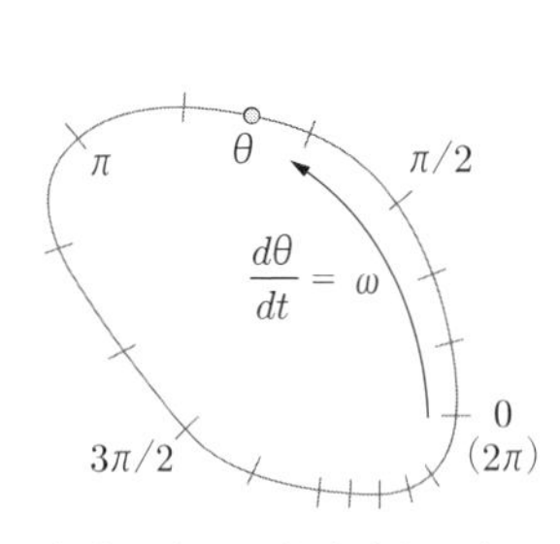

（a） リミットサイクル上の状態点の位相．位相 θ が常に一定の振動数 ω で増加するように定義

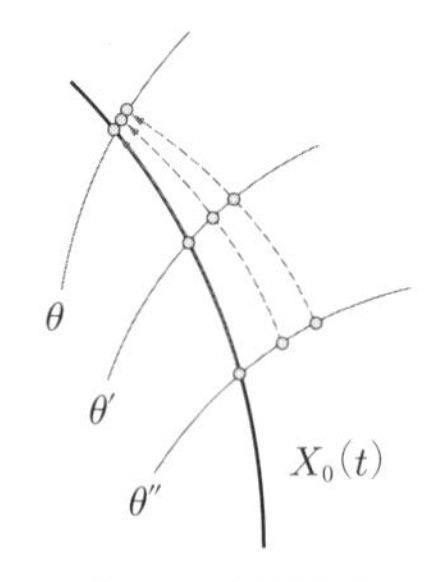

（b） 位相の吸引領域への拡張．$t \to \infty$ でリミットサイクル上の同一の点に漸近する初期点の集合は同じ位相をとる．

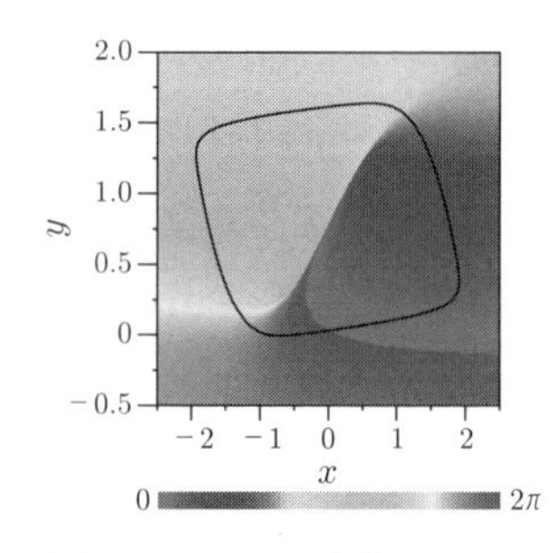

（c） FitzHugh–南雲モデルのリミットサイクル軌道及び位相関数 $\Theta(x, y)$

図 **5.1**　リミットサイクルの位相

まず，リミットサイクル上の適当な点を位相の原点 $\theta = 0$ とする．時刻 $t = 0$ に系の状態がこの位相原点 $\boldsymbol{X}_0(0)$ から出発したとして，時刻 t にリミットサイクル上の点 $\boldsymbol{X}_0(t)$ の位置まで進んだとき，その位相を $\theta = \omega t \pmod{2\pi}$ とする．つまり，振動数 ω を比例係数として，位相が時間に比例して 0 から 2π まで増加することにする．これにより，状態点がリミットサイクル上を動く速度が変化しても，位相 θ は常に一定の振動数 ω で増加する．もちろん，リミットサイクル上の位相の目盛りは等間隔ではなく，各位置における状態点の速度に比例するものとなる．なお，文献によって位相の範囲は $\theta \in [0, 2\pi)$ ではなく，$[0, T)$ や $[0, 1)$ であることも多い．その場合には振動数 ω の定義も変わる．また，位相 θ を $[0, 2\pi)$ の範囲外に拡張して扱うことも多い．その場合，θ の関数は θ について 2π 周期的とみなす．

以上により，リミットサイクル上の状態点 $\boldsymbol{X}$ に対して，その位相 θ を与える位相関数 $\theta = \Theta(\boldsymbol{X})$ が導入できる．ここで，位相の値 θ と位相を与える関数 $\Theta(\boldsymbol{X})$ を大文字と小文字で区別した．リミットサイクル上の状態点 $\boldsymbol{X}_0(t)$ の位相 $\theta(t) = \Theta(\boldsymbol{X}_0(t))$ は，常に一定の振動数 ω で増加するので

$$\frac{d}{dt}\theta(t) = \frac{d}{dt}\Theta(\boldsymbol{X}_0(t)) = \omega \tag{5.2}$$

という位相方程式で記述される．この先，リミットサイクル上の状態点を，その点での位相 θ の関数として $\boldsymbol{X}_0(\theta)$ と表すことが多い．なお，定義より $\theta = \Theta(\boldsymbol{X}_0(\theta))$ が成り立つ．

5.1.2　リミットサイクルの吸引領域内にある状態点の位相

前項でリミットサイクル上にある状態点に対して位相を定義したが，外力などの摂動を受けると状態点はリミットサイクル上から外れるため，リミットサイクルの周辺にも位相の定義を拡張する必要がある．そこで，リミットサイクルの吸引領域内から出発した点は，いずれリミットサイクルに漸近することに着目して，位相の定義域を吸引領域に拡張する．これにより，リミットサイクルの**アイソクロン**（isochron，等位相面）[2)〜6)] が導入される．

時刻 t_0 にリミットサイクルの吸引領域内の点 $\boldsymbol{X}_A$ から出発した系の時刻 t での系の状態を $\Psi_{t,t_0}\boldsymbol{X}_A$ と表そう．また，時刻 t_0 にリミットサイクル上の位相 θ の点 $\boldsymbol{X}_0(\theta)$ から出発した系の時刻 t における状態を $\Psi_{t,t_0}\boldsymbol{X}_0(\theta)$ と表す．これらの二つの状態点が漸近して $t \to \infty$ で $|\Psi_{t,t_0}\boldsymbol{X}_A - \Psi_{t,t_0}\boldsymbol{X}_0(\theta)| \to 0$ となるときに，$\boldsymbol{X}_A$ と $\boldsymbol{X}_0(\theta)$ は同じ位相を持つと定義する．ここで，$|\cdots|$ はベクトルのユークリッド（Euclid）ノルムを表す．この定義によると，リミットサイクル上の点 $\boldsymbol{X}_0(\theta)$ の位相は θ なので，点 $\boldsymbol{X}_A$ の位相も $\Theta(\boldsymbol{X}_A) = \Theta(\boldsymbol{X}_0(\theta)) = \theta$ となり，これら二つの状態点は，その後もずっと同じ位相をとることになる．また，そのような状態点 $\boldsymbol{X}_A$ の集合は $t = t_0$ で全て同じ位相 θ を持つことになり，この集合を位相 θ のアイソクロンと呼ぶ．図 5.1(b) にこの状況を示す．これにより，リミットサイクルの吸引領域内の各点に対して位相が導入された．つまり，状態点 $\boldsymbol{X}$ に対して位相の値を与える関数 $\Theta(\boldsymbol{X})$ の定義域が，リミットサイクル上からその吸引領域全体に拡張された．なお，このように定義される位相は**漸近位相**（asymptotic phase）と呼ばれる[2)〜6)]．

以上より，振動子の位相 $\theta(t) = \Theta(\boldsymbol{X}(t))$ は，状態点 $\boldsymbol{X}(t)$ が吸引領域内でどのような軌道に沿って運動しても，常に一定の振動数 ω で増加する．よって，位相 $\theta(t)$ は全吸引領域においても

$$\frac{d}{dt}\theta(t) = \frac{d}{dt}\Theta(\boldsymbol{X}(t)) = \omega \tag{5.3}$$

という位相方程式に従う．この式は，微分の連鎖律を使うと

$$\begin{aligned}\frac{d}{dt}\Theta(\boldsymbol{X}(t)) &= \nabla\Theta(\boldsymbol{X}(t)) \cdot \frac{d\boldsymbol{X}(t)}{dt} \\ &= \nabla\Theta(\boldsymbol{X}(t)) \cdot \boldsymbol{F}(\boldsymbol{X}(t)) = \omega\end{aligned} \tag{5.4}$$

と変形できる．ここで，$\nabla\Theta(\boldsymbol{X}(t))$ は点 $\boldsymbol{X} = \boldsymbol{X}(t)$ における位相関数 $\Theta(\boldsymbol{X})$ の勾配である．つまり，この位相の定義は，吸引領域内の各点 $\boldsymbol{X}$ について，$\nabla\Theta(\boldsymbol{X})\cdot\boldsymbol{F}(\boldsymbol{X}) = \omega$ を満たすような位相関数 $\Theta(\boldsymbol{X})$ を与えたことに相当する．

一般に，リミットサイクル解やその位相関数が数理モデルから解析的に得られることは稀であり，位相は数値的あるいは実験的に測定する必要がある．ま

ず，リミットサイクル上にある状態点の位相 θ については，この点から系を時間発展させて，リミットサイクル上の位相の原点を通過するまでの時間が τ であったとすると，$\theta = 2\pi - \omega\tau$ で与えられる．次に，リミットサイクルの吸引領域にある状態点については，まず系を自然周期 $T = 2\pi/\omega$ の自然数倍の時間発展させて，リミットサイクルの十分近くにまで状態点が近づくのを待つ．この間の位相の変化は 2π の自然数倍なので，位相の値には寄与しない．その後，リミットサイクル上にある点と同様に位相を測定すればよい．図 5.1(c) は，3 章で扱った FitzHugh–南雲モデルの位相関数 $\Theta(x, y)$ を上記の方法によって測定し，(x, y) 相平面上に濃淡プロットによって表示したものである．

5.1.3　位相応答関数と位相感受関数

外力や相互作用の影響によって振動子の状態が変化すると，これに対応して位相も変化する．瞬間的に与えられるインパルス的な摂動による位相の変化を特徴づける関数を「位相応答関数」と呼ぶ．また，摂動が十分に弱く，位相の応答を線形近似できる場合には，その線形応答係数がわかればよい．これを「位相感受関数」と呼ぶ．

図 5.2(a) に示すように，系の状態がリミットサイクル上の位相 θ の点にあるときに瞬間的な摂動 $\boldsymbol{I}$ が与えられ，リミットサイクル上にあった状態点 $\boldsymbol{X}_0(\theta)$ が別の状態点 $\boldsymbol{X}_0(\theta) + \boldsymbol{I}$ に移されたとしよう．これにより，系の状態は一般にリミットサイクル上から外れるが，移された先が吸引領域内であれば，やがてリミットサイクル上に戻ってくる．しかし，戻ってきたときの位相は，摂動を受けずに $\boldsymbol{X}_0(\theta)$ がそのまま発展したときの位相とは一般に異なる．このときに生じる位相差を，摂動を与える位相 θ の関数として，**位相応答関数**（phase response function）と呼ぶ．この関数は，図 (b) に示すように，振動子に摂動を与えて出力波形を観測することによって測定できる．つまり，摂動を与えた振動子の波形とそのまま発展した振動子の波形の漸近的な位相差が位相応答である．位相応答関数は，生体の概日リズムや周期発火するニューロン，電気回路などのさまざまな実験系において測定されている．

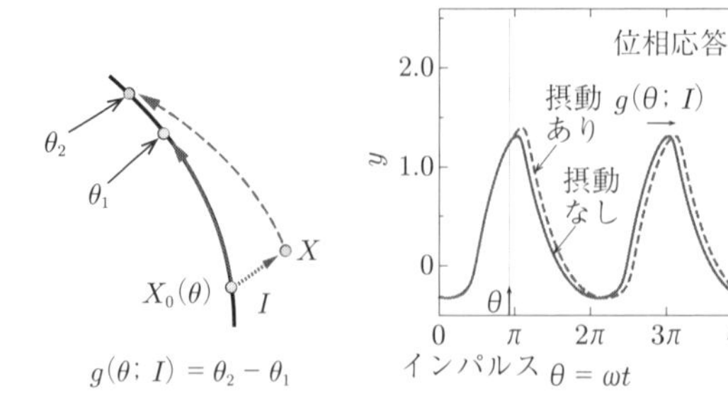

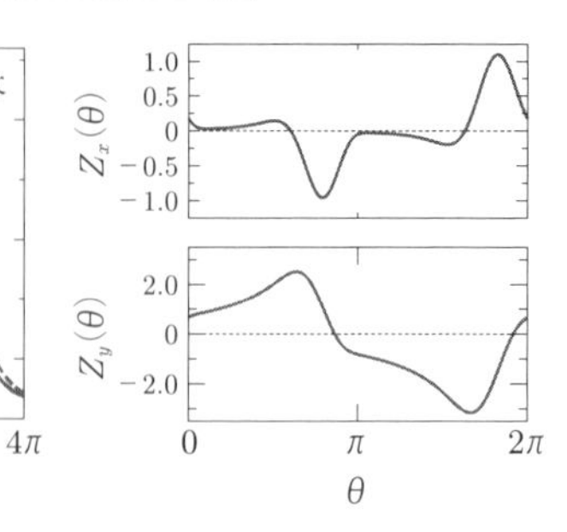

(a) リミットサイクルの位相応答．摂動 $\boldsymbol{I}$ を受けた状態点と，摂動を受けずにリミットサイクル上を発展した状態点との位相差

(b) 位相応答の測定．各位相 θ で振動子に摂動 $\boldsymbol{I}$ を与え，与えなかった場合との波形の位相差を測定

(c) FitzHugh–南雲モデルの位相感受関数 $\boldsymbol{Z}(\theta) = (Z_x(\theta), Z_y(\theta))$．随伴法で計算

図 5.2　リミットサイクルの位相応答

さて，位相の定義に従うと，摂動を受けた状態点と受けていない状態点に位相差が発生するのは，摂動を受けた瞬間のみである．なぜなら，吸引領域内の状態点の位相は常に一定の振動数 ω で増加するため，その後は位相差が生じることはないからである．摂動を受けた直後の状態の位相は位相関数 $\Theta(\boldsymbol{X})$ を用いて $\Theta(\boldsymbol{X}_0(\theta) + \boldsymbol{I})$ と表されるので，受ける直前の位相 $\Theta(\boldsymbol{X}_0) = \theta$ との差は

$$
\begin{aligned}
g(\theta; \boldsymbol{I}) &= \Theta(\boldsymbol{X}_0(\theta) + \boldsymbol{I}) - \Theta(\boldsymbol{X}_0(\theta)) \\
&= \Theta(\boldsymbol{X}_0(\theta) + \boldsymbol{I}) - \theta \qquad (5.5)
\end{aligned}
$$

と表される．これが位相応答関数を与える式であり，振動子の状態がリミットサイクル上の位相 θ の点において摂動 $\boldsymbol{I}$ を受けたときに，結果的に生じる位相シフトを表す．位相応答関数 $g(\theta; \boldsymbol{I})$ は，$g(2\pi; \boldsymbol{I}) = g(0; \boldsymbol{I})$ を満たし，摂動 $\boldsymbol{I}$ の大きさと方向に依存する．

さて，摂動 $\boldsymbol{I}$ が十分に小さいときに，式 (5.5) の右辺第 1 項を $\boldsymbol{I} = 0$ の近くで $\Theta(\boldsymbol{X}_0(\theta) + \boldsymbol{I}) = \Theta(\boldsymbol{X}_0(\theta)) + \nabla\Theta(\boldsymbol{X})|_{\boldsymbol{X}=\boldsymbol{X}_0(\theta)} \cdot \boldsymbol{I} + O(|\boldsymbol{I}|^2)$ とテイラー展開できるとしよう．ここで，右辺に現れたリミットサイクル上の点 $\boldsymbol{X} = \boldsymbol{X}_0(\theta)$ における位相関数 $\Theta(\boldsymbol{X})$ の勾配を

$$\boldsymbol{Z}(\theta) = \nabla\Theta(\boldsymbol{X})|_{\boldsymbol{X}=\boldsymbol{X}_0(\theta)} \tag{5.6}$$

と表すことにすると，摂動 $\boldsymbol{I}$ に対する位相応答関数は

$$g(\theta;\boldsymbol{I}) \simeq \boldsymbol{Z}(\theta)\cdot\boldsymbol{I} \tag{5.7}$$

と線形近似できる．関数 $\boldsymbol{Z}(\theta)$ は $\boldsymbol{Z}(2\pi) = \boldsymbol{Z}(0)$ を満たす N 次元ベクトル関数で，状態点 $\boldsymbol{X}(t)$ の各成分への摂動に対する振動子の位相の線形応答係数を表しており，**位相感受関数**（phase sensitivity function）と呼ぶ．この関数は弱い摂動を受ける振動子の解析に重要な役割を果たす．図 5.2(c) は FitzHugh–南雲モデルの位相感受関数 $\boldsymbol{Z}(\theta) = (Z_x(\theta), Z_y(\theta))$ を後述する随伴法によって計算したものである．

なお，位相応答関数という言葉で $\boldsymbol{Z}(\theta)$ を示す文献も多いが，本書では $g(\theta;\boldsymbol{I})$ との区別を明確にするため異なる言葉を用いることにする．これは，位相モデルに関するウィンフリー（Winfree）の原論文（1967）[8] で，$\boldsymbol{Z}$ は位相の感受関数（sensitivity function）と呼ばれており，これに従う流儀である．文献によっては $g(\theta;\boldsymbol{I})$ を**位相リセット曲線**（phase resetting curve）と呼ぶこともある．

5.1.4 位相応答関数と位相感受関数の例

非線形振動子の数理モデルを解析的に解いてリミットサイクル解が得られることは滅多にないため，多くの場合，位相応答関数や位相感受関数は数値計算により求める必要がある．ここでは，解析的に扱える二つのシンプルな振動子の数理モデルについて，位相応答関数と位相感受関数を導出する．

（1） **1 次元の振動子**　Ermentrout に従い，1 次元の円周を相空間に持つ力学系の非線形振動を考えよう[5]．この系は周期軌道から離れる方向の自由度を持たないため，位相縮約は単に位相が一定の割合で増加するように変数を変換することに相当し，変数を減らす意味はない．振動子の状態が周の長さ L の円周上にあるとして，これを変数 $X(t) \in [0, L)$ で表そう．状態点は

$$\frac{dX}{dt} = F(X) \tag{5.8}$$

に従い，右辺は常に $F(X) > 0$ で，$F(X+L) = F(X)$ を満たすとする．$X(t)$ は単調増加するので，この系は周期解 $X_0(t)$ を持つ．

時刻 $t = 0$ で振動子が状態 $X_0(0) = 0$ にあったとして，これを位相の原点 $\Theta(0) = 0$ とする．時刻 0 に位相の原点から出発した振動子の状態が X に達するまでの時間 $t(X)$ は，$dX = F(X)dt$，つまり $dt = F(X)^{-1}dX$ より

$$t(X) = \int_0^X \frac{1}{F(X')}dX' \tag{5.9}$$

であり，周期は $T = t(L)$ となる．したがって，状態点 X の位相を与える関数は

$$\Theta(X) = 2\pi\frac{t(X)}{T} \tag{5.10}$$

であり，これを用いて状態 X に対する摂動 I への位相応答関数は $g(\theta; I) = \Theta(X_0(\theta) + I) - \theta$ と表すことができて，位相感受関数は

$$Z(\theta) = \left.\frac{d\Theta(X)}{dX}\right|_{X=X_0(\theta)} = \frac{2\pi}{T}\frac{1}{F(X_0(\theta))} \tag{5.11}$$

と求められる．なお，リミットサイクルは位相 θ の関数 $X_0(\theta)$ と表した．

例えば，**アクティブローテータ**（active rotator）と呼ばれるシンプルな振動子のモデル[6),9)]は，$L = 2\pi$ として $F(X) = a - \sin X$ で与えられ，パラメータ a が 1 を超えると SNIC 分岐によってリミットサイクル振動を示す．このモ

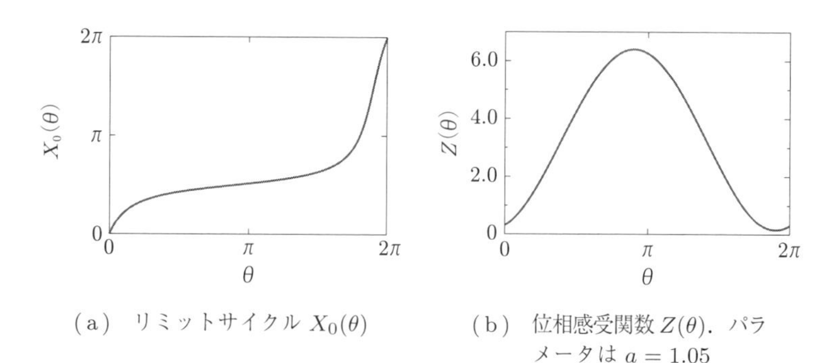

（a） リミットサイクル $X_0(\theta)$　　（b） 位相感受関数 $Z(\theta)$．パラメータは $a = 1.05$

図 5.3　アクティブローテータ

デルのリミットサイクルと位相感受関数を図 **5.3** に示す．この $Z(\theta)$ は $a > 1$ では常に正の値をとり，変数 X に摂動 $I > 0$ を与えると常にその位相 θ が増加することがわかる．Ermentrout はこのような位相感受関数を Type-I と分類した．a が 1 に近い時には，$\theta = \pi/2$ 付近で X の変化はとても遅くなるが，このとき $Z(\theta)$ は大きな値をとる．つまり，このモデルは X がゆっくり変化するときに大きな位相応答を示す．

(2) Stuart–Landau 振動子　　3 章で述べた超臨界ホップ分岐点近傍の標準形を振動子のモデルとみなしたものは Stuart–Landau 振動子と呼ばれる[3)]．この系については位相関数を解析的に得ることができる．分岐パラメータ μ がホップ分岐点 $\mu = 0$ を超えて自励振動が生じている状況を考え，変数をリスケールすると，α, β を実パラメータとして，系の方程式は一般に

$$\frac{d}{dt}\begin{pmatrix} x \\ y \end{pmatrix} = \begin{pmatrix} x - \alpha y - (x - \beta y)(x^2 + y^2) \\ \alpha x + y - (\beta x + y)(x^2 + y^2) \end{pmatrix} \tag{5.12}$$

のように表される．極座標 (r, φ) により $x = r\cos\varphi$, $y = r\sin\varphi$ と表すと，$r > 0$ では

$$\frac{dr}{dt} = r - r^3, \quad \frac{d\varphi}{dt} = \alpha - \beta r^2 \tag{5.13}$$

に従う．したがって，$r > 0$ となる点から出発した軌道は，$t \to \infty$ で $r = 1$ に漸近し，φ は一定の速度 $\alpha - \beta$ で増加するようになる．よって，この系は状態点が振動数 $\alpha - \beta$ で単位円を回転する安定なリミットサイクル解 $(x(t), y(t)) = (\cos(\alpha - \beta)t,\ \sin(\alpha - \beta t))$ を持つ（図 **5.4**(a)）．ここで，時刻 $t = 0$ での初期条件を $(x, y) = (1, 0)$ とした．なお，極座標表示に用いた φ は単なる「角度」であり，「位相」ではないことに注意しよう．実際，φ の増加速度は r に依存する．

さて，Stuart–Landau 振動子の位相関数は，r と φ を用いて

$$\Theta(r, \varphi) = \varphi - \beta \ln r \tag{5.14}$$

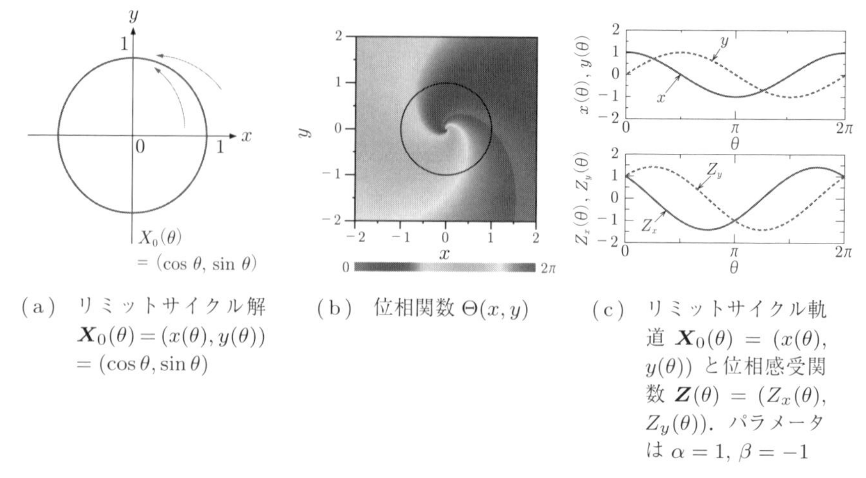

（a） リミットサイクル解 $\boldsymbol{X}_0(\theta) = (x(\theta), y(\theta)) = (\cos\theta, \sin\theta)$

（b） 位相関数 $\Theta(x, y)$

（c） リミットサイクル軌道 $\boldsymbol{X}_0(\theta) = (x(\theta), y(\theta))$ と位相感受関数 $\boldsymbol{Z}(\theta) = (Z_x(\theta), Z_y(\theta))$．パラメータは $\alpha = 1, \beta = -1$

図 **5.4**　Stuart–Landau 振動子

と表される．元の変数 (x, y) の関数として表すと

$$\Theta(x, y) = \tan^{-1}\frac{y}{x} - \frac{\beta}{2}\ln(x^2 + y^2) \tag{5.15}$$

である．ここで，$(x, y) = (1, 0)$ を位相の原点 $\Theta(1, 0) = 0$ とした．実際，式 (5.14) を時間微分して式 (5.13) を用いると，振動子の位相 $\theta = \Theta(r, \varphi)$ は θ は常に一定の各振動数 $\alpha - \beta$ で増加することがわかる．なお，$(x, y) = (0, 0)$ はリミットサイクルの吸引領域外にあるため，位相が定義されない位相特異点となる．この位相関数の様子を図 (b) に示す．角度 φ の増加速度が振幅 r に依存するため，位相 θ が一定となるアイソクロンは渦巻き状となる．

以下，リミットサイクル上の点を，位相 θ の関数として

$$\boldsymbol{X}_0(\theta) = (x(\theta), y(\theta)) = (\cos\theta, \sin\theta) \tag{5.16}$$

と表す．位相応答関数と位相感受関数は式 (5.15) から計算できる．まず，振動子に与えるインパルス摂動 $\boldsymbol{I}$ の x, y 成分を I_x, I_y とすると，位相応答関数は

$$g(\theta; I_x, I_y) = \Theta(x(\theta) + I_x,\ y(\theta) + I_y) - \theta \tag{5.17}$$

となる．また，位相感受関数 $\boldsymbol{Z}(\theta) = \nabla\Theta(x, y)|_{(x,y)=(\cos\theta, \sin\theta)}$ は

$$\boldsymbol{Z}(\theta) = (-\sin\theta - \beta\cos\theta,\ \cos\theta - \beta\sin\theta) \tag{5.18}$$

と求められる．このように，超臨界ホップ分岐近傍では，位相感受関数は単純な sin 型となる．これを図 (c) に示す．前述のアクティブローテーターの例とは異なり，$\boldsymbol{Z}(\theta)$ の各成分は正負両方の値をとり，振動子が同じ方向の摂動を受けても，そのタイミング，つまり摂動を受けるときの位相 θ により，位相は進むことも遅れることもある．このような $\boldsymbol{Z}(\theta)$ を Ermentrout は Type-II と分類した．一般に，振動子のパラメータがホップ分岐点から離れると，リミットサイクルの形状はひずみ，$\boldsymbol{Z}(\theta)$ も高調波項を含む複雑な形状となる．

5.1.5 位相応答関数及び位相感受関数の測定

前項で位相応答関数や位相感受関数を解析的に計算できる例を二つ挙げたが，一般にはリミットサイクル軌道を解析的に得られることはほとんどなく，位相応答関数や位相感受関数も数値計算や実験によって求める必要がある．

位相応答関数は，リミットサイクル振動を示している系にさまざまな位相で摂動を与え，十分時間の経ったあとに生じる摂動を与えなかった場合との位相差を計測することによって測定できる．つまり，リミットサイクル上の各点で系の状態 $\boldsymbol{X}$ に $\boldsymbol{I}$ 方向のインパルス摂動を与えて時間発展させ，$\boldsymbol{X}$ が再びリミットサイクルに緩和するまで待ち，インパルスを与えなかった場合との位相差を求める．これによって摂動 $\boldsymbol{I}$ に対する位相応答関数 $g(\theta; \boldsymbol{I})$ が求められる（図 5.2(b)）．この測定方法は直接的であるが，リミットサイクルの各点で摂動を与えて緩和するまで待つ必要があるため，時間がかかる．また，位相応答の測定を繰り返すために，定常的なリミットサイクル振動状態を長時間安定に保つ必要がある．

位相感受関数 $\boldsymbol{Z}(\theta)$ は，変数 $\boldsymbol{X}$ の i 成分（$i = 1, 2, \ldots, N$）に十分に小さなインパルス摂動 $I\boldsymbol{e}_i$（$\boldsymbol{e}_i$ は i 方向の単位ベクトル）を与えた際の位相応答関数より

$$Z_i(\theta) \simeq \frac{g(\theta; I\boldsymbol{e}_i)}{I} \tag{5.19}$$

によって測定することができる．しかし，現実には I が小さすぎると数値誤差や実験ノイズのためにその影響を正確には測定できず，一方，I が大きすぎると位相応答関数の線形近似の式 (5.7) が成り立たなくなりやはり正確に測定できない．

リミットサイクル振動子の数理モデルが与えられており，位相感受関数 $\boldsymbol{Z}(\theta)$ のみに興味がある場合には，$\boldsymbol{Z}(\theta)$ の従う**随伴方程式** (adjoint equation)[4),5),10)] の周期解を数値的に求めることにより，$\boldsymbol{Z}(\theta)$ を正確かつ高速に計算できる．以下，ブラウン（Brown）らの議論に従って随伴方程式を導出する．

時刻 $t=0$ で状態がリミットサイクル上の位相の原点 $\boldsymbol{X}_0(0)$ にあるとして，この点から出発した軌道を $\boldsymbol{X}_0(t)$，また，時刻 $t=0$ で $\boldsymbol{X}_0(0)$ に小さな初期摂動 $\boldsymbol{y}(0)=\boldsymbol{y}_0$ を与えた点 $\boldsymbol{X}_0(0)+\boldsymbol{y}_0$ から出発した軌道を $\boldsymbol{X}(t)=\boldsymbol{X}_0(t)+\boldsymbol{y}(t)$ としよう．これを式 (5.1) に代入して $\boldsymbol{y}(t)$ について線形化すると

$$\frac{d\boldsymbol{y}}{dt} = \mathrm{J}(\boldsymbol{X}_0(t))\boldsymbol{y} \tag{5.20}$$

となる．ここで，$\mathrm{J}(\boldsymbol{X}_0(t))$ はリミットサイクル上の点 $\boldsymbol{X}_0(t)$ における $\boldsymbol{F}(\boldsymbol{X})$ のヤコビ行列で，$\boldsymbol{X}_0(t)$ は T–周期的なので $\mathrm{J}(\boldsymbol{X}_0(t))$ も T–周期的な行列である．

振動子の位相関数 $\Theta(\boldsymbol{X})$ を用いると，時刻 $t=0$ でリミットサイクル上の位相の原点から出発した状態の位相は，時刻 t には $\theta(t) = \Theta(\boldsymbol{X}_0(t)) = \omega t$ となる．一方，$t = 0$ で摂動を受けた状態 $\boldsymbol{X}(t) = \boldsymbol{X}_0(t) + \boldsymbol{y}(t)$ の位相は $\Theta(\boldsymbol{X}(t)) = \Theta(\boldsymbol{X}_0(t)+\boldsymbol{y}(t)) = \Theta(\boldsymbol{X}_0(t)) + \boldsymbol{Z}(\theta(t))\cdot\boldsymbol{y}(t) + O(|\boldsymbol{y}(t)|^2)$ と表されるので，線形近似の範囲で，時刻 t における二つの状態の位相差は

$$\Delta\Theta(t) = \Theta(\boldsymbol{X}(t)) - \Theta(\boldsymbol{X}_0(t)) \simeq \boldsymbol{Z}(\theta(t))\cdot\boldsymbol{y}(t) \tag{5.21}$$

となる．摂動は時刻 $t=0$ の瞬間にしか与えていないので，位相関数の定義より，時刻 $t>0$ では $\boldsymbol{X}_0(t)$, $\boldsymbol{X}(t)$ いずれの位相も一定の振動数 ω で増加する．

よって，位相差 $\Delta\Theta(t)$ は $t > 0$ では一定とならなくてはならず

$$
\begin{aligned}
0 = \frac{d}{dt}\Delta\Theta(t) &= \frac{d}{dt}\boldsymbol{Z}(\theta(t)) \cdot \boldsymbol{y}(t) + \boldsymbol{Z}(\theta(t)) \cdot \frac{d}{dt}\boldsymbol{y}(t) \\
&= \frac{d}{dt}\boldsymbol{Z}(\theta(t)) \cdot \boldsymbol{y}(t) + \boldsymbol{Z}(\theta(t)) \cdot \mathrm{J}(\boldsymbol{X}_0(t))\boldsymbol{y}(t) \\
&= \left[\frac{d}{dt}\boldsymbol{Z}(\theta(t)) + [\mathrm{J}(\boldsymbol{X}_0(t))]^\dagger \boldsymbol{Z}(\theta(t))\right] \cdot \boldsymbol{y}(t) \qquad (5.22)
\end{aligned}
$$

が常に満たされる必要がある（† は行列の転置を表す）．この式が任意の初期摂動 $\boldsymbol{y}(0) = \boldsymbol{y}_0$ について成立するためには

$$
\frac{d}{dt}\boldsymbol{Z}(\theta(t)) + [\mathrm{J}(\boldsymbol{X}_0(t))]^\dagger \boldsymbol{Z}(\theta(t)) = 0 \qquad (5.23)
$$

が満たされる必要がある．この式を位相 θ で表すために，$d/dt = (d\theta/dt)(d/d\theta) = \omega d/d\theta$ に注意し，$\mathrm{J}(\boldsymbol{X}_0(t)) = \mathrm{J}(\theta(t))$ と表すと，位相感受関数は

$$
\omega\frac{d}{d\theta}\boldsymbol{Z}(\theta) = -\,[\mathrm{J}(\theta)]^\dagger \boldsymbol{Z}(\theta) \qquad (5.24)
$$

という方程式を満たさなければならない．この方程式を式 (5.20) の随伴方程式と呼び，位相感受関数 $\boldsymbol{Z}(\theta)$ はこの方程式の $\boldsymbol{Z}(2\pi) = \boldsymbol{Z}(0)$ を満たす 2π–周期解となる．

なお，式 (5.24) は線形なので，$\boldsymbol{Z}(\theta)$ の規格化には任意性がある．これを決めるために，位相関数の満たす恒等式 $\Theta(\boldsymbol{X}_0(\theta)) = \theta$ を θ で微分すると

$$
\begin{aligned}
\frac{d}{d\theta}\Theta(\boldsymbol{X}_0(\theta)) &= \nabla\Theta(\boldsymbol{X}_0(\theta)) \cdot \frac{d}{d\theta}\boldsymbol{X}_0(\theta) \\
&= \boldsymbol{Z}(\theta) \cdot \frac{d}{d\theta}\boldsymbol{X}_0(\theta) = 1 \qquad (5.25)
\end{aligned}
$$

が得られる．したがって，$\boldsymbol{Z}(\theta)$ は

$$
\boldsymbol{Z}(\theta) \cdot \frac{d}{d\theta}\boldsymbol{X}_0(\theta) = 1 \qquad (5.26)
$$

を満たすように規格化すべきことがわかる．つまり，位相感受関数 $\boldsymbol{Z}(\theta)$ は随伴方程式 (5.24) の規格化条件の式 (5.26) を満たす 2π–周期解で与えられる．

Ermentrout により，随伴方程式から $\boldsymbol{Z}(\theta)$ を安定に求めるための数値計算法として，位相 θ の減少する方向（時間 t の逆方向）に式 (5.24) を数値積分する**随伴法**（adjoint method）が提案されている．リミットサイクルの安定性より，フロケ指数は一つを除き負であるが，式 (5.24) のヤコビ行列の前には負符号があるため，位相 θ の増加する方向に発展させると小さな数値誤差が拡大してしまい，数値計算が不安定となる．そこで，リミットサイクル一周分の軌道 $\boldsymbol{X}_0(\theta)$（$0 \leqq \theta < 2\pi$）を記録しておき，これを用いて適当な初期条件から随伴方程式 (5.24) を θ の減少する方向に積分する．その際，規格化条件の式 (5.26) を満たすように，$\boldsymbol{Z}(\theta)$ の長さを時々再規格化する．十分に時間発展させると，規格化条件の式 (5.26) を満たす周期成分のみが残り，$\boldsymbol{Z}(\theta)$ は位相感受関数に収束する．

5.2　周期パルス刺激を受ける振動子の位相縮約と同期現象

位相応答関数の典型的な応用例として，外力として周期パルスを受けた振動子を解析しよう．$t \geqq 0$ で系が以下の方程式に従うとする．

$$\frac{d\boldsymbol{X}}{dt} = \boldsymbol{F}(\boldsymbol{X}) + \boldsymbol{I}\sum_{n=1}^{\infty}\delta(t - n\tau) \tag{5.27}$$

ここで，$\boldsymbol{X}$ は振動子の状態，$\boldsymbol{F}(\boldsymbol{X})$ はベクトル場で，$\boldsymbol{I}$ はパルスの強さと向き，$\tau > 0$ はパルス間隔を表す．$\boldsymbol{I}$ と τ は一定とする．また，ディラックのデルタ関数 δ は，振動子が時刻 $t = \tau, 2\tau, 3\tau, \cdots$ にパルスを受け，瞬間的に状態が $\boldsymbol{X}$ から $\boldsymbol{X} + \boldsymbol{I}$ に移されることを表す．パルスがなければ（$\boldsymbol{I} = 0$），振動子は周期 $T = 2\pi/\omega$ の安定なリミットサイクル $\boldsymbol{X}_0(t)$ を持つとする．また，重要な仮定として，パルス強度 $|\boldsymbol{I}|$ が小さい，またはパルス間隔 τ が長いとして，パルスを受けた軌道が時間 τ 後に再びパルスを受けるまでに，状態はリミットサイクル上に十分に緩和しているとする（図 **5.5**(a)）．これが位相縮約できる条件である．

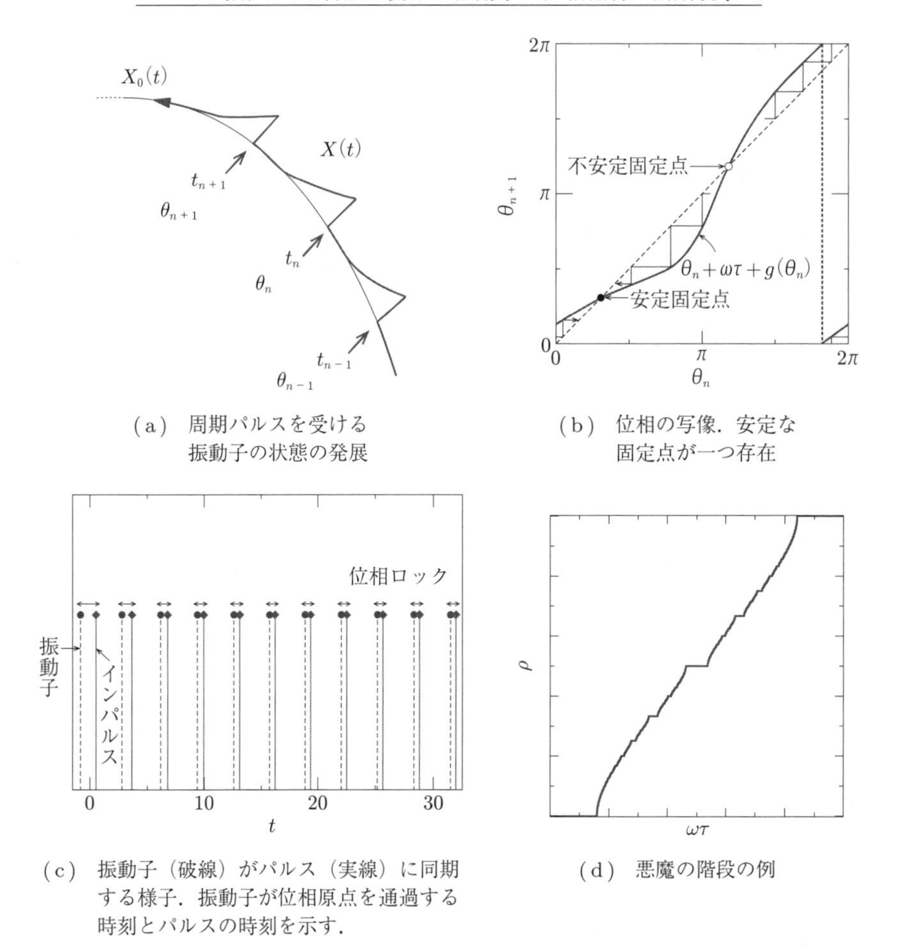

(a) 周期パルスを受ける振動子の状態の発展

(b) 位相の写像．安定な固定点が一つ存在

(c) 振動子（破線）がパルス（実線）に同期する様子．振動子が位相原点を通過する時刻とパルスの時刻を示す．

(d) 悪魔の階段の例

図 5.5 周期パルスを受ける振動子

以上の仮定のもとで，式 (5.27) を振動子の位相 $\theta(t) = \Theta(\boldsymbol{X}(t))$ のみの方程式で近似してみよう．リミットサイクルの位相関数を $\Theta(\boldsymbol{X})$，振動子がパルス $\boldsymbol{I}$ を受けたときの位相応答関数を $g(\theta) = \Theta(\boldsymbol{X}_0(\theta) + \boldsymbol{I}) - \theta$ とすると，位相は近似的に

$$\frac{d\theta}{dt} = \omega + \sum_{n=1}^{\infty} g(\theta)\delta(t - n\tau) \tag{5.28}$$

に従う．ここで，右辺の第1項は振動子自身の運動により一定の振動数 $\omega = 2\pi/T$ で位相 θ が増加する効果を表し，右辺の第2項は時刻 $t = n\tau$ で受けるパルスの影響によって θ がシフトする効果を表す．この式の近似は，右辺第2項を系の状態が常にリミットサイクル上にあるとして評価した部分にあり，上記の仮定はこのために必要であった．これにより，パルスを受けたリミットサイクル振動子の方程式が，位相のみの簡潔な方程式に位相縮約された．

式 (5.28) は，更に1次元写像に簡略化できる．n 番目のパルスを受ける直前の時刻 $t = t_n = n\tau - 0$ での位相を θ_n と表すと，パルスを受けた直後の時刻 $t = n\tau + 0$ での位相は $\theta_n + g(\theta_n)$ となり，$n+1$ 番目のパルスを受ける時刻 $t = t_{n+1} = n(\tau + 1)$ までに位相は $\omega\tau$ だけ進むので，θ_{n+1} は θ_n を用いて

$$\theta_{n+1} = \theta_n + g(\theta_n) + \omega\tau \pmod{2\pi} \tag{5.29}$$

という1次元写像で表される（図5.5(b)）．これは**ポアンカレ位相写像**と呼ばれており

$$f(\theta) = \theta + g(\theta) + \omega\tau \pmod{2\pi} \tag{5.30}$$

と置けば，$\theta_{n+1} = f(\theta_n)$ という形の1次元写像であり，そのダイナミクスは2章の方法で解析できる．つまり，写像の固定点は $\theta^* = f(\theta^*)$ を満たす θ^* であり，固定点での傾き $f'(\theta^*)$ の絶対値が1より小さければ，この固定点は線形安定となる．もちろん固定点は存在しないことも複数存在することもある．

式 (5.30) の右辺第1項の θ は恒等関数を表し，第2項の $g(\theta)$ は 2π 周期関数で，第3項の τ は写像を表す関数を上下にシフトする．振動子の自然周期とパルス間隔が近く，$\tau \simeq T$ であれば，$\omega\tau \simeq \omega T = 2\pi$ なので，mod 2π をとったあとの写像の上下へのシフトは小さい．このとき，周期関数 $g(\theta)$ の効果により，$\theta^* = f(\theta^*)$，すなわち $g(\theta^*) + \omega\tau = 0$ を満たす固定点 θ^* が存在しうる．この θ^* が線形安定ならば，θ_n は θ^* に達するとその位置に留まる．つまり，パルスを受ける直前に振動子を観察すると，位相はいつも同じ値をとる（図5.5(c)）．これを，外力による振動子の**引き込み**（entrainment），または**位相ロック**（phase lock）という．このとき振動子の平均振動数は周期パルスの振動数に一致する．

位相応答関数 $g(\theta)$ の形状は振動子により異なるが，特に，$g(\theta) = -A\sin\theta$ という簡単な形を仮定すると

$$\theta_{n+1} = \theta_n + \omega\tau - A\sin\theta_n \pmod{2\pi} \tag{5.31}$$

となる．これは2章のサークル写像にほかならない．ここでは位相応答関数の振幅 $A > 0$ が小さく，カオスが生じない状況を考える．この写像は，振動子の自然周期とパルス間隔が等しければ（$T = \tau$），$\theta = 0$ と $\theta = \pi$ に固定点をもち，そのうち安定なのは $\theta = 0$ のほうで，パルスを受ける直前に振動子は常に位相 $\theta = 0$ をとる．また，自然周期とパルス間隔が近ければ（$T \simeq \tau$），写像の上下へのシフトは $\omega\tau - 2\pi \pmod{2\pi}$ となる．よって，方程式 $A\sin\theta = \omega\tau - 2\pi \pmod{2\pi}$ が解を持てば，振動子はパルスに位相ロックする．これより，振動子の自然振動数 T と写像の位相応答関数の振幅 A が与えられたとき，パルス間隔 τ が

$$|\omega\tau - 2\pi| < A \quad \leftrightarrow \quad |\tau - T| < \frac{T}{2\pi}A \tag{5.32}$$

を満たす範囲にあることが，位相ロックの条件となる．グラフの横軸をパルスの周期 τ, 縦軸を振動子の位相応答の振幅 A として，位相ロックが生じる領域を描くと，2章で示したアーノルドの舌の図が得られる．

また，同様の議論により，振動子の自然振動数とパルス間隔が有理数比に近い $pT \approx q\tau$（p, q は自然数）となる場合にも同期が生じることを示せる．周期パルスの影響下での振動子の実際の振動数を2章で述べた回転数 ρ によって特徴づけ，ρ を $\omega\tau = 2\pi\tau/T$ に対してプロットすると，T と τ が有理数比に近いところでは同期が生じて ρ のグラフは平らになるが，全体としては ρ が $\omega\tau$ に対して連続かつ単調非減少な特異関数となる，悪魔の階段（devil's staircase）と呼ばれる有名なグラフが得られる（図5.5(d)）．

5.3 弱い摂動を受けるリミットサイクルの位相縮約と同期現象

前節では，リミットサイクル振動子が十分に間隔の開いたパルス的摂動を受ける場合を考え，位相応答関数を用いて振動子のダイナミクスを位相写像に簡略化して解析した．本節では，リミットサイクル振動子が十分に弱い摂動を受けている場合の位相方程式を導き，これを用いて，振動子の弱い周期外力による同期や，弱く相互作用する複数の振動子間の相互同期を扱う．

5.3.1 位 相 方 程 式

弱い外力に駆動されたリミットサイクル振動子を考えよう．

$$\frac{d\boldsymbol{X}}{dt} = \boldsymbol{F}(\boldsymbol{X}) + \varepsilon \boldsymbol{p}(\boldsymbol{X}, t) \tag{5.33}$$

ここで，$\boldsymbol{X}(t)$ は振動子の状態で，$\boldsymbol{F}(\boldsymbol{X})$ はダイナミクスを表すベクトル場である．これまでと同様，系は安定なリミットサイクル軌道 $\boldsymbol{X}_0(t)$ を持ち，その周期を $T = 2\pi/\omega$ とする．右辺の $\varepsilon \boldsymbol{p}(\boldsymbol{X}, t)$ は，一般に状態 $\boldsymbol{X}$ と時刻 t に依存する弱い外力を表しており，$0 < \varepsilon \ll 1$ はその強度を表す小さなパラメータである．

外力を弱い摂動として扱い，式 (5.33) に従う振動子の位相 $\theta(t)$ の近似的な時間発展を表す位相方程式を求めよう．位相関数 $\Theta(\boldsymbol{X})$ を用いて時刻 t における振動子の位相を $\theta(t) = \Theta(\boldsymbol{X}(t))$ と表すと，その時間発展は

$$\begin{aligned}\frac{d}{dt}\theta(t) &= \frac{d}{dt}\Theta(\boldsymbol{X}(t)) = \nabla\Theta(\boldsymbol{X}(t)) \cdot \frac{d}{dt}\boldsymbol{X}(t) \\ &= \nabla\Theta(\boldsymbol{X}(t)) \cdot \{\boldsymbol{F}(\boldsymbol{X}(t)) + \varepsilon \boldsymbol{p}(\boldsymbol{X}(t), t)\} \\ &= \omega + \varepsilon \nabla\Theta(\boldsymbol{X}(t)) \cdot \boldsymbol{p}(\boldsymbol{X}(t), t)\end{aligned} \tag{5.34}$$

のように表される．ここで，微分の連鎖律を用い，また式 (5.4) より $\nabla\Theta(\boldsymbol{X}(t)) \cdot \boldsymbol{F}(\boldsymbol{X}(t)) \equiv \omega$ であることを使った．これは単なる式変形であり，右辺が $\boldsymbol{X}(t)$ に依存する項を含んでいるため，まだ位相 $\theta(t)$ のみの式にはなっていない．

位相 $\theta(t)$ について閉じた方程式を得るため，摂動が十分に小さく $\varepsilon \ll 1$ であることを用いる．つまり，振動子の状態 $\boldsymbol{X}(t)$ は，摂動を受けてもリミットサイクル上の状態 $\boldsymbol{X}_0(t)$ から $O(\varepsilon)$ 程度しか離れないと考えて，式 (5.34) において $\boldsymbol{X}(t) = \boldsymbol{X}_0(\theta(t)) + O(\varepsilon)$ という置換えを行う．すると

$$
\begin{aligned}
\frac{d}{dt}\theta(t) &= \omega + \varepsilon \nabla\Theta(\boldsymbol{X}(t)) \cdot \boldsymbol{p}(\boldsymbol{X}(t), t) \\
&= \omega + \varepsilon \nabla\Theta(\boldsymbol{X}_0(\theta(t))) \cdot \boldsymbol{p}(\boldsymbol{X}_0(\theta(t)), t) + O(\varepsilon^2) \\
&= \omega + \varepsilon \boldsymbol{Z}(\theta(t)) \cdot \boldsymbol{p}(\theta(t), t) + O(\varepsilon^2)
\end{aligned}
\tag{5.35}
$$

となる．ここで，$\boldsymbol{Z}(\theta)$ は式 (5.6) の位相感受関数であり，第 2 式では $\nabla\Theta(\boldsymbol{X})$ と $\boldsymbol{p}(\boldsymbol{X}, t)$ を ε について展開した．また，$\boldsymbol{p}(\boldsymbol{X}_0(\theta), t) = \boldsymbol{p}(\theta, t)$ と略記した．

以上より，$O(\varepsilon)$ までの近似で，位相 $\theta(t)$ について閉じた位相方程式

$$
\frac{d\theta}{dt} = \omega + \varepsilon \boldsymbol{Z}(\theta) \cdot \boldsymbol{p}(\theta, t) \tag{5.36}
$$

が得られる．このように，位相感受関数 $\boldsymbol{Z}(\theta)$ を用いて，弱い摂動を受けたリミットサイクルの方程式 (5.33) を 1 次元の簡潔な位相方程式 (5.36) に一般的に縮約することができ，弱い摂動を受けた振動子の詳しい解析が可能となる．

5.3.2 弱い周期外力によるリミットサイクル振動子の同期

位相方程式 (5.36) の最初の応用例として，弱い周期外力を受けるリミットサイクル振動子の同期現象を考える．系は次の方程式で記述されるとする．

$$
\frac{d\boldsymbol{X}}{dt} = \boldsymbol{F}(\boldsymbol{X}) + \varepsilon \boldsymbol{q}(\boldsymbol{X}, t) \tag{5.37}
$$

振動子の自然周期は T，自然振動数は $\omega = 2\pi/T$，位相感受関数を $\boldsymbol{Z}(\theta)$ とする．また，$\boldsymbol{q}(\boldsymbol{X}, t)$ は周期 τ，振動数 $\Omega = 2\pi/\tau$ の周期外力を表し，$\boldsymbol{q}(\boldsymbol{X}, t+\tau) = \boldsymbol{q}(\boldsymbol{X}, t)$ を満たすとする．なお，$\boldsymbol{q}(\boldsymbol{X}, t)$ は振動子の状態 $\boldsymbol{X}$ に依存してもよい．このモデルを位相縮約すると，式 (5.36) より振動子の位相 θ は

$$\frac{d\theta}{dt} = \omega + \varepsilon \boldsymbol{Z}(\theta) \cdot \boldsymbol{q}(\theta, t) \tag{5.38}$$

という位相方程式に近似的に従う.

ここで，振動子の自然振動数 ω と外力の振動数 Ω が近いとして，それらの差を $\varepsilon\Delta = \omega - \Omega$ と置く．Δ は $O(1)$ 程度であるとする．つまり，振動数の差が周期外力の強さと同程度の $O(\varepsilon)$ である場合を考える．振動子の位相 $\theta(t)$ から外力の位相 Ωt を引き，相対位相を $\phi(t) = \theta(t) - \Omega t$ と置く．すると，$\phi(t)$ は

$$\frac{d\phi}{dt} = \varepsilon[\Delta + \boldsymbol{Z}(\phi + \Omega t) \cdot \boldsymbol{q}(\phi + \Omega t, t)] \tag{5.39}$$

に従う．なお，ここでは位相や位相差を $[0, 2\pi)$ の範囲外にも拡張して考えており，$\boldsymbol{Z}$ と $\boldsymbol{q}$ は位相の 2π 周期関数と考える．この方程式は，右辺が t に陽に依存する非自律系となっており，扱いにくい．そこで，**平均化近似** (averaging approximation)[4] を用いることにより，これを扱いやすい自律系に変形する．つまり，式 (5.39) の右辺の大きさが $O(\varepsilon)$ なので，$\phi(t)$ はゆっくり変化する一方で，外力の位相 Ωt はずっと速く変動することに注目して，周期関数 $\boldsymbol{Z}$ と $\boldsymbol{q}$ からなる右辺第 2 項を外力の一周期分について平均する．右辺を外力の振動の一周期分，時刻 t から $t+\tau$ まで積分して平均した関数を

$$\begin{aligned}\Gamma(\phi) &= \frac{1}{\tau}\int_t^{t+\tau} \boldsymbol{Z}(\phi + \Omega t') \cdot \boldsymbol{q}(\phi + \Omega t', t') dt' \\ &= \frac{1}{2\pi}\int_0^{2\pi} \boldsymbol{Z}(\phi + \psi) \cdot \boldsymbol{q}\left(\phi + \psi, \frac{\psi}{\Omega}\right) d\psi \end{aligned} \tag{5.40}$$

としよう．ここで，$\psi = \Omega t'$ と置き，$\boldsymbol{Z}$ と $\boldsymbol{q}$ の周期性を用いて ψ に関する積分で書き直した．この $\Gamma(\phi)$ は 2π 周期関数であり，振動子と周期外力の**位相結合関数** (phase coupling function)[2),6),7] と呼ばれる．この近似により，位相差 $\phi(t)$ は

$$\frac{d\phi}{dt} = \varepsilon[\Delta + \Gamma(\phi)] \tag{5.41}$$

という 1 次元の簡潔な方程式に従う自律系となる．なお，平均化によって生じる誤差は $O(\varepsilon^2)$ であり，位相縮約によって生じる誤差と同程度である．

式 (5.41) は 3 章で扱った円周上の 1 次元系の形であり，この式が

$$\Delta + \Gamma(\phi^*) = 0, \quad \Gamma'(\phi^*) < 0 \tag{5.42}$$

を満たす安定な固定点 ϕ^* を持つならば，振動子と外力との相対位相 $\phi(t)$ が ϕ^* に達すると，$\phi(t)$ はこの値に留まる．したがって，振動子の位相は外力の位相に対して $\theta(t) = \Omega t + \phi^*$ という値にロックされ，外力に同期する．この**位相ロック**が生じる条件は，$\Gamma(\phi)$ の最大値と最小値をそれぞれ $\Gamma_{\max}$, $\Gamma_{\min}$ として

$$-\Gamma_{\max} < \Delta < -\Gamma_{\min} \tag{5.43}$$

のように表される．つまり，外力の振動数と振動子の自然振動数との差 Δ が $\Gamma(\phi)$ で決まる適切な範囲にあれば，同期が生じて振動子と外力の位相差は一定となり，振動子の振動数は外力の振動数に等しくなる．この状況を**図 5.6** に示す．

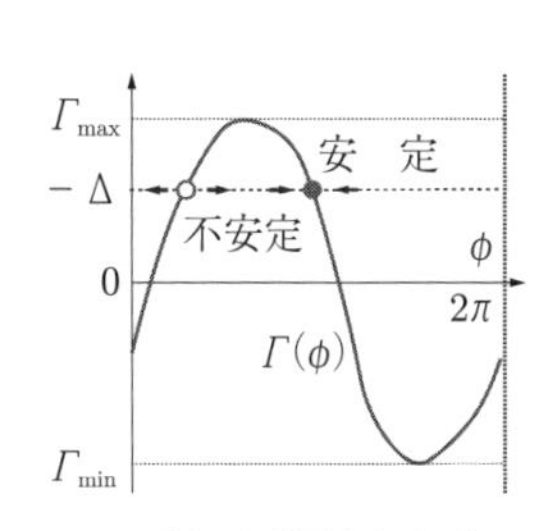

(a)　弱い周期外力を受ける振動子の位相結合関数

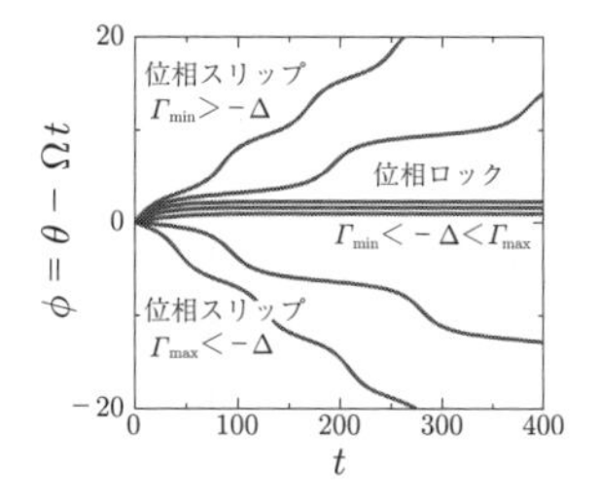

(b)　位相差の時間発展の様子．同期していれば位相差は一定値に留まり，同期していなければ位相差は増加あるいは減少を続ける．

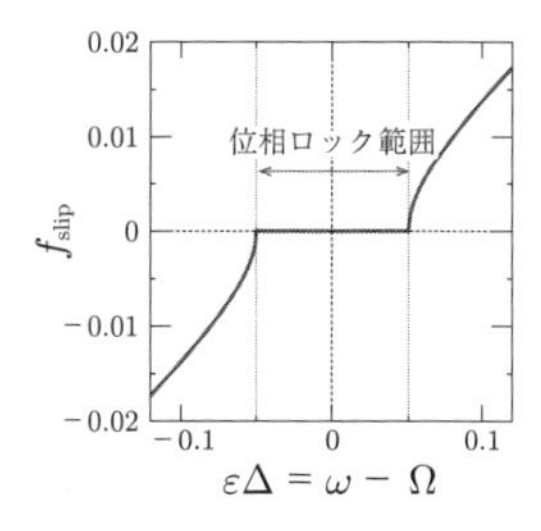

(c)　位相差の増加速度の長時間平均を振動数の差 Δ に対してプロット．同期が生じる範囲では 0 となる．

図 **5.6**　弱い周期外力への振動子の同期

例えば，Stuart–Landau 振動子の x 成分に振動数 Ω の cos 波を周期外力として与えるとしよう．外力項は $\boldsymbol{q}(t) = (\cos \Omega t, 0)$ であり，位相感受関数の式 (5.18) を用いて位相結合関数を計算すると

$$\Gamma(\phi) = \frac{1}{2\pi}\int_0^{2\pi}\{-\sin(\phi+\psi) - \beta\cos(\phi+\psi)\}\cos\psi$$
$$= -\frac{1}{2}(\sin\phi + \beta\cos\phi) \tag{5.44}$$

のように sin 関数的な形状となり，その最大値と最小値は $\pm\sqrt{1+\beta^2}/2$ である．したがって振動数の差 Δ がこの範囲にあれば，式 (5.41) は一対の安定な固定点と不安定な固定点を持ち，振動子と外力の位相差 ϕ は安定な固定点に漸近する．

一般に，位相感受関数 $\boldsymbol{Z}$ や外力の波形 $\boldsymbol{q}$ が高調波の成分を含む場合には，$\Gamma(\phi)$ も ϕ の高調波を含むこととなり，位相ロックする位置が複数個存在することもあり得る．そのような場合，系は多重安定となり，実現される位相ロック差は初期条件に依存する．また，周期パルスの場合と同様に，振動子の自然振動数 ω と外力の振動数 Ω が有理数比に近いところでも同期が生じる[5)]．

5.3.3　相互作用する二つのリミットサイクル振動子の同期

位相方程式 (5.36) の次の応用例として，弱く結合した二つのリミットサイクル振動子間の同期現象を調べよう．振動子の状態変数を $\boldsymbol{X}_1$, $\boldsymbol{X}_2$ として

$$\left.\begin{aligned}\frac{d\boldsymbol{X}_1}{dt} &= \boldsymbol{F}_1(\boldsymbol{X}_1) + \varepsilon\boldsymbol{G}_1(\boldsymbol{X}_1, \boldsymbol{X}_2)\\ \frac{d\boldsymbol{X}_2}{dt} &= \boldsymbol{F}_2(\boldsymbol{X}_2) + \varepsilon\boldsymbol{G}_2(\boldsymbol{X}_2, \boldsymbol{X}_1)\end{aligned}\right\} \tag{5.45}$$

に従う結合振動子系を考える．ここで，$\boldsymbol{F}_1$, $\boldsymbol{F}_2$ は各振動子のダイナミクス，$\boldsymbol{G}_1$, $\boldsymbol{G}_2$ は各振動子がもう一方の振動子から受ける相互作用を表し，$0 < \varepsilon \ll 1$ は小さなパラメータである．二つの振動子の性質は似ており，$\boldsymbol{F}_1, \boldsymbol{F}_2$ を $O(1)$ の共通部分 $\boldsymbol{F}$ とそこからの $O(\varepsilon)$ の小さなずれ $\varepsilon\boldsymbol{f}_1, \varepsilon\boldsymbol{f}_2$ に分けて

$$\boldsymbol{F}_i(\boldsymbol{X}_i) = \boldsymbol{F}(\boldsymbol{X}_i) + \varepsilon\boldsymbol{f}_i(\boldsymbol{X}_i) \quad (i = 1, 2) \tag{5.46}$$

のように表されるとする．ここで，$\boldsymbol{f}_1, \boldsymbol{f}_2$ は $O(1)$ である．これまでと同様に，共通部分のダイナミクス $d\boldsymbol{X}/dt = \boldsymbol{F}(\boldsymbol{X})$ は振動数 $\omega = 2\pi/T$ の安定なリミットサイクル軌道 $\boldsymbol{X}_0(t)$ を持つとして，そこからのずれと相互作用を弱い摂動と

して扱う．なお，パラメータ ε は十分に小さく，振動子の性質の違いや相互作用の効果があっても，各振動子の状態は $\boldsymbol{X}_0(t)$ の近傍を運動し続けるものとする．

共通部分のリミットサイクル軌道の位相関数を $\Theta(\boldsymbol{X})$ として，各振動子の位相を $\theta_1 = \Theta(\boldsymbol{X}_1)$, $\theta_2 = \Theta(\boldsymbol{X}_2)$ とする．各振動子の受ける摂動は，$\boldsymbol{p}_1 = \boldsymbol{f}_1(\boldsymbol{X}_1) + \boldsymbol{G}_1(\boldsymbol{X}_1, \boldsymbol{X}_2)$，$\boldsymbol{p}_2 = \boldsymbol{f}_2(\boldsymbol{X}_2) + \boldsymbol{G}_2(\boldsymbol{X}_2, \boldsymbol{X}_1)$ なので，式 (5.36) より

$$\left.\begin{aligned} \frac{d\theta_1}{dt} &= \omega + \varepsilon \boldsymbol{Z}(\theta_1) \cdot [\boldsymbol{f}_1(\theta_1) + \boldsymbol{G}_1(\theta_1, \theta_2)] \\ \frac{d\theta_2}{dt} &= \omega + \varepsilon \boldsymbol{Z}(\theta_2) \cdot [\boldsymbol{f}_2(\theta_2) + \boldsymbol{G}_2(\theta_2, \theta_1)] \end{aligned}\right\} \tag{5.47}$$

という結合位相方程式が得られる．この方程式は平均化近似によって更に簡略化できる．θ_1, θ_2 から ωt を引いた相対位相 $\phi_1(t) = \theta_1(t) - \omega t$, $\phi_2(t) = \theta_2(t) - \omega t$ を導入すると，ϕ_1, ϕ_2 は

$$\left.\begin{aligned} \frac{d\phi_1}{dt} &= \varepsilon \boldsymbol{Z}(\phi_1 + \omega t) \cdot [\boldsymbol{f}_1(\phi_1 + \omega t) + \boldsymbol{G}_1(\phi_1 + \omega t, \phi_2 + \omega t)] \\ \frac{d\phi_2}{dt} &= \varepsilon \boldsymbol{Z}(\phi_2 + \omega t) \cdot [\boldsymbol{f}_2(\phi_2 + \omega t) + \boldsymbol{G}_2(\phi_2 + \omega t, \phi_1 + \omega t)] \end{aligned}\right\} \tag{5.48}$$

に従う．これらの式の右辺は $O(\varepsilon)$ なので，ϕ_1, ϕ_2 は遅い変数となる．前項と同様に，右辺を共通部分の周期 $T = 2\pi/\omega$ で一周期にわたって平均化すると

$$\left.\begin{aligned} \frac{d\phi_1}{dt} &= \varepsilon[\Delta_1 + \mathit{\Gamma}_1(\phi_1 - \phi_2)] \\ \frac{d\phi_2}{dt} &= \varepsilon[\Delta_2 + \mathit{\Gamma}_2(\phi_2 - \phi_1)] \end{aligned}\right\} \tag{5.49}$$

という結合位相方程式が得られる．ここで，Δ_1, Δ_2 は共通部分の振動数 ω からのずれを表しており，次式で与えられる．

$$\Delta_i = \frac{1}{2\pi} \int_0^{2\pi} \boldsymbol{Z}(\psi) \cdot \boldsymbol{f}_i(\psi) d\psi \quad (i = 1, 2) \tag{5.50}$$

また，$\mathit{\Gamma}_1(\varphi), \mathit{\Gamma}_2(\varphi)$ は 2π 周期的な位相結合関数で，次式のように計算できる．

$$\mathit{\Gamma}_i(\varphi) = \frac{1}{2\pi} \int_0^{2\pi} \boldsymbol{Z}(\varphi + \psi) \cdot \boldsymbol{G}_i(\varphi + \psi, \psi) d\psi \quad (i = 1, 2) \tag{5.51}$$

ϕ_1, ϕ_2 から元の位相変数 θ_1, θ_2 に戻すと，平均化した結合位相方程式は

$$\left.\begin{aligned}\frac{d\theta_1}{dt} &= \omega_1 + \varepsilon\Gamma_1(\theta_1 - \theta_2)\\ \frac{d\theta_2}{dt} &= \omega_2 + \varepsilon\Gamma_2(\theta_2 - \theta_1)\end{aligned}\right\} \tag{5.52}$$

のように表される．ここで，$\omega_i = \omega + \Delta_i$ $(i = 1, 2)$ である．

このように，位相縮約と平均化により，元の結合振動子の方程式 (5.45) が簡潔な結合位相方程式 (5.52) に近似される．各振動子の状態は位相のみで表され，また位相結合関数が位相差のみの関数となったことによって，振動子間に生じる同期の解析が容易になる．なお，前項と同様に，位相縮約と平均化による誤差は $O(\varepsilon^2)$ である．また，平均化前後の位相は，本来は近恒等変換[4)] で結ばれる $O(\varepsilon)$ 程度異なるものであるが，ここではそれらを同じ変数で表している．

導出した結合位相方程式を用いて同期ダイナミクスを解析しよう．振動子間の位相差を $\varphi = \theta_1 - \theta_2$ として式 (5.52) の二つの式を引き算すると，φ は

$$\frac{d\varphi}{dt} = \varepsilon[\Delta + \Gamma_a(\varphi)] \tag{5.53}$$

に従う．ここで，$\Delta = \omega_1 - \omega_2 = \Delta_1 - \Delta_2$ は二つの振動子の振動数の差であり

$$\Gamma_a(\varphi) = \Gamma_1(\varphi) - \Gamma_2(-\varphi) \tag{5.54}$$

は位相結合関数の差分である．このように，円周上の 1 次元系と同じ式 (5.53) が導かれ，この方程式より二つの振動子が位相同期するかどうかを判定できる．つまり，式 (5.53) の右辺が $\Delta + \Gamma(\varphi^*) = 0$ 及び $\Gamma'(\varphi^*) < 0$ を満たす安定な固定点 φ^* を持てば，位相差 $\varphi = \theta_1 - \theta_2$ が φ^* に達するとこの点に留まることとなり，二つの振動子は**相互同期**（mutual synchronization）する．

なお，二つの振動子が同じ性質を持ち，相互作用関数も対称で $\boldsymbol{G}_1(\boldsymbol{X}, \boldsymbol{Y}) = \boldsymbol{G}_2(\boldsymbol{X}, \boldsymbol{Y})$ を満たすなら，$\Gamma_1(\varphi) = \Gamma_2(\varphi)$ となり，$\Gamma_a(\varphi) = \Gamma(\varphi) - \Gamma(-\varphi)$ は位相結合関数 $\Gamma(\varphi)$ の反対称部分となる．更に，$\omega_1 = \omega_2$ なので $\Delta = 0$ となり，位相差は $\dot{\varphi}(t) = -\varepsilon\Gamma(\varphi)$ に従う．反対称部分 $\Gamma(\varphi)$ は $\varphi = 0, \pm\pi$ で必ず

0 となるので，同じ性質の振動子が二つ対称に結合している場合，必ず位相差 0 の同相同期解と $\pm\pi$ の逆相同期解が存在する．$\Gamma_a(\varphi)$ の形状によっては，更にほかの同期解が存在することもある．それらのうち，実現されるのは安定な解のみである．例えば同相同期解 $\varphi = 0$ は，$d\Gamma(\varphi)/d\varphi|_{\varphi=0}$ が負なら線形安定で，正なら不安定である．**図 5.7**(a) に位相結合関数の反対称部分 $\Gamma_a(\psi)$ の例を示す．この図では同相同期状態が安定である．図 (b) は，位相差 ψ が同相同期状態に漸近する時間発展の様子を示す．図 (c) は，二つの振動子が同相同期する場合の波形の様子を示している．

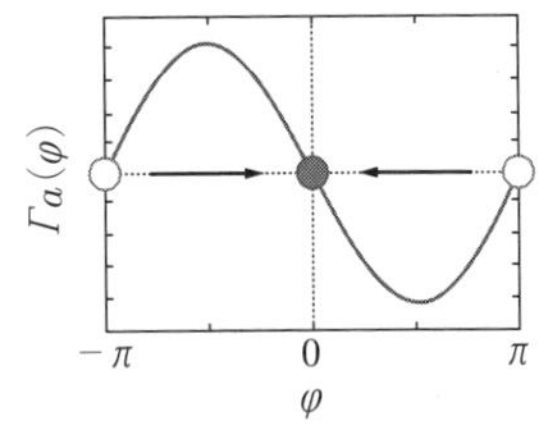

(a) 位相結合関数の反対称部分 $\Gamma_a(\varphi)$ の模式図．位相差 $\varphi = 0$ の同相同期が安定な場合

(b) 位相差 $\varphi = \theta_1 - \theta_2$ の時間発展の様子．同相同期状態に漸近

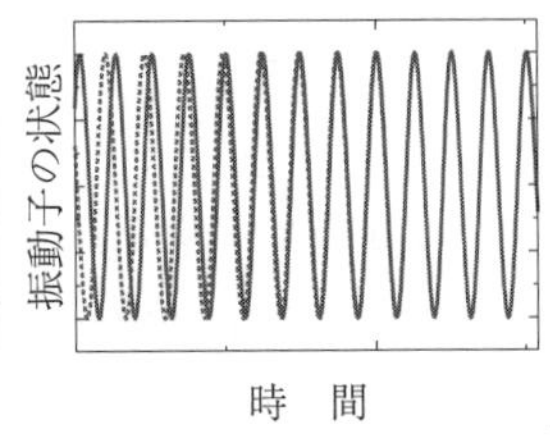

(c) 振動子の波形が同相同期する様子

図 5.7　二つの振動子の相互同期

具体例として，同一の性質を持つ二つの Stuart–Landau 振動子を拡散的に結合させた系を考えよう．ここで，拡散的とは相手の変数と自分の変数の差に比例するタイプの相互作用を意味する．それぞれの振動子の状態を実変数で $\boldsymbol{X}_1 = (x_1, y_1)$, $\boldsymbol{X}_2 = (x_2, y_2)$ と表すと，系は式 (5.45) に従い，その各項は

$$\boldsymbol{F}_1(\boldsymbol{X}) = \boldsymbol{F}_2(\boldsymbol{X}) = \begin{pmatrix} x - \alpha y - (x^2 + y^2)(x - \beta y) \\ \alpha x + y - (x^2 + y^2)(\beta x + y) \end{pmatrix} \tag{5.55}$$

$$\boldsymbol{G}_1(\boldsymbol{X}, \boldsymbol{X}') = \boldsymbol{G}_2(\boldsymbol{X}, \boldsymbol{X}') = K \begin{pmatrix} (x' - x) - \delta(y' - y) \\ \delta(x' - x) + (y' - y) \end{pmatrix} \tag{5.56}$$

で与えられる．α, β, δ は実パラメータで，$K > 0$ は拡散結合の強さを表す．こ

の形の結合 Stuart–Landau 方程式系は，二つのリミットサイクル振動子の拡散結合系の超臨界ホップ分岐近傍の振幅方程式として，一般的に導出される．

同一の性質を持つ二つの Stuart–Landau 振動子を考えているので，両者の振動数は等しい（$\Delta = 0$）．リミットサイクルと位相感受関数は式 (5.16), (5.18) で与えられるので，これらを式 (5.51) に代入すれば，位相結合関数は $\Gamma(\varphi) = -K\{(\beta-\delta)(-1+\cos\varphi) + (1+\beta\delta)\sin\varphi\}$ となり，その反対称部分は

$$\Gamma(\varphi) = -2K(1+\beta\delta)\sin\varphi \tag{5.57}$$

と求められる．よって，同相同期解 $\varphi = 0$ と逆相同期解 $\varphi = \pi$ が存在することがわかる．特に，パラメータ δ が 0 のときには，$\Gamma(\varphi) = -2K\sin\varphi$ となるので，α や β の値によらず，同相同期解の $\varphi = 0$，すなわち $\theta_1 = \theta_2$ の状態が線形安定となって実現されることがわかる．一般の $\delta \neq 0$ の場合には，$1+\beta\delta > 0$ であれば同相同期解が安定となって実現され，一方 $1+\beta\delta < 0$ の場合には逆相同期解が安定となって実現される．このように，拡散結合で $K > 0$ であっても，振動子の性質によっては逆相同期状態が安定となることがある．

5.3.4　結合振動子ネットワークの位相方程式

より一般に，弱く相互作用する M 個の性質の近いリミットサイクル振動子からなる結合振動子ネットワークを考えよう．ℓ 番目（$\ell = 1, \ldots, M$）の振動子の状態を $\boldsymbol{X}_\ell$ として，系のダイナミクスは

$$\frac{d\boldsymbol{X}_\ell}{dt} = \boldsymbol{F}_\ell(\boldsymbol{X}_\ell) + \varepsilon\sum_{j=1}^{M}\boldsymbol{G}_{\ell j}(\boldsymbol{X}_\ell, \boldsymbol{X}_j) \tag{5.58}$$

に従うとする．$\boldsymbol{G}_{\ell j}(\boldsymbol{X}_\ell, \boldsymbol{X}_j)$ は ℓ 番目と j 番目の振動子の相互作用を表し，その強度を $0 < \varepsilon \ll 1$ とする．また，前項と同様に，振動子の性質は似かよっており，$O(1)$ の共通部分 $\boldsymbol{F}$ と $O(\varepsilon)$ の小さなずれの部分 $\varepsilon\boldsymbol{f}_\ell$ の和として $\boldsymbol{F}_\ell(\boldsymbol{X}_\ell) = \boldsymbol{F}(\boldsymbol{X}_\ell) + \varepsilon\boldsymbol{f}_\ell(\boldsymbol{X}_\ell)$ と表されるとする．

前項と同様，共通部分のダイナミクス $\dot{\boldsymbol{X}}(t) = \boldsymbol{F}(\boldsymbol{X})$ が安定なリミットサイクル軌道 $\boldsymbol{X}_0(t)$ を持つとして，そこからのずれと相互作用の効果を摂動とする．

リミットサイクル $\boldsymbol{X}_0(t)$ の位相関数を $\Theta(\boldsymbol{X})$，位相感受関数を $\boldsymbol{Z}(\theta)$ として式 (5.58) を位相縮約すると，各振動子 $\ell = 1, \ldots, M$ の位相 $\theta_\ell = \Theta(\boldsymbol{X}_\ell)$ は

$$\frac{d\theta_\ell}{dt} = \omega + \varepsilon \boldsymbol{Z}(\theta_\ell) \cdot \left[\boldsymbol{f}_\ell(\theta_\ell) + \sum_{j=1}^{M} \boldsymbol{G}_{\ell j}(\theta_\ell, \theta_j) \right] \tag{5.59}$$

という形の結合位相方程式に従う．次に，この方程式を平均化近似によってより簡潔な形にするために，前項と同様に ωt による増分を差し引いた相対位相を $\phi_\ell(t) = \theta_\ell(t) - \omega t$ とすると

$$\frac{d\phi_\ell}{dt} = \varepsilon \boldsymbol{Z}(\phi_\ell + \omega t) \cdot \left[\boldsymbol{f}_\ell(\phi_\ell + \omega t) + \sum_{j=1}^{M} \boldsymbol{G}_{\ell j}(\phi_\ell + \omega t, \phi_j + \omega t) \right] \tag{5.60}$$

となり，ϕ_ℓ は遅い変数となる．この式の右辺を共通部分の振動の一周期分，$T = 2\pi/\omega$ の区間にわたって平均化したもので近似すれば，$O(\varepsilon)$ までで

$$\frac{d\phi_\ell}{dt} = \varepsilon[\Delta_\ell + \sum_{j=1}^{M} \mathit{\Gamma}_{\ell j}(\phi_\ell - \phi_j)] \tag{5.61}$$

となる．ここで，Δ_ℓ は共通部分 $\boldsymbol{F}$ からのずれ $\boldsymbol{f}_\ell$ の効果による振動数のシフトで，$\mathit{\Gamma}_{\ell j}(\varphi)$ は位相差 $\varphi = \phi_\ell - \phi_j$ の 2π 周期的な位相結合関数であり

$$\Delta_\ell = \frac{1}{2\pi} \int_0^{2\pi} \boldsymbol{Z}(\psi) \cdot \boldsymbol{f}_\ell(\psi) d\psi \tag{5.62}$$

$$\mathit{\Gamma}_{\ell j}(\varphi) = \frac{1}{2\pi} \int_0^{2\pi} \boldsymbol{Z}(\varphi + \psi) \cdot \boldsymbol{G}_{\ell j}(\varphi + \psi, \psi) d\psi \tag{5.63}$$

となる $(\ell, j = 1, 2, \ldots, M)$．変数を相対位相 ϕ_ℓ から元の位相 θ_ℓ に戻し，$\omega_\ell = \omega + \varepsilon\Delta_\ell$ とすると，平均化後の近似的な結合位相方程式は

$$\frac{d\theta_\ell}{dt} = \omega_\ell + \varepsilon \sum_{j=1}^{M} \mathit{\Gamma}_{\ell j}(\theta_\ell - \theta_j) \quad (\ell = 1, \ldots, M) \tag{5.64}$$

という形となる．位相縮約と平均化近似による誤差は $O(\varepsilon^2)$ 程度である．

例えば，全ての振動子が互いに結合している状況（大域結合）を考え，位相結合関数を単純な $\Gamma(\theta) = -\sin\theta$ として，振動数 ω_ℓ を一山の対称な確率密度関数 $P(\omega)$ からランダムに選んだ位相結合振動子系は**蔵本モデル**[3),6),11),12)] と呼ばれ

$$\frac{d\theta_\ell}{dt} = \omega_\ell + \frac{K}{M}\sum_{j=1}^{M}\sin(\theta_\ell - \theta_j) \quad (\ell = 1,\ldots,M) \tag{5.65}$$

で与えられる．このモデルは振動子数 $M \to \infty$ の極限で解析的に扱うことができ，ω_ℓ にばらつきがあっても，結合強度 K がある臨界値 K_c を超えるとマクロな数の振動子が相互に同期して系全体が集団振動を示す，つまり**集団同期転移**（collective synchronization transition）することが示されている．系の集団同期の度合いは，**秩序パラメータ**（order parameter）

$$re^{i\Phi} = \frac{1}{M}\sum_{\ell=1}^{M} e^{i\theta_\ell} \tag{5.66}$$

によって特徴づけられ．振幅 r は集団同期の度合い，Φ は集団位相を表す．蔵

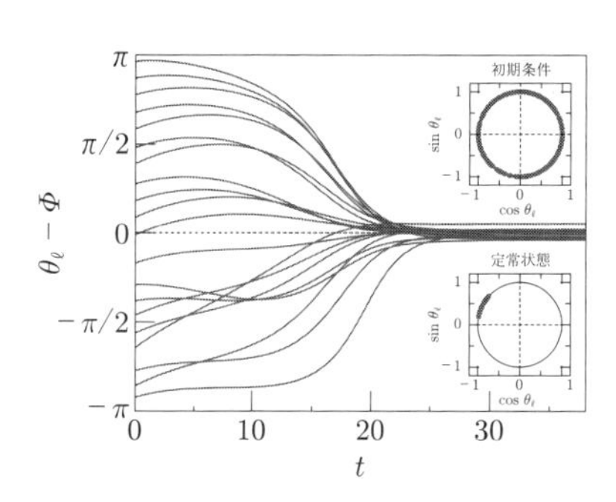

（a） リミットサイクル上にランダムに分布した多数の振動子が集団同期する様子（$M = 200$）．集団位相 Φ からの個々の振動子の位相 θ_j $(j = 1,\ldots,M)$ の相対位相を一部の振動子について表示．挿入図は初期条件と集団同期して定常状態に達したあとのスナップショット

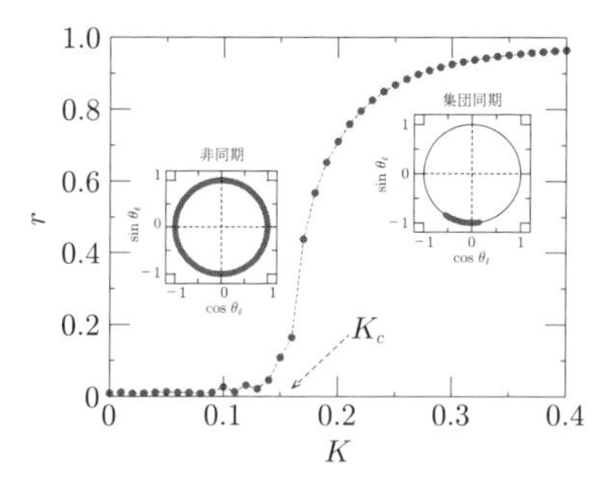

（b） 秩序パラメータの振幅 r の結合強度 K 依存性（$M = 8\,000$）．挿入図は定常状態での非同期状態と集団同期状態のスナップショット K がある臨界値 K_c を超えると振動子が集団同期して r は正の値をとるようになる．$K = K_c$ 近くの揺らぎは有限サイズ効果によるもの

図 5.8　蔵本モデルの集団同期転移

本モデルの場合，$M \to \infty$ の極限で，結合強度が $0 \leqq K < K_c$ であれば $r = 0$ であるが，K が K_c を超えると r が突然増加して正の値をとるようになる．図 **5.8** に蔵本モデルの集団同期転移の様子を示す．式 (5.65) において，振動数 ω_ℓ をランダムに分布させる代わりに，各振動子が独立なノイズを受けるとしたモデルなどもよく調べられており，やはり同様の集団同期転移を示す．

近年では，スモールワールドネットワークやスケールフリーネットワークなどを介して相互作用する位相モデルが盛んに調べられており[13)~15)]，集団同期の特性とネットワーク構造の関係が議論され，同期状態の安定性を向上させるようなネットワーク構造の最適化なども考えられている．また，位相縮約によって系統的に導出されるわけではないが，電力系統のネットワークの数理モデルである swing 方程式系との類似性から，式 (5.65) に位相の 2 回微分の慣性項を加えた方程式が盛んに調べられており，両者に共通する同期条件なども導出されている[16)~18)]．詳しい解析については，参考文献を参照されたい．

章　末　問　題

【１】 5.1.4 項のアクティブローテーターの周期と位相感受関数を導出せよ．パラメータは $a > 1$ とする．a を上から 1 に近づけるとどうなるか．

【２】 Stuart–Landau 振動子の位相 θ を式 (5.14) で定義すると，θ は系が原点以外にあれば常に一定の各振動数 $\alpha - \beta$ で増加することを示せ．

【３】 蔵本モデルの式 (5.65) において，秩序パラメータ $re^{i\Phi}$ を用いると，各振動子のダイナミクスは $d\theta_\ell/dt = \omega_\ell + Kr\sin(\theta_\ell - \Phi)$ のように表せることを示せ．この性質により蔵本モデルの解析的な扱いが可能となる．

【４】 蔵本モデルの式 (5.65) を，適当な振動数分布 $P(\omega)$ について，結合強度 K を変化させつつ数値計算して，集団同期転移を調べよ．

第6章
リミットサイクル振動子の共通ノイズ同期現象

本章では，共通のノイズで駆動されることによって複数のリミットサイクル振動子の間に生じる同期現象について，位相縮約法を用いて議論する．また，電気回路を用いた共通ノイズ同期現象の実験例や，環境ノイズを用いたセンサネットワークのクロック同期について述べる．なお，本章で解析に用いる確率過程の理論の基礎事項については，本シリーズ３巻，及び本巻の付録を，より詳しくは確率過程の専門書を参照されたい．

6.1 共通ノイズ同期現象

近年の研究[1)~11)]で，特性の近い複数の振動子に共通のランダムな外力，あるいは共通ノイズを与えると，振動子間に直接の相互作用がなくても同期する傾向を示すことが知られている．また，同様の現象で，単一の振動子にランダム信号の同一の時系列を繰り返し与えると，初期条件の違いや実験の試行ごとに異なるノイズの影響があっても，その振動の再現性が向上することが知られている．この現象は，周期性を全く持たないランダム外力に対しても生じることがあり，前章で述べた周期外力による引込みの一種という解釈はできない．

共通ノイズ同期現象の例は，共通のランダム入力を受ける複数のニューロン間の同期[6)]，共通のランダム信号を受けるレーザや電気回路の振動間の同期[2),10),12)]，更には共通の変動する気候にさらされる植物の開花タイミングや生物集団の個体数変動の同期など[13)]，さまざまな実現象において知られている．後述するように，近年では自然環境信号を用いたセンサネットワークのクロック同期や暗号通信への応用も試みられている[14)]．

共通ノイズ同期現象は，もともと結合していない複数のカオス素子に共通ノイズを与えた系において知られていた[1),2)]（7章）．その後，カオス的ではないリミットサイクル振動子に対して，位相縮約法を用いた定量的な解析が進んだ[3),5),8)〜10),15)〜18)]．特に，ランダムパルスや弱いガウスノイズを受けるリミットサイクル振動子については，位相縮約法により共通ノイズ同期現象の仕組みを一般的に解析できる．

6.2 共通ランダムパルスを受ける振動子間の同期

まず，振動子に与えられる共通ランダム外力がパルス的な場合について，位相縮約法を用いて議論する[5)]．理論的な取扱いは，5章の周期パルスに駆動される振動子の同期現象に近いが，パルス間隔が乱数となり，縮約されたモデルが決定論的な写像ではなく確率的な写像となることが大きく異なる点である．

6.2.1 モ　デ　ル

二つの同一の性質を持つリミットサイクル振動子の状態をそれぞれ $\boldsymbol{X}^{(1)}(t)$, $\boldsymbol{X}^{(2)}(t)$ として，それらが共通のランダムパルスを受けているとしよう．

$$\frac{d\boldsymbol{X}^{(i)}}{dt} = \boldsymbol{F}(\boldsymbol{X}^{(i)}) + \boldsymbol{H}(t) \quad (i = 1, 2) \tag{6.1}$$

ここで，$\boldsymbol{F}(\boldsymbol{X})$ は振動子のダイナミクスを，$\boldsymbol{H}(t)$ はランダムパルスを表す．ランダムパルスはいつも同じ向きと強度 $\boldsymbol{I}$ を持ち，次式で表されるものとする．

$$\boldsymbol{H}(t) = \boldsymbol{I} \sum_{n=1}^{\infty} \delta(t - t_n) \tag{6.2}$$

ここで，右辺の $\delta(\cdots)$ はディラックのデルタ関数であり，パルスが時刻 $t = t_1, t_2, \ldots$ に与えられることを意味する．パルスを受けた瞬間に振動子の状態は $\boldsymbol{X} \to \boldsymbol{X} + \boldsymbol{I}$ とジャンプする．より一般に，パルスの方向が毎回ランダムに変わり，また，パルスの振動子への影響が単に加法的ではなく，$\boldsymbol{X}$ の関数となる乗法的な場合も考えられるが，ここでは最もシンプルな状況に話を限る．

例として，FitzHugh–南雲モデルに従う二つの結合していない振動子間に，ポアソン過程に従う共通ランダムパルスを与えた際に生じる同期現象を図 **6.1** に示す．ここで各振動子は状態変数を $\boldsymbol{X}^{(i)} = (u^{(i)}, v^{(i)})$ $(i = 1, 2)$ として

$$\left.\begin{aligned} \frac{du^{(i)}}{dt} &= \varepsilon(v^{(i)} - du^{(i)} + c) \\ \frac{dv^{(i)}}{dt} &= v^{(i)} - (v^{(i)})^3 - u^{(i)} + I_0 + I\sum_{n=1}^{\infty}\delta(t - t_n) \end{aligned}\right\} \tag{6.3}$$

に従うとする．パラメータは $\varepsilon = 0.08$，$c = 0.7$，$d = 0.8$，$I_0 = 0.5$ である．なお，本章で用いる FitzHugh–南雲モデルは 3 章，5 章で扱ったものを変数変換したものであり，表式が異なる．パルスは神経細胞の膜電位に対応する変数 v に与えられており，その強度は $I = 0.4$，平均パルス間隔は $\tau_0 = 20$ とする．

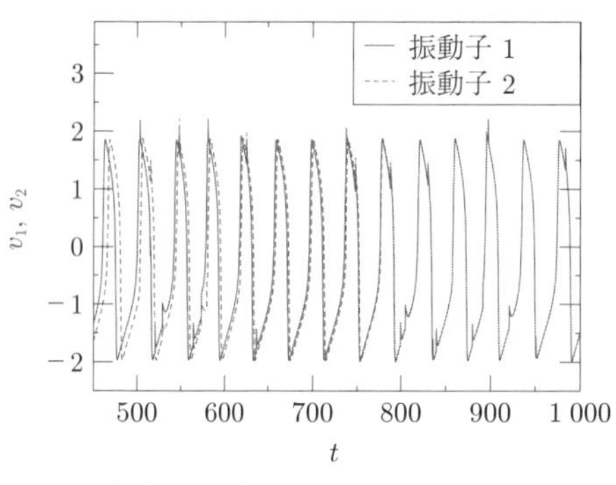

（a）　初期条件の異なる二つの FitzHugh–南雲モデルの状態が共通ランダムパルスにより同期する様子

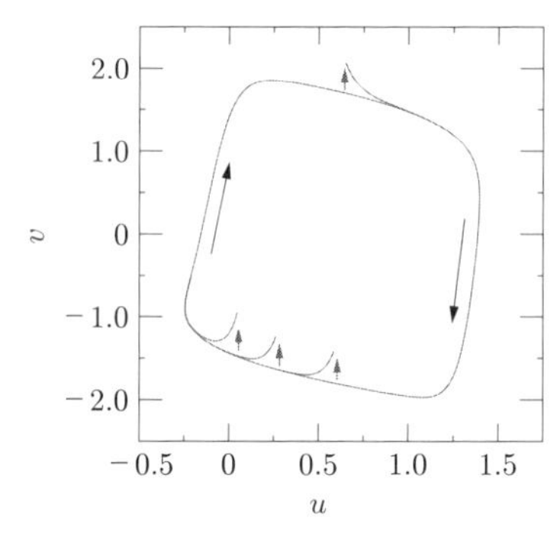

（b）　パルスを受ける FitzHugh–南雲モデルの軌道の例

図 6.1　共通ランダムパルスによる振動子の同期

図 (a) は二つの振動子の変数 v_1，v_2 の時間発展を示しており，異なる初期条件から出発した二つの状態が，共通のランダムパルスの効果によって同期する様子がわかる．図 (b) にはパルスを受けつつ運動する単一の振動子の (u, v) 相平面におけるダイナミクスを示す．系の状態は，パルスを受けるたびにリミットサイクルから外れ，再びリミットサイクル上に戻るという運動を繰り返す．以下，この運動によって同期状態が安定化されることを議論する．

6.2.2 位 相 縮 約

振動子が受けるパルスの間隔は十分に長く，一度パルスを受けてリミットサイクルから外れた振動子の状態変数は，次のパルスを受ける前にはリミットサイクルの十分近くまで戻ってくるものとする．すると，振動子は状態点がリミットサイクルのほぼ直上にある状況で常にパルスを受けることになり，5章で述べたパルスを受ける振動子に対する位相縮約法が適用できる．

パルスを受けていない振動子のリミットサイクルを $\boldsymbol{X}_0(\theta)$，その位相関数を $\Theta(\boldsymbol{X})$ とすると，リミットサイクル上の位相 θ の点でパルス $\boldsymbol{I}$ を受けたときの位相応答は $g(\theta)=\Theta(\boldsymbol{X}_0(\theta)+\boldsymbol{I})-\theta$ である．時刻 $t=t_n$ に n 番目のパルスを受ける直前の位相を $\theta_n=\Theta(\boldsymbol{X}_0(t_n-0))$ とすると，パルスを受けた直後の位相は $g(\theta)$ を用いて $\theta_n+g(\theta_n)$ と表される．その後，振動子の位相は次の $n+1$ 番目のパルスを受ける直前まで一定の振動数 ω で増加するので，位相 θ_n は

$$\theta_{n+1}=\theta_n+g(\theta_n)+\omega\tau_n \pmod{2\pi} \tag{6.4}$$

という写像に従う．ここで, n 番目と $n+1$ 番目のパルスの間隔を $\tau_n=t_{n+1}-t_n$ とした．これは周期パルスを受けた振動子の位相写像によく似ているが，ランダムなパルスを考えているので，τ_n は乱数であることに注意が必要である．よってこの系は，通常の決定論的な力学系ではなく，確率的なランダム力学系となる[19]．式 (6.4) を**ランダム位相写像**（random phase map）と呼ぶ．

今後, パルス間隔 τ の確率密度関数を $P(\tau)$ と表す．$P(\tau)$ は $\int_0^\infty P(\tau)d\tau=1$ と規格化されており，例えばポアソン過程に従って発生するパルスの場合，平均パルス間隔を τ_0 とすると，確率変数 τ の確率密度関数は指数分布 $P(\tau)=\exp(-\tau/\tau_0)/\tau_0$ となる．パルスを受けた状態点がリミットサイクルに緩和するまでの時間よりもパルス間隔 τ が長いことが，位相縮約できる条件となる．

6.2.3 同期状態の線形安定性

さて，縮約した位相のランダム写像の式 (6.4) を用いて，共通ランダムパルスによって同期が生じる理由を考察しよう．n 番目のパルスを受ける時刻 t_n の直

前の振動子の位相をそれぞれ $\theta_n^{(1)} = \Theta(\boldsymbol{X}^{(1)}(t_n - 0))$，$\theta_n^{(2)} = \Theta(\boldsymbol{X}^{(2)}(t_n - 0))$ とすると，前項の議論により，二つの振動子のダイナミクスの式 (6.1) は

$$\theta_{n+1}^{(i)} = \theta_n^{(i)} + g(\theta_n^{(i)}) + \omega\tau_n \quad (i = 1, 2) \tag{6.5}$$

というランダム位相写像のペアに縮約できる．二つの振動子が同期するということは，二つの振動子の位相差 $\phi_n = \theta_n^{(1)} - \theta_n^{(2)}$ の大きさ $|\phi_n|$ が，n の増加とともに 0 に近づくことを意味する．

同期状態 $\theta_n^{(1)} = \theta_n^{(2)}$ の線形安定性を調べよう．式 (6.5) より，位相差 ϕ_n は $\phi_{n+1} = \phi_n + g(\theta_n^{(1)}) - g(\theta_n^{(2)})$ に従う．ここで，ϕ_n が小さく，また g がテイラー展開できるとして，$g(\theta_n^{(2)}) = g(\theta_n^{(1)} + \phi_n) \simeq g(\theta_n^{(1)}) + g'(\theta_n^{(1)})\phi_n$ のように近似すると

$$\phi_{n+1} = \phi_n + g'(\theta_n^{(1)})\phi_n = \{1 + g'(\theta_n^{(1)})\}\phi_n \tag{6.6}$$

という線形化した写像が得られる．ここで，位相 $\theta_n^{(1)}$ はランダム位相写像の式 (6.5) に従って発展しているため，位相差 ϕ_n に掛かる係数 $1 + g'(\theta_n^{(1)})$ は，n とともにランダムに変化する確率変数となる．

式 (6.6) より，$n = 0$ 番目のパルスを受ける直前の初期位相差を ϕ_0 とすると，n 番目のパルスを受ける直前の位相差は

$$\phi_n = \left(\prod_{j=0}^{n-1} \{1 + g'(\theta_j^{(1)})\} \right) \phi_0$$

のように表される．したがって，リアプノフ指数を

$$\lambda = \lim_{n\to\infty} \frac{1}{n} \ln \left| \frac{\phi_n}{\phi_0} \right| = \lim_{n\to\infty} \frac{1}{n} \sum_{j=0}^{n-1} \ln \left| 1 + g'(\theta_j^{(1)}) \right| \tag{6.7}$$

と定義すると，大きな n に対して位相差の絶対値は $|\phi_n| \simeq \exp(\lambda n)|\phi_0|$ のように増加する．このリアプノフ指数 λ の値が負ならば，小さな位相差は縮小して同期状態は線形安定となる．

位相 $\theta_n^{(1)}$ がランダム位相写像の式 (6.5) に従う確率変数であることを考慮して，$\theta_n^{(1)}$ の関数の長時間平均である式 (6.7) を，$\theta^{(1)}$ に関する統計平均で置き換えると，リアプノフ指数は

$$\lambda = \int_0^{2\pi} \rho(\theta) \ln |1 + g'(\theta)| \, d\theta \tag{6.8}$$

と表される．ここで，$\rho(\theta)$ は位相の定常確率密度関数であり，添字の (1) は落として単に θ と書いた．この $\rho(\theta)$ は式 (6.4) に対応するフロベニウス–ペロン方程式

$$\rho_{n+1}(\theta) = \int_0^{2\pi} d\varphi \; W(\theta - \varphi) \int_0^{2\pi} d\psi \; \delta(\psi + g(\psi) - \varphi) \; \rho_n(\psi) \tag{6.9}$$

の定常解である．これは，2 章で扱ったフロベニウス–ペロン方程式を確率的な場合に一般化したもので[19]，右辺のデルタ関数は，振動子が位相 ψ でパルスを受けたときに生じる位相の変化 $\psi \to \varphi = \psi + g(\psi)$ による遷移を表しており，関数 $W(\theta - \varphi)$ はその後のランダムな時間間隔 τ における位相の増加 $\varphi \to \theta = \varphi + \omega\tau$ による遷移確率を表す 2π 周期関数で，規格化条件 $\displaystyle\int_0^{2\pi} W(\theta) d\theta = 1$ を満たす．

パルス間隔の確率密度関数 $P(\tau)$ を使うと，関数 $W(\theta)$ は

$$W(\theta) = \frac{1}{\omega} \sum_{j=0}^{\infty} P\left(\frac{\theta + 2\pi j}{\omega}\right) \quad (0 \leqq \theta < 2\pi) \tag{6.10}$$

のように表すことができる．一般に，ω が大きいと，$W(\theta)$ は一様な遷移確率 $1/(2\pi)$ に近づく．例えば，ポアソン過程によってパルスが生成される場合，パルス間隔は $P(\tau) = \exp(-\tau/\tau_0)/\tau_0$ に従って分布するので

$$W(\theta) = \frac{1}{\omega\tau_0} \frac{e^{-\theta/(\omega\tau_0)}}{1 - e^{-2\pi/(\omega\tau_0)}} \quad (0 \leqq \theta < 2\pi) \tag{6.11}$$

となる[5]．平均パルス間隔 τ_0 が振動子の周期 T に比べて大きければ，$\omega\tau_0 = 2\pi\tau_0/T$ も大きな数となり，$W(\theta)$ は θ によらず $1/(2\pi)$ に近づく．このとき，式 (6.9) の定常解も，ほぼ一様な確率密度

$$\rho(\theta) \simeq \frac{1}{2\pi} \tag{6.12}$$

で近似できることを摂動計算によって示すことができ[5]，振動子の位相はリミットサイクルに沿ってほぼ一様に分布することがわかる．

平均パルス間隔 τ_0 が十分に長いとして，式 (6.12) の $\rho(\theta)$ を用いて式 (6.8) のリアプノフ指数 λ を評価しよう．このとき λ は

$$\lambda = \frac{1}{2\pi}\int_0^{2\pi} \ln|1 + g'(\theta)|\, d\theta \tag{6.13}$$

のように近似される．ここで，位相応答関数 $g(\theta)$ が $1 + g'(\theta) > 0$ という条件を満たすとしよう．つまり，パルスは強すぎず，$g(\theta)$ があまり急に変化することはなく，傾きが -1 以下にはならないとすると，式 (6.13) の絶対値が外せて

$$\begin{aligned}\lambda &= \frac{1}{2\pi}\int_0^{2\pi} \ln\{1 + g'(\theta)\}d\theta \leqq \frac{1}{2\pi}\int_0^{2\pi} g'(\theta)d\theta \\ &= \frac{1}{2\pi}\{g(2\pi) - g(0)\} = 0 \end{aligned}\tag{6.14}$$

となる．ここで，$x > 0$ のときに成り立つ不等式 $\ln(1 + x) \leqq x$ と，$g(\theta)$ の 2π 周期性を用いた．等号が成立して $\lambda = 0$ となるのは，常に $g'(\theta) = 0$ となる場合，つまり位相によらず位相応答が一定となる特殊な場合に限られる．したがって，平均パルス間隔が長く，位相応答がゆるやかな場合には，一般に近似的なリアプノフ指数 λ は負となることがわかる．つまり，二つの振動子間の位相差が十分に小さければ，位相差は縮小して互いに同期する．

このように，振動子が適度な頻度と強度の共通ランダムパルスを受けると，一般に同期状態が統計的に線形安定化される．もちろん，位相差が大きいときに何が起こるかは線形安定性からは説明できない．しかし，定性的には以下のように議論できる．二つの振動子の初期位相が異なっている場合，同じタイミングでパルスを与えても，それぞれの位相は異なる応答を示し，異なる位置にランダムに移される．これにより，二つの位相が偶然近づくことがあれば，その後は線形安定性によって二つの振動子は同期状態に行き着くと期待される．逆に，上記の仮定が満たされない場合，例えば，$g(\theta)$ が激しく変化する場合には，λ が正の値となって共通ランダムパルスによって脱同期が促進される場合もある．

6.2.4　FitzHugh–南雲モデルと LED 点滅回路の例

図 6.2, 図 6.3 に, FitzHugh–南雲モデルと LED 点滅回路における共通ランダムパルスによる同期現象を示す．共通のランダム刺激による振動子間の同期現象は，嗅球のニューロンを使った生理学実験などによっても確認されている[7)].

図 6.2(a) は，結合のない 20 個のモデルに従う振動子がポアソン過程に従って発生する共通ランダムパルスに駆動されて生じる同期現象を示す．また，図 (b) は振動子の変数 v にパルスを与えて測定した位相応答関数 $g(\theta; I)$ を，図 (c) は位相応答関数 $g(\theta; I)$ から式 (6.8) によって計算したリアプノフ指数と数値シミュレーションから求めたリアプノフ指数を示す．この範囲の I では，リアプノフ指数は常に負であり，同期が生じている．一方，パルス強度が大きい場合には，リアプノフ指数が正となって逆に脱同期が促進されることもある．

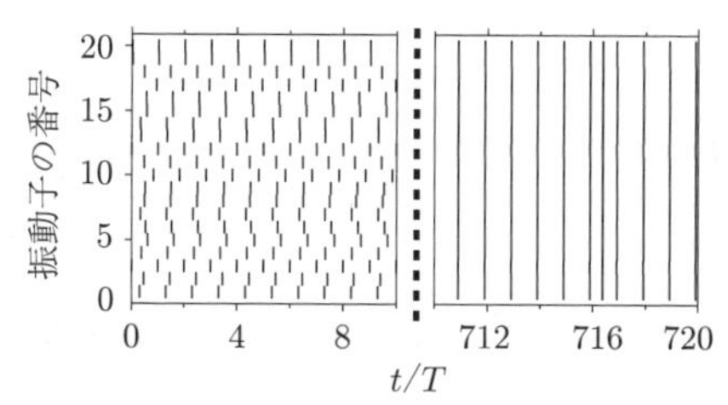

(a)　初期条件の異なる 20 個の FitzHugh–南雲モデルが共通ランダムパルスにより同期する様子．変数 v が負から正に通過する瞬間を縦棒で示す．

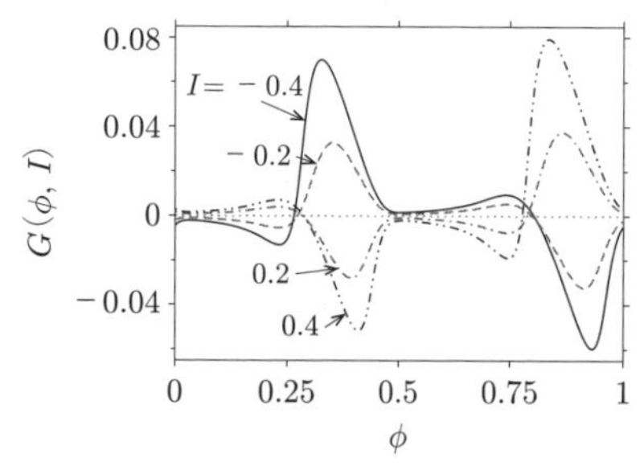

(b)　位相応答関数 $g(\theta; I)$．変数 v に異なるパルス I を与えて測定

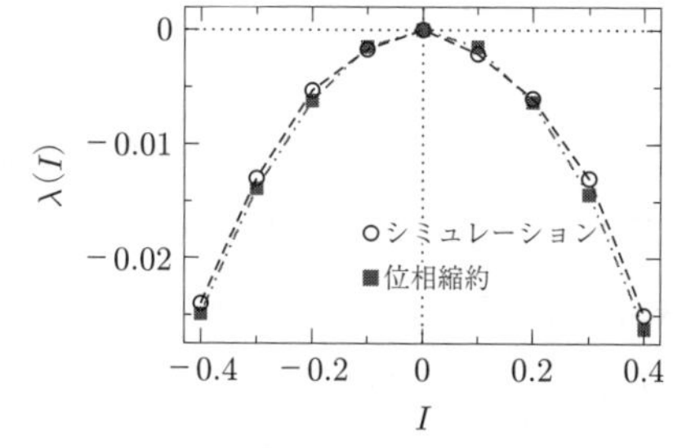

(c)　共通ランダムパルスを受けたリアプノフ指数 λ の I 依存性．直接数値計算と位相縮約による解析結果の比較

図 6.2　FitzHugh–南雲モデルの共通ランダムパルスによる同期

図 **6.3**(a) には LED 点滅回路の 2 点の電圧を測定して得られたリミットサイクルを，図 (b) にはこの LED 点滅回路にポアソン過程に従う同一のランダムパルスの時系列を 2 回与えた際の試行間の同期を示す[5]．初期条件の違いや実験ノイズの影響にもかかわらず，二つの試行が同期していることがわかる．

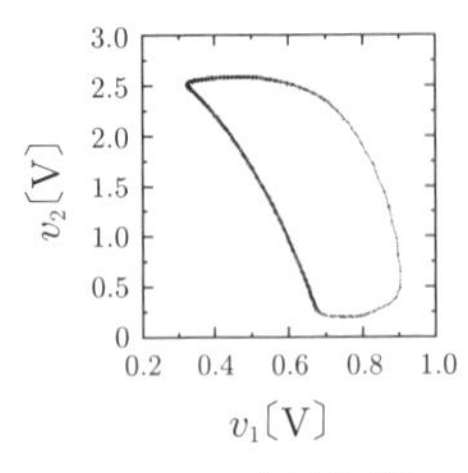

(a) LED 点滅回路のリミットサイクル．回路中の 2 点で電圧 V_1，V_2 を測定してプロット

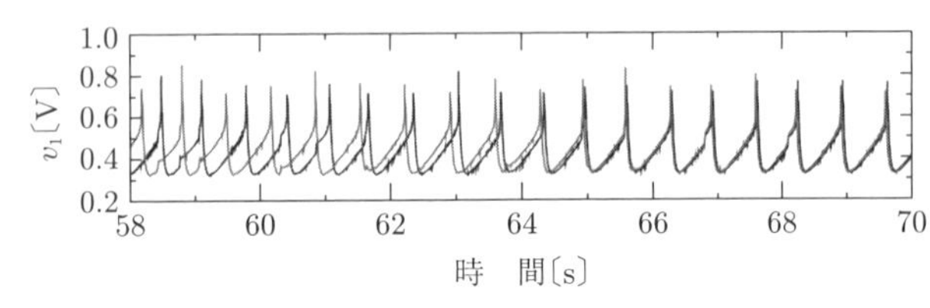

(b) ポアソン過程により発生させたランダムパルスの同一の時系列で駆動した LED 点滅回路における試行間の同期（新井賢亮博士の厚意による）

図 6.3　LED 点滅回路の共通ランダムパルスによる同期

6.3　共通ガウスノイズに駆動される振動子間の同期

次に，共通ノイズとして弱いガウスノイズが振動子に与えられている場合を考えよう．弱い共通ガウスノイズを受けたリミットサイクル振動子の共通ノイズ同期現象は，寺前と田中によって位相縮約法を用いることにより初めて一般的な形で示され，大きなインパクトを与えた[3),8)]．その後，さまざまな形で拡張されている．この場合，リアプノフ指数による同期状態の局所的な安定性の議論だけでなく，フォッカー–プランク（Fokker-Planck）方程式を用いた大域的な議論も可能となる[9),18)]．

6.3.1　モ　デ　ル

同一の性質を持つ二つの振動子の状態変数を $\boldsymbol{X}^{(1)}(t)$，$\boldsymbol{X}^{(2)}(t)$ として，それらが共通の弱いガウスノイズ $\xi(t)$ を受けつつ発展しているとしよう．

$$\frac{d\boldsymbol{X}^{(i)}}{dt} = \boldsymbol{F}(\boldsymbol{X}^{(i)}) + \varepsilon \boldsymbol{e}\xi(t) \quad (i = 1, 2) \tag{6.15}$$

ここで，$\boldsymbol{F}(\boldsymbol{X})$ は振動子のダイナミクス，パラメータ $\varepsilon > 0$ はノイズの強度を表す．簡単のため，ノイズ $\xi(t)$ は一成分しか持たないスカラーであるとしており，$\boldsymbol{e}$ はノイズの向きを表す単位ベクトルである．例えば，ノイズが変数 $\boldsymbol{X}$ のある一成分のみに作用する場合，$\boldsymbol{e}$ はこの成分のみが 1 で，ほかの成分は 0 のベクトルとなる．ノイズ強度 ε は十分に小さく，各振動子の状態がリミットサイクルから大きく離れることはないとする．

なお，この時点では，ガウスノイズ $\xi(t)$ は短いが有限の相関時間を持つ有色ノイズであると考えておく．より正確には，ノイズは振動子の状態のリミットサイクルへの緩和時間に比べて長い相関時間を持つと仮定する．この仮定は，ノイズを受けた振動子を位相縮約する際に生じる微妙な問題を避けるためのものである[15),16)]．実世界のノイズは，真に白色ではなく短時間であっても時間相関を持つので，これは物理的に自然な仮定でもある．

6.3.2 位 相 縮 約

ノイズを受けていないときの振動子のリミットサイクル解を $\boldsymbol{X}_0(\theta)$, 振動数を ω, 周期を $T = 2\pi/\omega$, 位相関数を $\Theta(\boldsymbol{X})$, 位相感受関数を $\boldsymbol{Z}(\theta)$ とする．また, 振動子の状態に与えられた $\boldsymbol{e}$ 方向への摂動に対する位相感受関数を, $Z(\theta) = \boldsymbol{Z}(\theta)\cdot\boldsymbol{e}$ と表す．二つの振動子の位相を $\theta^{(1)} = \Theta(\boldsymbol{X}^{(1)})$, $\theta^{(2)} = \Theta(\boldsymbol{X}^{(2)})$ とすると，式 (6.15) を位相縮約することにより，これらは

$$\frac{d\theta^{(i)}}{dt} = \omega + \varepsilon Z(\theta^{(i)})\xi(t) \quad (i = 1, 2) \tag{6.16}$$

という近似的な位相方程式に従う．ここで，上述のガウスノイズ $\xi(t)$ に関する仮定より，位相を時間微分する際に，通常の微分の連鎖律を使ってよいことを用いている．位相 $\theta^{(1)}$ と $\theta^{(2)}$ の間に直接の相互作用はない．

解析を進めるために，この段階でノイズ $\xi(t)$ の白色極限をとり，$\xi(t)$ を平均 0，強度 1 の白色ガウスノイズとみなそう．白色ガウスノイズに駆動される確率

微分方程式においては確率積分の解釈が問題となるが，ここでは時間相関を持つ有色ノイズの白色極限を考えているので，式 (6.16) はストラトノビッチ (Stratonovich) 解釈のランジュバン方程式と捉える必要がある[20),21)]．これを等価な伊藤型の確率微分方程式に書き換えると，位相 $\theta^{(1)}$，$\theta^{(2)}$ の発展は

$$d\theta^{(i)} = \left[\omega + \frac{\varepsilon^2}{2} Z(\theta^{(i)}) Z'(\theta^{(i)})\right] dt + \varepsilon Z(\theta^{(i)}) dW(t) \tag{6.17}$$

のように表される ($i = 1, 2$)．ここで，$W(t)$ は二つの振動子に共通な標準ウィーナー過程であり，$Z'(\theta) = dZ(\theta)/d\theta$ である．

6.3.3 同期状態の線形安定性

共通ランダムパルスによる同期現象の解析と同様に，まず同期状態の線形安定性を調べよう．二つの振動子間の位相差を $\phi(t) = \theta^{(1)}(t) - \theta^{(2)}(t)$ とする．位相差 $\phi(t)$ に関する確率微分方程式は，式 (6.17) より次式となる．

$$\begin{aligned} d\phi &= d\theta^{(1)} - d\theta^{(2)} \\ &= \frac{\varepsilon^2}{2} \left[Z(\theta^{(1)}) Z'(\theta^{(1)}) - Z(\theta^{(2)}) Z'(\theta^{(2)}) \right] dt \\ &\quad + \varepsilon [Z(\theta^{(1)}) - Z(\theta^{(2)})] dW(t) \end{aligned} \tag{6.18}$$

ここで，二つの振動子の位相が近く，ϕ が小さい場合を考え，位相感受関数 $Z(\theta^{(2)})$ を $Z(\theta^{(2)}) = Z(\theta^{(1)} + \phi) \simeq Z(\theta^{(1)}) + Z'(\theta^{(1)})\phi$ のように近似すると

$$d\phi = -\frac{\varepsilon^2}{2} \frac{d}{d\theta^{(1)}} \left[Z(\theta^{(1)}) Z'(\theta^{(1)}) \right] \phi \, dt - \varepsilon Z'(\theta^{(1)}) \, \phi \, dW(t) \tag{6.19}$$

という $\phi(t)$ に関して線形化した確率微分方程式が得られる．前節のランダムパルス駆動の場合と同様に，位相 $\theta^{(1)}(t)$ はノイズを受けつつ時間発展しているので，$\phi(t)$ に掛かる係数もランダムに変動する．

この式より，小さな位相差 $\phi(t)$ の指数関数的な拡大率，すなわち $\langle \ln |\phi(t)| \rangle \sim \lambda t$ となるようなリアプノフ指数 λ を求めよう．ここで，$\langle \cdots \rangle$ はノイズに対する統計

平均を表す．そのために，位相差 $\phi(t)$ の絶対値の対数を $f(\phi) = \ln|\phi| = \dfrac{1}{2}\ln\phi^2$ として伊藤の公式を用いると，式 (6.19) より

$$d\ln|\phi| = -\frac{\varepsilon^2}{2}\left[\frac{d}{d\theta^{(1)}}Z(\theta^{(1)})Z'(\theta^{(1)}) + Z'(\theta^{(1)})^2\right]dt \\ + \varepsilon Z'(\theta^{(1)})dW(t) \tag{6.20}$$

という確率微分方程式が得られ，これをノイズについて平均することにより

$$\langle d\ln|\phi|\rangle = -\frac{\varepsilon^2}{2}\left\langle\frac{d}{d\theta^{(1)}}Z(\theta^{(1)})Z'(\theta^{(1)}) + Z'(\theta^{(1)})^2\right\rangle dt \tag{6.21}$$

という式が得られる．ここで，伊藤型確率積分の性質により $\langle Z'(\theta^{(1)}(t))dW(t)\rangle = 0$ であることを用いた．

式 (6.21) の右辺の統計平均は，位相 $\theta^{(1)}$ の定常確率密度 $\rho_0(\theta^{(1)})$ による平均で置き換えることができる．以下，$\theta^{(1)}$ の添字を落として単に θ と書くことにする．定常確率密度 $\rho_0(\theta)$ は，式 (6.17) に対応するフォッカー–プランク方程式

$$\frac{\partial}{\partial t}\rho(\theta,t) = -\frac{\partial}{\partial\theta}\left\{\left(\omega + \frac{\varepsilon^2}{2}Z(\theta)Z'(\theta)\right)\rho(\theta,t)\right\} \\ + \frac{\varepsilon^2}{2}\frac{\partial^2}{\partial\theta^2}\left\{Z(\theta)^2\rho(\theta,t)\right\} \tag{6.22}$$

の定常解で与えられるが，ノイズ強度の 2 乗 ε^2 が ω に比べて十分に小さければ，振動子の位相はリミットサイクル上にほぼ一様に分布し，最低次の近似で

$$\rho_0(\theta) \simeq \frac{1}{2\pi} \tag{6.23}$$

となることを摂動計算により示せる．この $\rho_0(\theta)$ で式 (6.21) を平均すると

$$\frac{d}{dt}\langle\ln|\phi(t)|\rangle = -\frac{\varepsilon^2}{2}\frac{1}{2\pi}\int_0^{2\pi}Z'(\theta)^2 d\theta \tag{6.24}$$

となる．ここで $Z(\theta)$ が 2π 周期関数であることから

$$\langle Z(\theta)Z(\theta)'\rangle = \frac{1}{2\pi}\int_0^{2\pi}\frac{d}{d\theta}\{Z(\theta)Z'(\theta)\}d\theta = [Z(\theta)Z'(\theta)]_0^{2\pi} = 0 \tag{6.25}$$

となることを用いた．以上より，近似的なリアプノフ指数は

$$\lambda = \frac{d}{dt}\langle \ln|\phi| \rangle = -\frac{\varepsilon^2}{4\pi}\int_0^{2\pi} Z'(\theta)^2 d\theta \leqq 0 \tag{6.26}$$

と求められ，常に0以下となることがわかる．等号が成立するのは，常に$Z(\theta)=0$となり，振動子の位相がノイズに全く応答しない場合に限られる．以上の結果より，弱い共通ノイズの効果によって一般にリアプノフ指数は負となり，振動子の同期状態は統計的に線形安定となることがわかる．

このように，リミットサイクル振動子の詳細によらず，同一の性質を持つ複数の振動子に弱い共通ノイズを与えると，直接の結合がなくてもそれらは一般に同期する傾向を示す．なお，共通ノイズがガウスノイズではない場合にも，振動子の振動数がノイズによる位相の拡散のタイムスケールより十分に小さければ，有色ノイズを白色ガウスノイズに近似して定量的に扱うことができ，カオス的な時系列に駆動される振動子の共通ノイズ同期現象なども解析される[8),18)]．

6.3.4 FitzHugh–南雲モデルの例

例として，弱い共通ガウスノイズを受けて同期する二つのFitzHugh–南雲モデルの変数vの時系列の例と，FitzHugh–南雲モデルの位相感受関数$Z(\theta)$から式(6.26)により理論的に求めたリアプノフ指数，及び直接数値シミュレーションによって測定したリアプノフ指数を図**6.4**に示す．この範囲のノイズ強度で

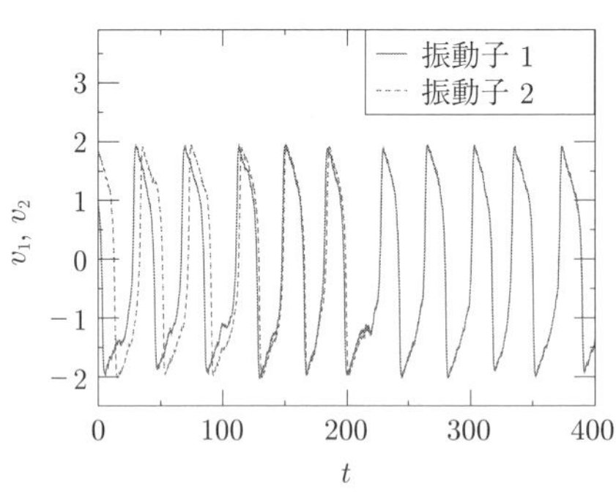

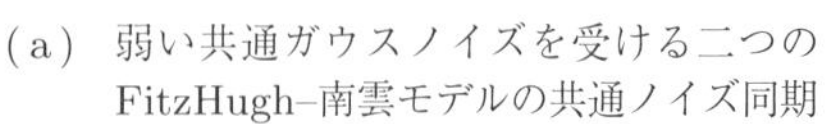

(a) 弱い共通ガウスノイズを受ける二つのFitzHugh–南雲モデルの共通ノイズ同期

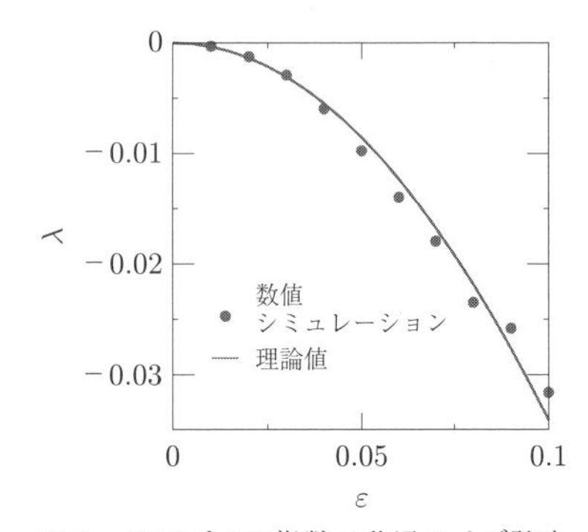

(b) リアプノフ指数の共通ノイズ強度への依存性

図 6.4　FitzHugh–南雲モデルの共通ガウスノイズによる同期

は理論と数値シミュレーションの結果はよく一致しており，位相縮約法によるノイズ同期現象の解釈が正しいことを意味している．ノイズ強度が更に増加すると，振幅のダイナミクスの効果が無視できなくなって位相縮約による扱いは不正確となり，共通ノイズによって逆に脱同期が起こることもあり得る．

6.4 共通ガウスノイズによる同期現象の平均化法による解析

これまでの議論は，リアプノフ指数による同期状態の局所的な安定性の解析，つまり，二つの振動子の位相が十分に近づけば，その後は同期することを示したものであった．本節では，弱い共通ガウスノイズに駆動される二つの振動子について，それらの結合確率密度関数のフォッカー–プランク方程式を用いた大域的な解析について述べる[9)]．この解析により，任意の初期状態から出発した振動子間に共通ノイズ同期現象が生じることが示される．この解析では，共通ノイズだけでなく個々の振動子に独立にかかるノイズの効果も扱うことができ，また，振動子の位相感受関数の形状により，共通ノイズによって単純な同期状態だけでなくクラスター状態などが生じることなども示される．

6.4.1 モ デ ル

二つの振動子が共通ノイズに加えてそれぞれ独立なノイズを受けている状況を考えよう．前節と同様に，いずれのノイズの強度も十分に小さく，位相縮約できるとする．位相縮約により得られたランジュバン方程式 (6.16) を一般化した

$$\frac{d\theta^{(i)}}{dt} = \omega + \varepsilon Z(\theta^{(i)})\xi(t) + \sigma Z(\theta^{(i)})\eta_i(t) \quad (i = 1, 2) \tag{6.27}$$

を出発点としよう．ここで，$\xi(t)$ は前節と同様の共通ノイズで，ε はその強度を表す．一方，$\eta_i(t)$ $(i = 1, 2)$ は，各振動子に独立に与えられるノイズを表し，その強度を σ とする．各ノイズは十分に弱く，$0 < \varepsilon, \sigma \ll 1$ であるとする．

前節と同様に，ノイズはいずれもスカラーであり，振動子の状態変数に対して常に同じ方向 $\boldsymbol{e}$ に働くとして，この方向に対応する位相感受関数をスカラー関

数 $Z(\theta) = \boldsymbol{Z}(\theta) \cdot \boldsymbol{e}$ で表す．また，共通ノイズ $\xi(t)$ 及び独立ノイズ $\eta_1(t)$，$\eta_2(t)$ はいずれも有色ノイズの時間相関の短い白色ガウス極限であると考え，それぞれ強度は 1 で互いに無相関，つまり

$$\left.\begin{aligned}&\langle\xi(t)\xi(s)\rangle = \langle\eta_1(t)\eta_1(s)\rangle = \langle\eta_2(t)\eta_2(s)\rangle = \delta(t-s)\\&\langle\xi(t)\eta_1(s)\rangle = \langle\xi(t)\eta_2(s)\rangle = \langle\eta_1(t)\eta_2(s)\rangle = 0\end{aligned}\right\} \tag{6.28}$$

を満たす．式 (6.27) はストラトノビッチ型の確率微分方程式と解釈される．

6.4.2　位相の結合確率密度関数とフォッカー–プランク方程式

6.3 節では，二つの位相 $\theta^{(1)}$，$\theta^{(2)}$ の確率微分方程式の差をとり，位相差 ϕ について線形化することで，ϕ に関する方程式を求めた．本項では二つの位相の結合確率密度関数 $P(\theta^{(1)}, \theta^{(2)}, t)$ に着目し，その時間発展を表すフォッカー–プランク方程式を扱う．式 (6.27) を伊藤型の確率微分方程式に変形すると

$$d\theta^{(i)} = \left[\omega + \frac{\varepsilon^2}{2} Z(\theta^{(i)}) Z'(\theta^{(i)})\right] dt + \varepsilon Z(\theta^{(i)}) dW(t) + \sigma Z(\theta^{(i)}) dW_i(t) \tag{6.29}$$

となる $(i = 1, 2)$．ここで，$W(t), W_i(t)$ $(i = 1, 2)$ は互いに独立な標準ウィーナー過程である．これらの確率微分方程式に対応するフォッカー–プランク方程式は

$$\begin{aligned}\frac{\partial}{\partial t} P(\theta^{(1)}, \theta^{(2)}, t) = &-\sum_{k=1}^{2} \frac{\partial}{\partial \theta_k} \left\{A_k(\theta^{(1)}, \theta^{(2)}) P(\theta^{(1)}, \theta^{(2)}, t)\right\}\\&+ \frac{1}{2} \sum_{k=1}^{2} \sum_{\ell=1}^{2} \frac{\partial^2}{\partial \theta_k \partial \theta_j} \left\{C_{k\ell}(\theta^{(1)}, \theta^{(2)}) P(\theta^{(1)}, \theta^{(2)}, t)\right\}\end{aligned} \tag{6.30}$$

であり，ドリフト係数 A_k と拡散係数 $C_{k\ell}$ $(k, \ell = 1, 2)$ は式 (6.29) より

$$\left.\begin{aligned}&A_k(\theta^{(1)}, \theta^{(2)}) = \omega + \frac{\partial}{\partial \theta_k} C_{kk}(\theta^{(1)}, \theta^{(2)})\\&C_{k\ell}(\theta^{(1)}, \theta^{(2)}) = \varepsilon^2 Z(\theta_k) Z(\theta_\ell) + \sigma^2 Z(\theta_k) Z(\theta_\ell) \delta_{k,\ell}\end{aligned}\right\} \tag{6.31}$$

のように求められる．

6.4.3 フォッカー–プランク方程式の平均化近似

解析を進めるために，フォッカー–プランク方程式 (6.30) に平均化近似を適用する．位相の発展方程式 (6.29) には振動子の自然振動数 ω が含まれているので，これを差し引いた相対位相 $\psi^{(i)}(t) = \theta^{(i)} - \omega t$ $(i = 1, 2)$ を導入しよう．共通ノイズ強度 ε と独立ノイズ強度 σ は小さいので，$\psi^{(1)}$，$\psi^{(2)}$ はゆっくり変化する変数となる．そこで，$\psi^{(1)}$，$\psi^{(2)}$ の結合確率密度関数

$$Q(\psi^{(1)}, \psi^{(2)}, t) = P(\theta^{(1)} = \omega t + \psi^{(1)}, \theta^{(2)} = \omega t + \psi^{(2)}, t) \tag{6.32}$$

を導入して，振動の 1 周期分 $T = 2\pi/\omega$ について $A_k(\theta^{(1)}, \theta^{(2)})$ と $C_{k\ell}(\theta^{(1)}, \theta^{(2)})$ を平均化すると，$Q(\psi^{(1)}, \psi^{(2)}, t)$ に関する平均化されたフォッカー–プランク方程式は

$$\begin{aligned}
&\frac{\partial}{\partial t} Q(\psi^{(1)}, \psi^{(2)}, t) \\
&\quad = \frac{1}{2} \sum_{k=1}^{2} \sum_{\ell=1}^{2} \frac{\partial^2}{\partial \psi_k \partial \psi^{(j)}} \left\{ D_{k\ell}(\psi^{(1)}, \psi^{(2)}) Q(\psi^{(1)}, \psi^{(2)}, t) \right\}
\end{aligned} \tag{6.33}$$

となる．ここで，ドリフト係数の部分は $Z(\theta)$ の 2π 周期性より平均化の際に消え，平均化された拡散定数

$$D_{k\ell}(\psi^{(1)}, \psi^{(2)}) = \frac{1}{2\pi} \int_0^{2\pi} C_{k\ell}(\theta^{(1)} = \phi' + \psi^{(1)}, \theta^{(2)} = \phi' + \psi^{(2)}) d\phi' \tag{6.34}$$

のみが残っている．この拡散定数は，式 (6.31) より

$$D_{k\ell}(\psi^{(1)}, \psi^{(2)}) = \varepsilon^2 h(\psi^{(1)} - \psi^{(2)}) + \sigma^2 h(0) \delta_{k,\ell} \tag{6.35}$$

のように計算できる．ここで $h(\varphi)$ は

$$h(\varphi) = \frac{1}{2\pi} \int_0^{2\pi} Z(\theta) Z(\theta + \varphi) d\theta \tag{6.36}$$

で与えられる位相感受関数 $Z(\theta)$ の自己相関関数である．

6.4.4 位相差の確率密度関数

結合確率密度関数 $Q(\psi^{(1)}, \psi^{(2)}, t)$ に対する平均化されたフォッカー–プランク方程式から振動子間の同期特性を調べるために，二つの位相変数 $\psi^{(1)}$，$\psi^{(2)}$ から平均位相 $\psi = (\psi^{(1)} + \psi^{(2)})/2$ と位相差 $\varphi = \psi^{(1)} - \psi^{(2)}$ $(-\pi \leqq \varphi \leqq \pi)$ に変数変換して，それぞれの確率密度関数を $S(\psi, t)$，$U(\varphi, t)$ とする．結合確率密度関数を $Q(\psi^{(1)}, \psi^{(2)}, t) = S(\psi, t)U(\varphi, t)$ と変数分離して式 (6.33) に代入すると，$S(\psi, t)$ と $U(\varphi, t)$ の二つの偏微分方程式が得られる．それらの式より，ψ の定常確率密度は $S_0(\psi) = 1/(2\pi)$ となり，φ の定常確率密度 $U_0(\varphi)$ は

$$0 = \frac{\partial^2}{\partial \varphi^2}\{\varepsilon^2[h(0) - h(\varphi)] + \sigma^2 h(0)\}U(\varphi, t) \tag{6.37}$$

に従うことがわかる．この式はすぐに解けて，位相差の定常確率密度は

$$U_0(\varphi) = \frac{u_0}{\varepsilon^2[h(0) - h(\varphi)] + \sigma^2 h(0)} \tag{6.38}$$

となる．ここで u_0 は $\displaystyle\int_{-\pi}^{\pi} U(\varphi)d\varphi = 1$ より決まる規格化定数である．

この結果より，以下のことがわかる．まず，$h(\varphi)$ は $Z(\theta)$ の自己相関関数なので，2π 周期的で $h(0) \geqq h(\varphi)$ を満たす．したがって，位相差の定常確率密度 $U_0(\varphi)$ が最大となるのは $\varphi = 0$ であり，二つの振動子は位相差が 0 の近傍に滞在する確率が高く，同期する傾向があることがわかる．独立ノイズの強度 σ が小さいほどこのピークは鋭く，$\sigma \to 0$ の極限では振動子間の位相差はほぼ常に $\varphi = 0$ の状態に見いだされることとなり，これが完全同期状態に対応する．

位相感受関数 $Z(\theta)$ が高調波を含み，その自己相関関数 $h(\varphi)$ が $\varphi = 0$ 以外にも複数の極大点を持つ場合，$U_0(\varphi)$ はそれらの点でもピークを持ち得る．このとき，共通ノイズによって振動子間の位相差の分布は複数のピークを持ち，単なる同期現象だけではなく，振動子の状態が異なる幾つかのグループに分かれるクラスター化現象が生じ得る．このように，平均化法とフォッカー–プランク方程式を用いた解析により，単に近傍にある二つの振動子の位相差が縮小することを示すだけではなく，位相差の分布に関する大域的な情報を得ることができる．

6.4.5　FitzHugh–南雲モデルの例

例として FitzHugh–南雲モデルの変数 v に共通ガウスノイズを与えた際の同期現象の様子を**図 6.5** に示す．図 (a) は，FitzHugh–南雲モデルのリミットサイクル軌道の v 成分 $v(\theta)$，v 成分への摂動に対する位相感受関数 $Z(\theta)$，更に，v 成分にノイズを乗法的に与えた際の実効的な位相感受関数 $\tilde{Z}(\theta)$ を，$-\pi \leqq \theta < \pi$

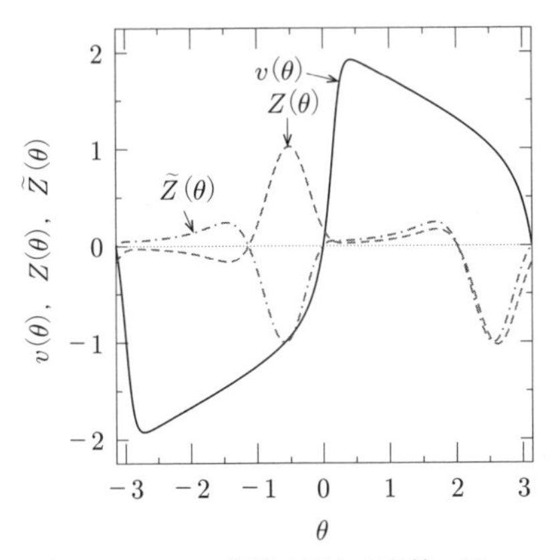

(a)　FitzHugh–南雲モデルの変数 $v(\theta)$，v 方向への摂動に対する位相感受関数 $Z(\theta)$，乗法的な摂動に対する実効的な位相感受関数 $\tilde{Z}(\theta)$

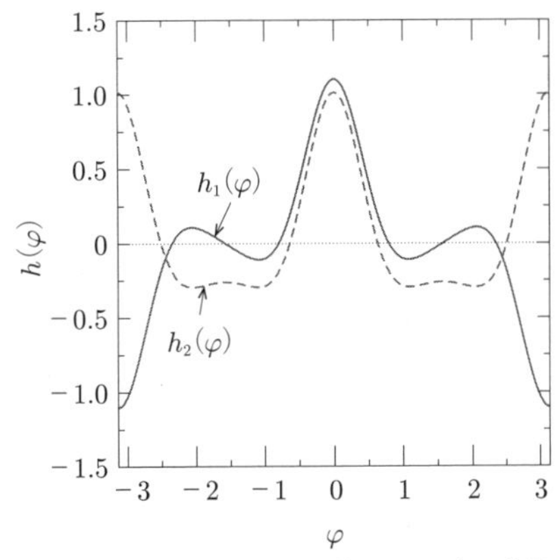

(b)　$Z(\theta)$ の自己相関関数 $h_1(\varphi)$ と，共通ノイズを乗法的に与えた場合の実効的な位相感受関数の自己相関関数 $h_2(\varphi)$

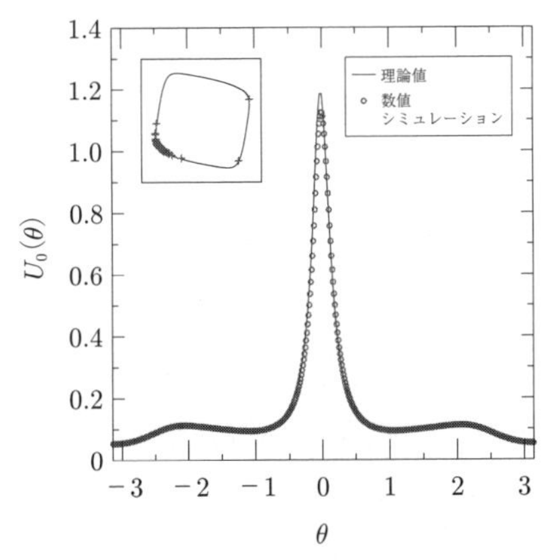

(c)　定常状態における位相差の確率密度関数 $U_0(\varphi)$

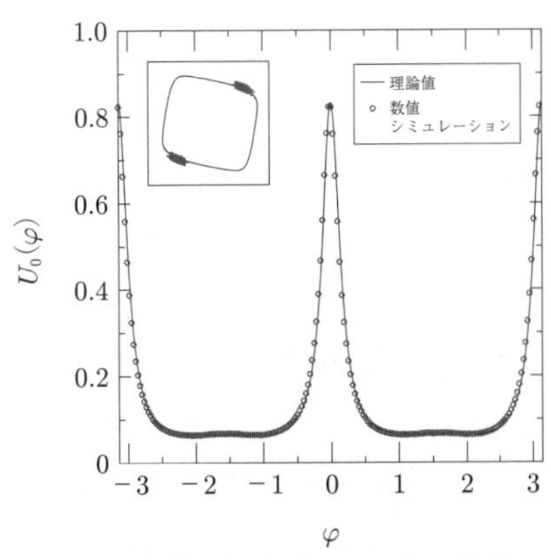

(d)　共通ノイズを乗法的に与えた場合の位相差の確率密度関数 $U_0(\varphi)$

図 6.5　FitzHugh–南雲モデルの共通ノイズ同期の平均化法による解析

の範囲で示している．ここで，乗法的とは FitzHugh–南雲モデルの変数 $v(t)$ に単にノイズ $\xi(t)$ を加えるのではなく，変数 $v(t)$ の値に比例する $v(t)\xi(t)$ という掛け算の形で与えることを意味する．このとき，振動子の実効的な位相感受関数は $\tilde{Z}(\theta) = Z(\theta)v(\theta)$ となる．これは振動子にノイズがパラメトリックに入る状況の簡単な例となっており，実効的な位相感受関数の形状が異なるため，共通ノイズ同期現象によって生じる位相差の分布形状も変わる．図 (b) は，位相感受関数 $Z(\theta)$ の自己相関関数 $h_1(\theta)$ と，ノイズを乗法的に与えた際の実効的な位相感受関数 $\tilde{Z}(\theta)$ の自己相関関数 $h_2(\theta)$ を示す．

図 (c) は，共通ノイズで駆動した FitzHugh–南雲モデルの位相差の定常確率密度関数 $U_0(\varphi)$ について，位相縮約法の結果 (6.38) と，直接数値シミュレーションにより多数の振動子に共通ノイズを与えて測定した結果を示す．このとき，$Z(\theta)$ の自己相関関数 $h_1(\varphi)$ は $\varphi = 0$ に一山のピークを持つ．これに対応して，$U_0(\varphi)$ も位相差 $\varphi = 0$ 近辺に鋭いピークを持ち，共通ノイズの効果による同期現象が生じていることがわかる．また，位相差は $\varphi = 0$ のみに集中しているわけではなく，独立ノイズの効果によってピークの周囲にも拡散している．図 (d) は，共通ノイズを乗法的に与えた場合について，位相差の定常確率密度関数を示している．このときは，実効的な位相感受関数 $\tilde{Z}(\theta)$ が 2 倍の高調波成分を持つため，自己相関関数 $h_2(\theta)$ は $\varphi = 0$ 以外に $\varphi = \pm\pi$ にもう一つのピークを持つ．これに対応して，$U_0(\varphi)$ は $\varphi = 0$ 及び $\varphi = \pm\pi$ の近辺に二つの鋭いピークを持ち，2 クラスター状態が実現されていることがわかる．いずれのグラフにおいても，挿入図は振動子の状態の典型的なスナップショットを示している．

この考え方を発展させ，共通ノイズの与え方を工夫し，自己相関関数 $h(\varphi)$ の形を設計することによって，振動子の位相差の分布の形状を制御するような研究も行われている[22)]．また，レーザを用いた精密な実験によって共通ノイズ同期現象による位相差 $U_0(\varphi)$ の分布を精密に求めた研究も行われている[12)]．

6.5 環境ノイズによるデバイス間同期

自然環境には，さまざまなノイズや揺らぎがある．図 **6.6** に示すように，近隣に設置された複数のデバイス（無線センサ）で，そのようなノイズや揺らぎを観測すると，それらは互いに高い相互相関を持つ．ノイズ間の相互相関が高ければ，それらのノイズや揺らぎによって共通ノイズ同期現象が起こる．すなわち，複数のデバイス上で走らせる非線形振動子を，環境ノイズや揺らぎを用いて互いに位相同期させることによって，接続していないデバイス間どうしのタイミングを**同期**させることができる．

図 **6.6** 環境ノイズを用いた同期

さまざまな環境ノイズや環境揺らぎを用い，機器間の通信がなくてもタイミング同期が可能か検証が行われている[14]．実際の環境ノイズや揺らぎとしては，無線センサネットワーク機器で取得できる気温，湿度，気圧などの変化，あるいは，音響信号，環境電磁波などの環境データが利用できると考えられる．それらの環境データの変動は，近隣のデバイスが取得したものであれば，相互相関が高い．相互相関が高い環境データを非線形振動子に入力することによって，共通ノイズ同期現象が確率的に起こり同期させることができる[14]．

無線センサネットワークは，マルチホップ通信によってさまざまなデータ収集をするシステムであり，さまざまな環境の情報を収集することが目的となっている．建造物の状態の監視，農業に必要な日照時間や雨量の観測，動物の生態調査，災害時の情報の収集など，さまざまな目的に活用することが想定される．小型電池駆動の無線センサノードを広域に多数分散配置するため，限られた搭載電池容量で可能な限り長時間動作させるための省電力化が重要となる．省電力化の一手法として，送信・受信の待機動作のタイミングを合わせ，間欠的に通信を行う方式があるが，そのためには無線センサノード間の時間同期が必要となる．

一般的な時間同期では，無線センサノード間の通信，あるいは，GPS や電波時計からの時刻の取得などが必要となり，同期のために電力を消費する．共通ノイズ同期現象を応用した環境ノイズによる同期方式では，各センサが取得する環境ノイズのみで同期させることができるため，時間同期のための通信は不要となり，電力消費を極力削減したプロトコルの構築が可能となると考えられる．

地球から離れた宇宙空間では，GPS も電波時計も届かないが，そのような場所においても，太陽や宇宙空間におけるノイズや電磁波を用いれば，共通ノイズ同期現象によって，複数の探査機のタイミング同期をさせることができるようになる可能性もある．

〔音による同期実験〕

図 6.7 に音による同期実験の様子を示す．おのおののノート PC の内蔵マイクから取得した音響信号を用いて同期を試みる．2 台のノート PC の間では，互いに通信はさせない．

それぞれが取得した音響信号を図 (a) に示す．この信号に対し，ここではそれぞれの PC がゼロクロスフィルタと差分フィルタを用いて，前処理をした時系列をリミットサイクル振動子に入力する．リミットサイクル振動子に入力す

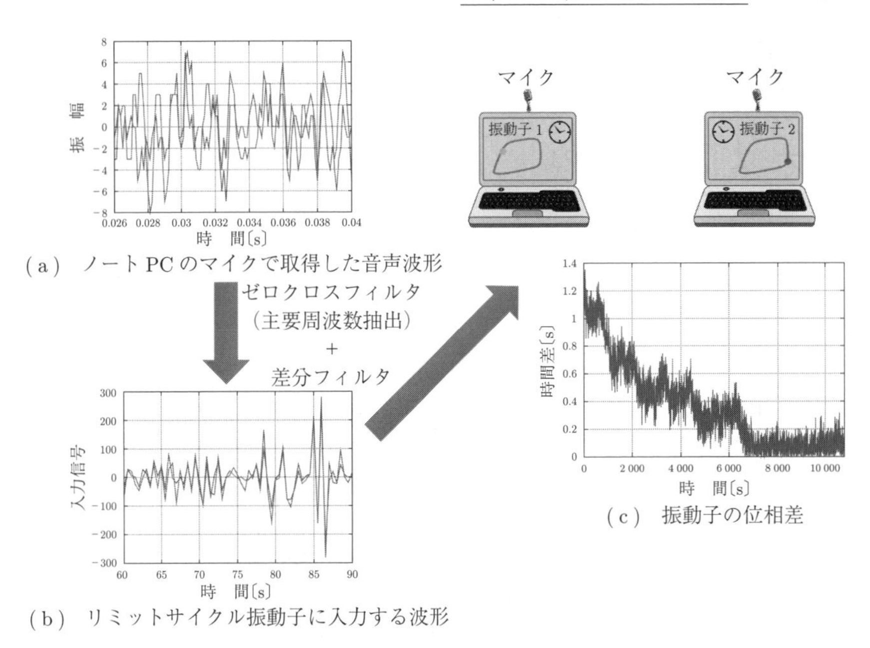

図 6.7　音による同期実験

る波形が図 (b) であり，相互相関が高いこともわかる．おのおのの PC では，リミットサイクル振動子を走らせており，このような波形をそれぞれ独立に入力する．図 (c) は，独立した PC 上で走らせた振動子の位相差を時間で表したものである．このように，徐々に位相差が減少していく様子がわかる．すなわち，PC 間の通信や信号のやりとりがなくても，二つの PC を同期させることが可能であることがわかる．

章　末　問　題

【1】 何らかのリミットサイクル振動子のモデルを用いて，共通ノイズによるノイズ同期現象を直接数値シミュレーションせよ．

【2】 Stuart–Landau 振動子の場合について，共通ガウスノイズにより同期した際の位相差 φ の確率密度関数 $P(\varphi)$（式 (6.38)）を求めよ．

第7章 カオス同期現象

リミットサイクル振動子の場合と同様に，カオス素子間にも相互同期が生じる．カオス的なダイナミクスは一般に微小な状態差を拡大するので，これは直観に反するかもしれないが，例えば拡散的に結合した同一の性質を持つ二つのカオス素子の完全同期状態の安定性は，簡単な線形安定性解析によって示すことができ，この議論は一般のネットワークを介して拡散結合するカオス素子系に拡張できる．そのほか，カオス素子は，一般化同期や共通ノイズ同期，カオス位相同期などのさまざまな同期現象を示す．本章ではカオス素子の示す同期現象について簡単に述べる．詳細については参考文献を参照されたい．

7.1 カオス素子の示す同期現象

相互作用等の効果により，同一の性質を持つ複数のカオス素子の状態が完全に一致したまま時間発展する状況は，**完全同期**（complete synchronization）と呼ばれる．拡散的な相互作用，つまり，相手の状態に自分の状態を近づけるような双方向結合を持つカオス素子間に完全同期が生じることは，既に1983年に藤坂と山田によって示されていた[1)]．その後，ペコラ（Pecora）とキャロル（Carroll）が1990年に行った信号の置き換えによるカオス同期現象の研究は非常に大きな関心を集めた[2)]．当初からカオス秘匿通信への応用も議論されていたが，カオス同期を安直に応用しただけの通信方法は脆弱であることも早くから指摘されていた[3),4)]．

その後，1998年にペコラとキャロルによって，一般のネットワークを介して拡散的に結合したカオス素子系の完全同期状態の線形安定性について，Master

Stability Function と呼ばれる関数を用いた定式化がなされた[5)]．この結果もその簡潔性から大きな関心を集め，同期状態の安定性が向上するようなネットワーク構造の探索などが盛んに行われた．

カオス素子系では，完全同期以外にもさまざまなタイプの同期が生じる．例えば，レスラー振動子のような強い周期性を持つ連続時間力学系のカオス振動子では，振幅方向のダイナミクスはカオス的であるのに，軌道に沿う方向に定義した位相が外力やほかの振動子と同期する**カオス位相同期**（chaotic phase synchronization）という非自明な現象が生じることが Rosenblum，Pikovsky と Kurths によって発見されている[6)]．カオス振動子に対しては，リミットサイクル振動子のアイソクロンに基づく位相のように，力学的な意味の明確な位相を定義するのは難しいが，観測信号から経験的に推定した位相を用いることにより，リミットサイクル振動子の場合とよく似た位相同期現象が見いだされている．また，そのような手法は，カオス振動子だけではなく，心拍や呼吸のような周期的な生体信号における位相同期現象の検出などにも応用されている．

二つの異なるタイプのカオス素子を結合させた場合，それらの状態が完全に一致することはあり得ないが，状態間に一定の関数関係が生じるという意味でやはり同期が生じることがあり，**一般化同期**（generalized synchronization）と呼ばれる[7)]．一般化同期は素子間の結合が一方向性の場合について考えられることが多い．一方向性結合系で一般化同期状態が線形安定な場合に，駆動側のカオス素子の出力で同じ性質を持つ二つのカオス素子を駆動すると，それらの間の完全同期状態も線形安定となる．これを用いて一般化同期現象を検出する手法は**補助システムの方法**（auxiliary system approach）と呼ばれる[8)]．更に，共通ノイズを受ける結合のないカオス素子間には**共通ノイズ同期**が生じることもある[9)]．

そのほか，カオス素子間に生じる同期現象として，パラメータのやや異なるカオス素子の相互結合系や，時間遅れのある一方向結合系において，各素子の挙動が一定の時間差をおいてほぼ一致する lag synchronization[10)]，ダイナミクスに時間遅れを持つ二つのカオス素子の一方向結合系において，駆動される素子が駆動する素子の未来のダイナミクスに同期する anticipated synchronization[11]，更に，ローレンツ系などの部分的に線形なダイナミクスを持つカオス素子が相互作用するときに，線形部分のダイナミクスが定数倍のスケールの任意性を除いて一致する projective synchronization[12] などが知られている．

本章では，カオス素子間の拡散結合や信号の置き換えによる完全同期，異なるカオス素子間の一般化同期，結合のないカオス素子間の共通ノイズ同期，周期性の強い結合カオス素子間のカオス位相同期，更に，ネットワーク上の拡散結合カオス素子系の完全同期などについて，基礎的な内容を概説する．

7.2　拡散結合した二つのカオス素子の同期

7.2.1　結合カオス写像の完全同期

同じ性質を持つ二つのカオス素子が拡散的に結合した系では，結合強度が十分に大きければ二つの素子の完全同期状態が線形安定となり，カオス同期が生じ得る．このことは，1983 年に藤坂と山田によって初めて示された[1]．

最も簡単な例として，以下の拡散的に結合したカオス写像系を考えよう．

$$\left.\begin{aligned} x_{n+1} &= f(x_n) + k\{f(y_n) - f(x_n)\} \\ y_{n+1} &= f(y_n) + k\{f(x_n) - f(y_n)\} \end{aligned}\right\} \tag{7.1}$$

ここで，x_n と y_n はそれぞれのカオス素子の時刻 $n = 0, 1, 2, \ldots$ における状態変数で，f はカオス的な写像，例えばロジスティック写像 $f(x) = ax(1-x)$ $(0 < a \leqq 4)$ である．それぞれの式の右辺第 2 項が拡散的な結合を表しており，結合相手の状態と自分の状態の差を通じて相互作用する．k は結合強度で $0 \leqq k < 1/2$ である．二つの素子の完全同期状態 $x_n = y_n$ は式 (7.1) の解となっており，このとき右辺の結合項は消えることに注意しよう．つまり，完全同期した状態は結合のない単一の写像と同じダイナミクスに従う．ただし，完全同期状態は常に解ではあるが，線形安定でなければ実際には観察されない．

式 (7.1) のカオス写像として $a = 3.99$ のロジスティック写像を用いた数値計

算例を**図 7.1** に示す．図 (a)〜(c) は $k = 0.22$ の場合で，二つの素子は同期していない．一方，図 (d)〜(f) は $k = 0.25$ の場合で，二つの素子は同期している．図 (a)，(d) は異なる初期状態から出発した x_n，y_n の時間発展を示しており，$k = 0.22$ では x_n と y_n がそろうことはないが，$k = 0.25$ ではやがて一致している．図 (b)，(e) は状態差 $z_n = y_n - x_n$ の発展を示しており，$k = 0.22$ では z_n は 0 にならずに変動し続けるのに対し，$k = 0.25$ では 0 に収束している．図 (c)，(f) は，十分に時間が経って定常状態となったあとの点 (x_n, y_n) の軌跡を xy 平面上にプロットしたもので，$k = 0.22$ では平面上の対角線の周りに幅広く分布するが，$k = 0.25$ では対角線上のみに分布して常に $x_n = y_n$ となっており，二つの素子はカオス的に運動したまま完全同期している．なお，結合がなければ（$k = 0$）二つの素子は独立に運動し，軌跡は xy 平面上に正方形状に分布するはずなので，$k = 0.22$ で対角線の周りに軌跡が分布することは，完全同期はしていなくても，素子間に相関は生じていることを意味する．

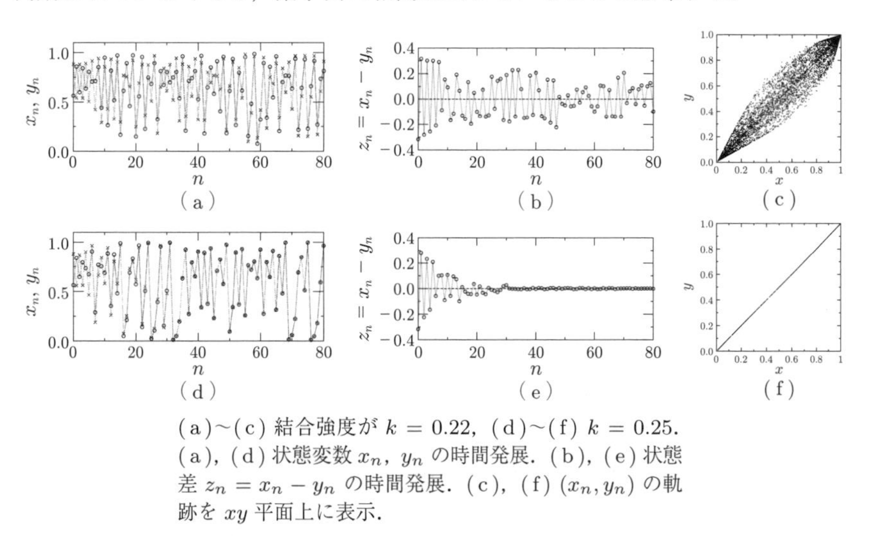

(a)〜(c) 結合強度が $k = 0.22$，(d)〜(f) $k = 0.25$．(a)，(d) 状態変数 x_n，y_n の時間発展．(b)，(e) 状態差 $z_n = x_n - y_n$ の時間発展．(c)，(f) (x_n, y_n) の軌跡を xy 平面上に表示．

図 7.1 結合ロジスティック写像のカオス同期現象

二つの素子の状態差 $z_n = y_n - x_n$ に注目しよう．式 (7.1) より z_n は

$$z_{n+1} = (1 - 2k)\{f(x_n + z_n) - f(x_n)\} \tag{7.2}$$

に従う．この式は，z_n をカオス同期の「エラー」とみなして，エラーダイナミクスと呼ばれることがある．完全同期状態 $z_n = 0$ の線形安定性を調べるために，$|z_n|$ が小さいとして $f(x_n + z_n)$ をテイラー展開して z_n の 1 次まで残すと

$$z_{n+1} = (1-2k)f'(x_n)z_n \tag{7.3}$$

が得られる（ここで線形近似せずに，右辺の f の差分を大きな数 M で抑えてリアプノフ関数を導入すると完全同期の大域安定性を示せるが，正確な臨界結合強度の見積りは得られない）．したがって，初期時刻での状態差が z_0 ならば，時刻 n での状態差は

$$z_n = \left(\prod_{j=0}^{n-1}(1-2k)f'(x_j)\right) z_0 \tag{7.4}$$

となり，その指数関数的な拡大率は

$$\begin{aligned}\Lambda &= \lim_{n\to\infty}\frac{1}{n}\ln\left|\frac{z_n}{z_0}\right| \\ &= \lim_{n\to\infty}\frac{1}{n}\left\{\sum_{j=0}^{n-1}\ln|(1-2k)f'(x_j)|\right\} \\ &= \ln(1-2k)+\lambda \end{aligned}\tag{7.5}$$

となることがわかる．ここで

$$\lambda = \lim_{n\to\infty}\frac{1}{n}\sum_{j=0}^{n-1}\ln|f'(x_j)| \tag{7.6}$$

は結合していないカオス写像 $x_{n+1} = f(x_n)$ のリアプノフ指数で，$\lambda > 0$ である．式 (7.5) の Λ は**横断リアプノフ指数**（transverse Lyapunov exponent）[1)] と呼ばれ，完全同期状態近傍における小さな状態差の拡大率を表す．

結合強度が $0 < k < 1/2$ ならば $\ln(1-2k) < 0$ であり，$k \to 1/2$ で $\ln(1-2k) \to -\infty$ なので，結合強度 k が

$$k_c = \frac{1-e^{-\lambda}}{2} \tag{7.7}$$

よりも大きければ，λ が有限の値をとる限り，$\lambda > 0$ であっても $\Lambda < 0$ となり，二つのカオス素子の完全同期状態は必ず線形安定となる．

この臨界結合強度 k_c を境に，$k > k_c$ ではカオス同期が生じ，$k < k_c$ では生じないので，$k = k_c$ がカオス同期の転移点となる．もちろんこれは線形安定性に基づく局所的な議論であり，一般の初期条件に対しては $\Lambda < 0$ であっても同期状態ではない状況に至ることもあり得る．なお，図 7.1 のロジスティック写像の例では，$a = 3.99$ のときのカオス素子のリアプノフ指数は $\lambda \simeq 0.638$ であり，カオス同期転移点は $k_c \simeq 0.236$ となる．したがって，$k = 0.25$ では完全同期状態が線形安定となっており，これが実際に観察されている．

上記の結果は，より高次元の場合や連続時間力学系にも拡張される．一般に，二つの同じ性質を持つ素子からなる拡散結合力学系の相空間中には，両素子が完全同期した状況に対応する不変多様体（**同期多様体**, synchronization manifold と呼ばれる）が存在する．完全同期状態の線形安定性は，この多様体上にあるカオス的なアトラクタについて平均した横断リアプノフ指数によって特徴づけられる．結合強度が臨界値よりも小さくなると，横断リアプノフ指数は負から正となり，状態点が多様体から離れる方向に不安定化して完全同期状態が破れる．これは **blowout 分岐**として知られる[13)~15)]．

また，blowout 分岐が生じる前に，多様体上のカオス的アトラクタに埋め込まれた不安定周期軌道について平均した横断リアプノフ指数が正となり，そのような軌道上においてのみ多様体から離れる方向に系が不安定化する状況が生じることも知られており，**bubbling 転移**と呼ばれる．この bubbling 転移と blowout 分岐の間では，典型的なカオス軌道について完全同期状態が線形安定であっても，例えばノイズの影響によって系の状態が偶然そのような不安定周期軌道に近づくと，二つの素子の状態差が一時的に拡大され，完全同期状態が一時的に破れるすような現象が生じる[13)~15)]．

7.2.2 オンオフ間欠性

前項と同じ $a = 3.99$ の結合ロジスティック写像系で，$k = 0.2355$ としたと

きの状態差 z_n の時間発展を**図 7.2** に示す．この値は $k_c \simeq 0.236$ よりも少し小さく，完全同期状態は僅かに線形不安定であるが，z_n は長時間にわたって 0 に近い小さな値をとっており，二つの素子は完全同期に近い状態にある（ラミナー状態と呼ばれる）．この完全同期に近い状態は，時折生じる大きな脱同期のバーストに中断されたあと，再び完全同期に近い状態に戻り，これを繰り返す．

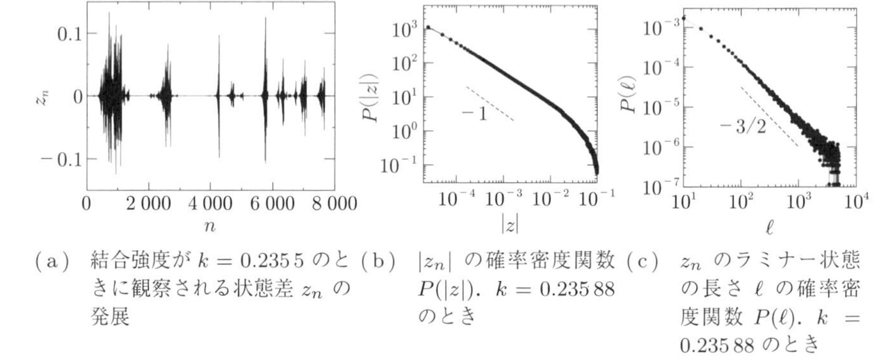

(a) 結合強度が $k = 0.235\,5$ のときに観察される状態差 z_n の発展

(b) $|z_n|$ の確率密度関数 $P(|z|)$．$k = 0.235\,88$ のとき

(c) z_n のラミナー状態の長さ ℓ の確率密度関数 $P(\ell)$．$k = 0.235\,88$ のとき

図 7.2　結合ロジスティック写像のオンオフ間欠性

このように，結合強度 k が臨界結合強度 k_c よりも僅かに小さいときは，状態差のダイナミクスに**オンオフ間欠性**（on-off intermittency）と呼ばれる特徴的な挙動が見られる．これは，カオス同期の分岐点近傍で軌道拡大率の揺らぎによって生じる普遍的な現象であり，藤坂と山田によって発見された[16]．なお，オンオフ間欠性は Platt らの論文[17] に基づく名称であり，藤坂と山田の元の論文[18)~20] では「カオス変調による間欠性」という，より現象を適切に表す言葉が用いられていた．

状態差 z_n の間欠的な挙動は，式 (7.3) において z_n が変数 x_n のカオス的な運動によってランダムに拡大縮小されることによって生じる．これを調べるために，臨界結合強度 $k = k_c$ 近傍での状態差の大きさ $|z_n|$ の変化を確率モデルを用いて考えよう．状態差の対数を $q_n = \ln |z_n|$ と置くと，式 (7.3) より

$$q_{n+1} = q_n + \ln |f'(x_n)| + \ln(1 - 2k) \tag{7.8}$$

が得られる．ここで，$f'(x_n)$ は時刻 n における微小な状態差 z_n の拡大率であ

り，$\ln|f'(x_n)|$ を**瞬間リアプノフ指数**と呼ぶことにする．変数 x_n はカオス的に振る舞うため，$\ln|f'(x_n)|$ もカオス的に変動し，その平均は式 (7.6) のリアプノフ指数 λ で与えられる．これを $\ln|f'(x_n)|$ から差し引いて

$$\eta_n = \ln|f'(x_n)| - \lambda \tag{7.9}$$

と置くと，η_n の平均は 0 となる．また，η_n の分散を

$$D = \lim_{n\to\infty} \frac{1}{n} \left\{ \sum_{j=0}^{n-1} \eta_n \right\}^2 \tag{7.10}$$

と置く．更に横断リアプノフ指数 $\Lambda = \ln(1-2k) + \lambda$ を用いると，式 (7.8) は

$$q_{n+1} = q_n + \eta_n + \Lambda \tag{7.11}$$

となる．ここで, 本来は x_n のカオス的な運動により作られる η_n を, 平均 $\bar{\eta} = 0$, 分散 D のガウス乱数と近似して確率モデル化することにより，式 (7.11) をノイズを受けつつドリフトする離散時間ランダムウォークと考えることができる(瞬間リアプノフ指数の和に関する大偏差原理を用いたより一般的な議論もされている[21])．

結合強度 k が k_c より少し小さいところでは，ドリフト定数 Λ は小さな正の値となり，q_n はノイズにより増減しつつ，平均的にはゆっくりと増加する．状態差の大きさは $|z_n| = \exp(q_n)$ なので，q_n のランダムウォークによる小さな増減が $|z_n|$ の大幅な増減に変換され，これが間欠的な時系列として観察される．なお，$\Lambda > 0$ なので $|z_n|$ は平均的には拡大していくが，$|z_n|$ が大きくなると写像の非線形性が効いて再び値の小さな領域に投入される．このような仕組みにより，臨界結合強度の近傍で状態差の間欠的な時系列が定常的に持続する．

式 (7.11) の確率モデルの解析により[14),16),18)〜21)]，$|z_n|$ が小さな値をとるラミナー状態の長さ ℓ が $P(\ell) \sim \ell^{-3/2}$ というベキ分布に従うことや，$|z_n|$ の定常確率密度 $P(|z|)$ が，$P(|z|) \sim |z|^{-1+2\Lambda/D}$ のようにべき的にふるまうことなどが示される．ラミナー状態の長さ分布は，式 (7.11) よりウィーナー過程の初通

過時間の分布と関係づけられ，よく知られた指数 $-3/2$ が現れる．また，$|z_n|$ がベキ的に分布するのは，その対数である q_n が式 (7.11) に従い，これが適当な境界条件の下で指数分布を定常状態に持つことによる．ベキ分布の指数は瞬間リアプノフ指数の性質により決まり，$k = k_c$ では $\Lambda = 0$ なので -1 となる（係数がランダムに変化する乗法過程がベキ分布を生成することはよく知られている[22)]）．図 7.2(b)，(c) に，カオス同期転移点 $k_c \simeq 0.236$ に近い $k = 0.235\,88$ の結合ロジスティック写像系のベキ分布を数値計算したものを示す．

なお，ここでは完全に同じ性質を持つ二つのカオス素子系のみを考えたが，二つのカオス素子の性質が微妙に違う場合や，それぞれに独立にノイズが加わっている場合なども解析されている．そのような場合，不均一性やノイズがなければ，完全同期状態が線形安定である $k > k_c$ においても，k_c 近傍では先述の bubbling による間欠的な状態差のバースト，つまり同期の一時的な破れが生じ，これは noisy オンオフ間欠性と呼ばれる．実際の系には必ずパラメータの微妙な差異やノイズが存在するので，不均一性の影響は重要である．

7.2.3　連続時間力学系の結合カオス素子の完全同期

常微分方程式により表される二つのカオス素子の拡散結合系においても，写像の場合と同様にカオス完全同期が生じる．以下のモデルを考えよう．

$$\left.\begin{aligned}\frac{d\boldsymbol{x}}{dt} &= \boldsymbol{F}(\boldsymbol{x}) + \mathrm{K}(\boldsymbol{y} - \boldsymbol{x}) \\ \frac{d\boldsymbol{y}}{dt} &= \boldsymbol{F}(\boldsymbol{y}) + \mathrm{K}(\boldsymbol{x} - \boldsymbol{y})\end{aligned}\right\} \tag{7.12}$$

ここで，m 次元ベクトル $\boldsymbol{x}(t)$，$\boldsymbol{y}(t)$ は各素子の状態，$\boldsymbol{F}$ はダイナミクスで，各成分間の結合強度を対角行列 $\mathrm{K} = \mathrm{diag}(k_1, k_2, \ldots, k_m)$ で表す．写像系の場合と同様に，完全同期状態 $\boldsymbol{x}(t) = \boldsymbol{y}(t)$ は常にこれらの方程式を満たしている．

完全同期状態の線形安定性を調べるために，二つのカオス素子の状態差 $\boldsymbol{z}(t) = \boldsymbol{y}(t) - \boldsymbol{x}(t)$ に注目する．二つの素子の状態が完全同期状態の十分近傍におり，$|\boldsymbol{z}|$ が小さいとして $\boldsymbol{z}$ の 2 次以上の項を落とすと，式 (7.12) より

$$\frac{d\boldsymbol{z}}{dt} = [\mathrm{J}(\boldsymbol{x}(t)) - 2\mathrm{K}]\boldsymbol{z} \tag{7.13}$$

という線形化方程式が得られる．ここで $\mathrm{J}(\boldsymbol{x}(t))$ はベクトル場 $\boldsymbol{F}$ の $\boldsymbol{x} = \boldsymbol{x}(t)$ におけるヤコビ行列である．状態点 $\boldsymbol{x}(t)$ はカオス軌道上を運動するので，行列 $\mathrm{J}(\boldsymbol{x}(t))$ の各成分もカオス的に変動する．状態差の初期条件を $\boldsymbol{z}(0)$，時刻 t での状態差を $\boldsymbol{z}(t)$ とすると，ほとんどの一般的な初期条件 $\boldsymbol{z}(0)$ に対して

$$\Lambda = \lim_{t\to\infty} \frac{1}{t} \ln \frac{\|\boldsymbol{z}(t)\|}{\|\boldsymbol{z}(0)\|} \tag{7.14}$$

は系の**最大横断リアプノフ指数**を与え，写像系の場合と同様に，$\Lambda < 0$ であれば微小な状態差は縮小するので，カオス同期状態は線形安定となる．

特に，k を共通の結合強度，I を単位行列として，結合強度行列が $\mathrm{K} = k\mathrm{I}$ という単純な形で与えられる場合には，$\tilde{\boldsymbol{z}}(t) = e^{2kt}\boldsymbol{z}(t)$ とおけば

$$\frac{d}{dt}\tilde{\boldsymbol{z}}(t) = 2k\tilde{\boldsymbol{z}}(t) + e^{2kt}\frac{d}{dt}\boldsymbol{z}(t) = \mathrm{J}(\boldsymbol{x}(t))\tilde{\boldsymbol{z}}(t) \tag{7.15}$$

と表されるので，$\tilde{\boldsymbol{z}}(0) = \boldsymbol{z}(0)$ に対して

$$\lambda = \lim_{t\to\infty} \frac{1}{t} \ln \frac{\|\tilde{\boldsymbol{z}}(t)\|}{\|\tilde{\boldsymbol{z}}(0)\|} \tag{7.16}$$

はカオス軌道 $\boldsymbol{x}(t)$ の通常の最大リアプノフ指数を与え，これを用いて

$$\Lambda = \lambda - 2k \tag{7.17}$$

となる．よって，$\mathrm{K} = k\mathrm{I}$ の場合には，結合強度 k を大きくすれば必ず最大横断リアプノフ指数は $\Lambda < 0$ を満たし，完全同期状態が安定化される．

図 7.3 に，レスラー振動子の完全同期現象の数値例を示す．二つのレスラー振動子の変数を $\boldsymbol{x} = (x_1, y_1, z_1)$ と $\boldsymbol{y} = (x_2, y_2, z_2)$ とする．ダイナミクスは $\boldsymbol{F}(x, y, z) = (-y - z, x + ay, b + xz - cz)$ で与えられ，パラメータは系が典型的なカオス軌道を示す $a = 0.2$, $b = 0.2$, $c = 5.7$ にとる．結合強度は $k = 0.06$ とする．図 (a) は，二つのレスラー振動子の x 成分 x_1, x_2 が同期していく様子を示しており，図 (b) は，それらの差分 $x_1 - x_2$ が 0 に近づく様子を示してい

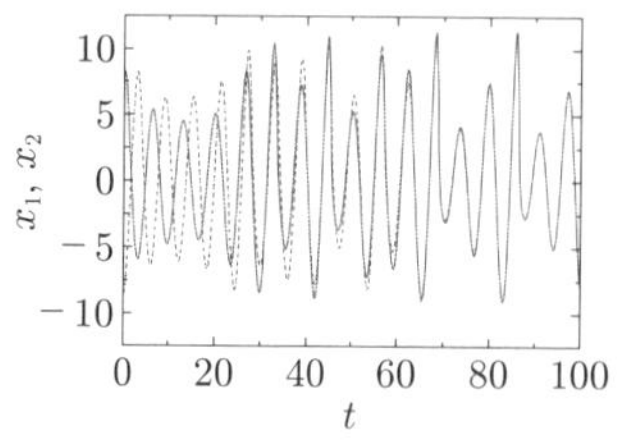

（a） 結合強度が $k = 0.06$ のときの二つのレスラー振動子の x 成分 x_1 と x_2 の時間発展

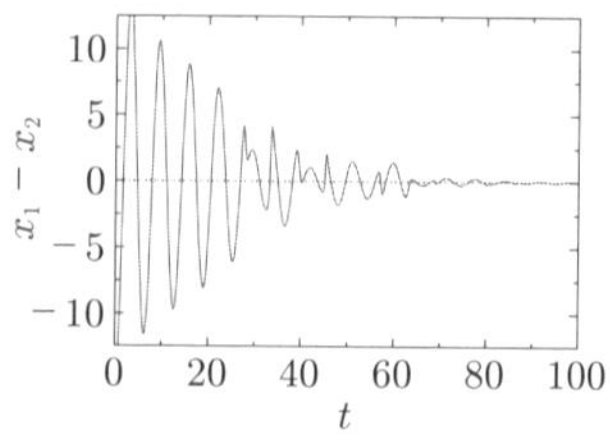

（b） $x_1 - x_2$ の時間発展

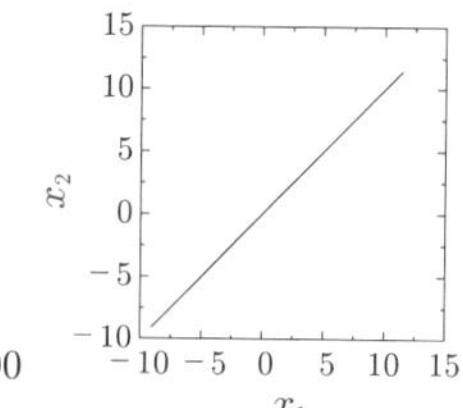

（c） 完全同期状態に達したあとの x_1 と x_2 の軌跡

図 7.3　結合レスラー振動子の完全同期現象

る．図 (c) は，十分に時間が経ったあとの (x_1, x_2) の軌跡を平面上に示したもので，完全同期しているため対角線上のみを運動している．

この場合にも，写像の場合と同様に，完全同期の臨界結合強度に近く，最大横断リアプノフ指数 Λ がゼロに近い状況では，瞬間リアプノフ指数の揺らぎにより，状態差のオンオフ間欠的なダイナミクスが引き起こされる．状態差の時系列の統計的性質についても，やはり写像の場合と同様のベキ則が成立する．

7.3　信号の置換えによる二つのカオス素子の同期

7.3.1　信号の置換えによる完全同期現象

ペコラとキャロルは 1990 年の論文において[2)] 信号の置き換えによるカオス同期を提案した．n 次元実ベクトル $\boldsymbol{x}(t)$ を状態変数とするカオス力学系

$$\frac{d\boldsymbol{x}}{dt} = \boldsymbol{F}(\boldsymbol{x}) \tag{7.18}$$

について，$\boldsymbol{x}$ を m 次元ベクトル $\boldsymbol{y}$ と $n-m$ 次元ベクトル $\boldsymbol{z}$ に $\boldsymbol{x} = (\boldsymbol{y}, \boldsymbol{z})$ と分離して，それぞれの部分系のダイナミクスを

$$\frac{d\boldsymbol{y}}{dt} = \boldsymbol{G}(\boldsymbol{y}, \boldsymbol{z}), \quad \frac{d\boldsymbol{z}}{dt} = \boldsymbol{H}(\boldsymbol{y}, \boldsymbol{z}) \tag{7.19}$$

と表す．$\boldsymbol{G}, \boldsymbol{H}$ はそれぞれ m 次元，$n-m$ 次元のベクトル関数である．この第

2 式の $\boldsymbol{z}$ で表される部分系を系 A とする．また，系 A と同じ方程式に従うが，$\boldsymbol{y}$ に対応する変数については式 (7.19) により生成される $\boldsymbol{y}(t)$ で置き換えた

$$\frac{d\boldsymbol{z}'}{dt} = \boldsymbol{H}(\boldsymbol{y}, \boldsymbol{z}') \tag{7.20}$$

に従う系 B を考える．ここで，$\boldsymbol{z}'(t)$ は $n-m$ 次元の状態ベクトルである．

このとき，系 A の状態 $\boldsymbol{z}(t)$ と系 B の状態 $\boldsymbol{z}'(t)$ の差を $\boldsymbol{w}(t) = \boldsymbol{z}'(t) - \boldsymbol{z}(t)$ とすると，状態差 $\boldsymbol{w}(t)$ のダイナミクスは

$$\frac{d\boldsymbol{w}}{dt} = \boldsymbol{H}(\boldsymbol{y}, \boldsymbol{z}+\boldsymbol{w}) - \boldsymbol{H}(\boldsymbol{y}, \boldsymbol{z}) \tag{7.21}$$

に従い，両系の完全同期状態 $\boldsymbol{w} = 0$ はその解となっている．この完全同期状態の線形安定性を調べるために，上式を $\boldsymbol{w} = 0$ の近傍で線形化すると

$$\frac{d\boldsymbol{w}}{dt} = \mathrm{J}_{Hz}(\boldsymbol{y}, \boldsymbol{z})\boldsymbol{w} \tag{7.22}$$

という方程式が得られる．ここで，$\mathrm{J}_{Hz}(\boldsymbol{y}, \boldsymbol{z})$ は行列要素が $(\mathrm{J}_{Hz})_{ij} = \partial H_i/\partial z_j$ である $\boldsymbol{H}(\boldsymbol{y}, \boldsymbol{z})$ の $\boldsymbol{z}$ に関するヤコビ行列である．この式から計算される式

$$\Lambda = \lim_{t\to\infty} \frac{1}{t} \ln \frac{\|\boldsymbol{w}(t)\|}{\|\boldsymbol{w}(0)\|} \tag{7.23}$$

は，外力 $\boldsymbol{y}(t)$ による駆動下でのリアプノフ指数という意味で，**条件付きリアプノフ指数**（conditional Lyapunov exponent）などと呼ばれる．前節の横断リアプノフ指数と同様に，この値が負なら微小な $\boldsymbol{w}(t)$ は 0 に漸近するので，系 A と系 B の完全同期状態 $\boldsymbol{z}(t) = \boldsymbol{z}'(t)$ は線形安定となる．

ペコラとキャロルは，ローレンツ系及びレスラー系の数値計算，更に，カオス的な挙動を示す電気回路を用いた実験により，条件付きリアプノフ指数が負のときに実際に系 A と B がカオス同期することを示した．彼らの論文は大きな注目を集め，その後，非常に多くの研究がなされた．

7.3.2　リアプノフ関数による大域的な安定性解析と秘匿通信のアイデア

Cuomo と Oppenheim は，1993 年の論文[4] で，ペコラとキャロルの調べた

カオス同期現象を秘匿通信に用いることを提案した．彼らは，ローレンツ系について，完全同期状態の線形安定性解析を行うだけではなく，リアプノフ関数を用いて大域的な安定性を示し，カオス秘匿通信の簡単なアイデアを提案した．

ローレンツ系の状態変数を $\boldsymbol{x} = (x, y, z)$ としよう．これを式 (7.19) のように変数 x と変数 (y, z) の部分系に分けると，それらは

$$\frac{dx}{dt} = \sigma(y - x) \tag{7.24}$$

$$\frac{dy}{dt} = rx - y - xz, \quad \frac{dz}{dt} = xy - bz \tag{7.25}$$

に従い，式 (7.25) が系 A に対応する．また，系 A と同じ方程式に従い，変数 x については式 (7.24) の $x(t)$ で置き換えた系 B の状態変数を (y', z') として

$$\frac{dy'}{dt} = rx - y' - xz', \quad \frac{dz'}{dt} = xy' - bz' \tag{7.26}$$

に従うとする．なお，パラメータは 3 章と同様に $\sigma > 0, r > 0, b > 0$ とする．

式 (7.21) より，系 A と B の状態差 $(v, w) = (y' - y, z' - z)$ は

$$\left.\begin{aligned} \frac{dv}{dt} &= \frac{dy'}{dt} - \frac{dy}{dt} = -v - xw \\ \frac{dw}{dt} &= \frac{dz'}{dt} - \frac{dz}{dt} = xv - bw \end{aligned}\right\} \tag{7.27}$$

に従う．ここで，状態差の 2 乗 $L = v^2 + w^2$ で同期誤差を特徴付けると

$$\frac{dL}{dt} = v\frac{dv}{dt} + w\frac{dw}{dt} = -v^2 - bw^2 \leqq 0 \tag{7.28}$$

となり，L は系のダイナミクスとともに単調に減少するので，系の**リアプノフ関数**となっている．よって，状態差 (v, w) は任意の初期条件に対して $t \to \infty$ で 0 に収束し，系 A と B は完全同期する．**図 7.4**(a) に，この信号を置き換える方法で結合させたローレンツ系の部分系 A，B 間の同期現象の数値計算例を示す．同期誤差が 0 に減衰し，完全同期していることがわかる．

次に，Cuomo と Oppenheim は，系 A を含むカオス素子を送信側，系 B を受信側と考え，実用的なものではないことを強調しつつ，カオス同期の秘匿通

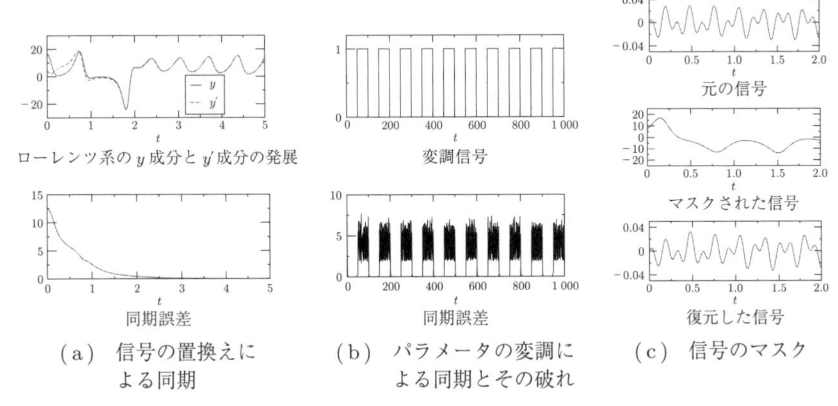

図 7.4 カオス同期と秘匿通信への応用のアイデア

信への応用のアイデアを二つ提案した．最初の手法では，送信側のカオス素子のパラメータを 0 と 1 に対応する 2 値のいずれかをとるように変調する．受信側の素子の対応するパラメータはどちらかの値に固定しておくと，両者のパラメータが一致していれば送信側の素子の出力と受信側の素子の出力が同期し，違っていれば同期しない．これにより，両者の同期誤差を測定することで，入力信号を検出できるというものである．入力信号 0 と 1 に応じて送信側のローレンツ系のパラメータ b を 8/3 と 12/3 の 2 値に変調させたときの同期誤差を数値計算した例を図 (b) に示す．入力の変調とともに送信側と受信側の素子が同期と脱同期を繰り返す様子がわかる．

次の手法では，両素子のパラメータは一致させておいて，送信側のカオス素子の出力 $x(t)$ に送信したい微弱な信号 $s(t)$ を加えて，マスクされた信号 $S(t) = x(t) + s(t)$ を送信し，$x(t)$ の代わりに $S(t)$ を駆動信号として受信側の素子を駆動する．このとき，信号 $s(t)$ が十分に小さければ，送信側と受信側の素子はほぼ同期するものと期待される．送信側の素子の $x(t)$ に対応する受信側の素子の出力を $x'(t)$ とすると，同期が生じれば $x'(t) \simeq x(t)$ となる．したがって，この $x'(t)$ を受信した $S(t)$ より差し引けば，もとの信号が $S(t) - x'(t)$ により復元できる．両者のパラメータを知らない者にとっては，マスクされた信号 $S(t)$ はカオス的に変動しているので，微弱信号 $s(t)$ は検出しづらいものと期待される．図 (c) に，同期したローレンツ系を用いて信号をマスクした数値計算の例を示す．信号 $s(t)$ が十分に弱く，系のダイナミクスに大きな影響を与えない高周波数帯にある場合には，元の $s(t)$ をある程度復元できている．

Cuomo と Oppenheim は，オペアンプによってローレンツ系を模した回路を用いて信号の置換えによるカオス同期現象と上記の二つの秘匿通信のアイデアを実験的に実現した．なお，ここで述べた方法は秘匿通信に用いるには脆弱すぎることも知られており，その後もさまざまな仕組みが提案されている．

7.4　カオス素子の一般化同期と共通ノイズ同期

7.4.1　カオス素子の一般化同期

Rulkov らは 1995 年の論文で，異なるタイプのカオス素子の間にも，それらの状態変数間に一定の関数関係があるという意味で同期が生じうることを示し，これを**一般化同期現象**と呼んだ[7]．また，Kocarev と Parlitz は一般化同期が生じるための条件を示した[23]．以下で議論するように，一般化同期の考え方は，前節の信号の置き換えによる同期現象と通じる部分がある．

異なる性質を持つ二つのカオス素子の一方向性結合系を考えよう．

$$\frac{d\boldsymbol{x}}{dt} = \boldsymbol{F}(\boldsymbol{x}), \quad \frac{d\boldsymbol{y}}{dt} = \boldsymbol{G}(\boldsymbol{y}, \boldsymbol{h}(\boldsymbol{x})) \tag{7.29}$$

ここで，$\boldsymbol{x}(t)$ は n 次元状態ベクトル，$\boldsymbol{y}(t)$ は m 次元状態ベクトルで，$\boldsymbol{F}, \boldsymbol{G}$ は各カオス素子のダイナミクスを表し，第 1 式で表されるドライブ系が第 2 式で表されるレスポンス系を関数 $\boldsymbol{h}$ を介して駆動するドライブ–レスポンス配置となっている．

二つの力学系の性質が異なる場合，両者の状態が一致して $\boldsymbol{y}(t) = \boldsymbol{x}(t)$ となる通常の完全同期は起こり得ない．しかし，初期緩和が終わったあとの定常的なカオス状態において，変数 $\boldsymbol{x}(t)$ と $\boldsymbol{y}(t)$ の間に何らかの一定の関数関係

$$\boldsymbol{y}(t) = \boldsymbol{\Phi}(\boldsymbol{x}(t)) \tag{7.30}$$

が生じることはあり得る．これは一般化同期と呼ばれ，式 (7.30) を満たす $(\boldsymbol{x}, \boldsymbol{y})$ のなす集合 M は同期多様体と呼ばれる．

例として，Kocarev と Parlitz はレスラー系に駆動されるローレンツ系を扱っている．レスラー系は，状態変数を $\boldsymbol{x} = (x_1, x_2, x_3)$ として標準的な形

$$\left.\begin{aligned} \frac{dx_1}{dt} &= x_2 - x_3 \\ \frac{dx_2}{dt} &= x_1 + 0.2x_2 \\ \frac{dx_3}{dt} &= 0.2 + x_1x_3 - 5.7x_3 \end{aligned}\right\} \tag{7.31}$$

に従うとする．また，ローレンツ系は，状態変数を $\boldsymbol{y} = (y_1, y_2, y_3)$ として，y_2, y_3 の式において本来は y_1 となる部分をレスラー系からの信号 $h(t)$ で置き換えた

$$\left.\begin{aligned} \frac{dy_1}{dt} &= 10(y_2 - y_1) \\ \frac{dy_2}{dt} &= 28h(t) - y_2 - h(t)y_3 \\ \frac{dy_3}{dt} &= h(t)y_2 - \frac{8}{3}y_3 \end{aligned}\right\} \tag{7.32}$$

に従うとする．ここで，$h(t) = h(x_1(t), x_2(t), x_3(t))$ は $x_1(t)$, $x_2(t)$, $x_3(t)$ の任意のスカラー関数である．

図 7.5 に $h(t) = x_1(t) + x_2(t) + x_3(t)$ としたときの数値計算例を示す．図 (a)〜(d) は結合がなく同期していない場合，図 (e)〜(h) は結合があり一般化同期している場合で，図 (a)，(e) はレスラー系の (x_1, x_2) を，図 (b)，(f) はローレンツ系の (y_1, y_2) を示す．また，図 (c)，(g) はレスラー系の x_1 とローレンツ系の y_1 の軌跡を (x_1, y_1) 平面に示しており，図 (d)，(h) は二つのローレンツ系の変数 y_1 と y_1' を (y_1, y_1') 平面に示している．図 (e)，(f) を見ただけでは，結合がある場合にローレンツ系の軌道の形状が若干変わるという程度のことしかわからず，同期の有無の判定は難しいが，図 (g) を結合のない場合の図 (c) と比べると，x_1 と y_1 に何らかの非自明な関係が生じていることがわかり，一般化同期の発生が示唆される．図 (h) では，後述する補助システムの手法により，レスラー系に駆動される二つのローレンツ系の間に同期が生じることを用いて

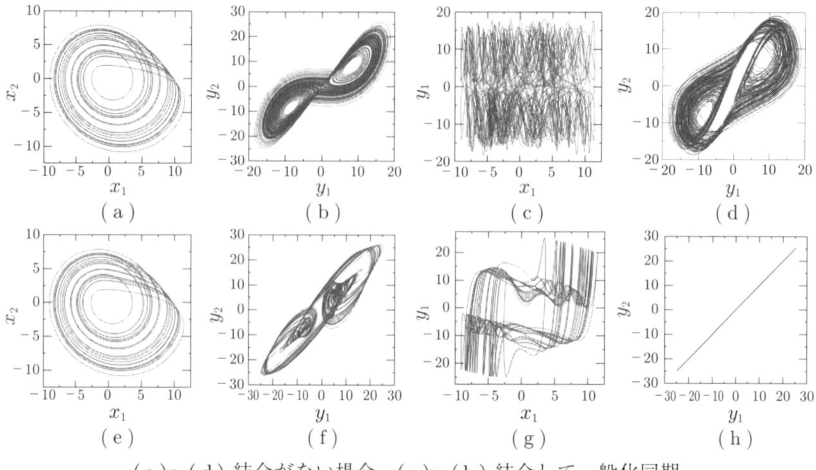

(a)~(d) 結合がない場合．(e)~(h) 結合して一般化同期している場合．(a)，(e) レスラー系の変数 (x_1, x_2) の軌跡．(b)，(f) ローレンツ系の変数 (y_1, y_1) の軌跡．(c)，(g) 両系の変数 (x_1, y_1) の軌跡．(d)，(h) ローレンツ系を二つ考えた場合の変数 (y_1, y_1') の軌跡．

図 7.5　レスラー系に駆動されるローレンツ系の一般化同期

レスラー系とローレンツ系の間の一般化同期を検出している．

7.4.2　一般化同期の生じる条件

Kocarev と Parlitz[23) は，一般化同期の生じる必要十分条件は，駆動される素子が $\lim_{t\to\infty} |\boldsymbol{y}(t;\boldsymbol{x}_0,\boldsymbol{y}_0) - \boldsymbol{y}(t;\boldsymbol{x}_0,\boldsymbol{y}_0')| = 0$ を満たすという意味で漸近安定であることを示した．ここで，$(\boldsymbol{x}_0, \boldsymbol{y}_0)$ と $(\boldsymbol{x}_0, \boldsymbol{y}_0')$ は $t \to \infty$ で同期多様体 M に漸近する両カオス素子の任意の二つの初期条件である．この条件は，長時間後の状態 $\boldsymbol{y}$ が $\boldsymbol{x}$ の初期値 $\boldsymbol{x}_0$ のみで決まり，$\boldsymbol{y}$ の初期値には依存しなくなることを意味している．このとき，$\boldsymbol{x}$ を初期値 $\boldsymbol{x}_0$ から時間の逆方向に $-\tau$ 時間発展させた状態を $\tilde{\boldsymbol{x}}_0$ として，$(\tilde{\boldsymbol{x}}_0, \boldsymbol{y}_0)$ から時間の順方向に $\boldsymbol{y}$ を τ 時間発展させた点を $\tilde{\boldsymbol{y}}$ とすると，上記の漸近安性の条件より $\tau \to \infty$ で $\tilde{\boldsymbol{y}}$ は $\boldsymbol{x}_0$ のみの関数となり，これを $\boldsymbol{\Phi}(\boldsymbol{x}_0) = \tilde{\boldsymbol{y}}$ と定義したものが同期多様体を与える．

レスラー系に駆動されるローレンツ系の漸近安定性を示すために，状態点

$\boldsymbol{y} = (y_1, y_2, y_3)$ に加えて，異なる初期値から出発するもう一つの状態点 $\boldsymbol{y}' = (y'_1, y'_2, y'_3)$ を考え，二つの状態点 $\boldsymbol{y}$ と $\boldsymbol{y}'$ の成分間の差を

$$e_1 = y_1 - y'_1, \quad e_2 = y_2 - y'_2, \quad e_3 = y_3 - y'_3 \tag{7.33}$$

とすると，それらのダイナミクスは

$$\left.\begin{aligned} \frac{de_1}{dt} &= -10(e_1 - e_2) \\ \frac{de_2}{dt} &= -e_2 - u(t)e_3 \\ \frac{de_3}{dt} &= u(t)e_2 - \frac{8}{3}e_3 \end{aligned}\right\} \tag{7.34}$$

に従う．

ここで，二つのローレンツ系の同期誤差として

$$L = \frac{1}{2}\left(\frac{e_1^2}{10} + e_2^2 + e_3^2\right) \tag{7.35}$$

という量を考えると，これはリアプノフ関数となっており

$$\begin{aligned} \frac{dL}{dt} &= \frac{1}{10}e_1\frac{de_1}{dt} + e_2\frac{de_2}{dt} + e_3\frac{de_3}{dt} \\ &= -\left(e_1 - \frac{e_2}{2}\right)^2 - \frac{3}{4}e_2^2 - \frac{8}{3}e_3^2 \leqq 0 \end{aligned} \tag{7.36}$$

を満たす．したがって，状態差は $t \to \infty$ で $e_1 = e_2 = e_3 = 0$ に漸近し，$\boldsymbol{y}$ と $\boldsymbol{y}'$ は初期条件によらず同じ状態に収束する．よって，駆動されるローレンツ系は漸近安定で，駆動するレスラー系との間に一般化同期が生じる．

7.4.3 一般化同期の検出法

二つのカオス素子間に一般化同期が生じていても，それらの関数関係 $\boldsymbol{y} = \boldsymbol{\Phi}(\boldsymbol{x})$ が単純ではない場合には，同期の検出は簡単ではない．Abarbanel らは，一般化同期の検出法として，駆動されているカオス素子と同じ性質を持つもう一つのカオス素子を考えて，それらが同期を示すかどうかを調べることによって，一般化同期を検出する**補助システムの方法**を考案した[8)]．

駆動するカオス素子の状態 $\boldsymbol{x}(t)$ に一般化同期しているカオス素子の状態を $\hat{\boldsymbol{y}}(t) = \boldsymbol{\Phi}(\boldsymbol{x}(t))$ として，その線形安定性を調べたい．そのために，同じカオス素子の状態 $\boldsymbol{x}(t)$ に駆動される二つの同じ性質を持つカオス素子の状態を $\boldsymbol{y}(t)$ と $\boldsymbol{y}'(t)$ として，それぞれ次式に従うとする．

$$\frac{d\boldsymbol{x}}{dt} = \boldsymbol{F}(\boldsymbol{x}), \quad \frac{d\boldsymbol{y}}{dt} = \boldsymbol{G}(\boldsymbol{y}, \boldsymbol{h}(\boldsymbol{x})), \quad \frac{d\boldsymbol{y}'}{dt} = \boldsymbol{G}(\boldsymbol{y}', \boldsymbol{h}(\boldsymbol{x})) \tag{7.37}$$

また，状態 $\hat{\boldsymbol{y}}(t)$ と $\boldsymbol{y}(t)$，$\hat{\boldsymbol{y}}(t)$ と $\boldsymbol{y}'(t)$，$\boldsymbol{y}(t)$ と $\boldsymbol{y}'(t)$ の間の状態差をそれぞれ

$$\left.\begin{aligned} \boldsymbol{z}(t) &= \boldsymbol{y}(t) - \hat{\boldsymbol{y}}(t) \\ \boldsymbol{z}'(t) &= \boldsymbol{y}'(t) - \hat{\boldsymbol{y}}(t) \\ \boldsymbol{w}(t) &= \boldsymbol{y}(t) - \boldsymbol{y}'(t) \end{aligned}\right\} \tag{7.38}$$

とする．これらの状態差が小さいとして線形化すると，$\boldsymbol{z}(t)$ と $\boldsymbol{z}'(t)$ の従う式は

$$\frac{d\boldsymbol{z}}{dt} = \mathrm{J}_{Gy}(\hat{\boldsymbol{y}}(t), \boldsymbol{h}(\boldsymbol{x}))\boldsymbol{z}, \quad \frac{d\boldsymbol{z}'}{dt} = \mathrm{J}_{Gy}(\hat{\boldsymbol{y}}(t), \boldsymbol{h}(\boldsymbol{x}))\boldsymbol{z}' \tag{7.39}$$

となる．ここで，$\mathrm{J}_{Gy}(\hat{\boldsymbol{y}}, \boldsymbol{h}(\boldsymbol{x}))$ は $\boldsymbol{G}(\boldsymbol{y}, \boldsymbol{h}(\boldsymbol{x}))$ の $\boldsymbol{y} = \hat{\boldsymbol{y}}$ でのヤコビ行列である．また，$\boldsymbol{y}(t)$ と $\boldsymbol{y}'(t)$ の状態差 $\boldsymbol{w}(t)$ も，$\boldsymbol{w}(t) = \boldsymbol{z}(t) - \boldsymbol{z}'(t)$ と表されるので

$$\frac{d\boldsymbol{w}}{dt} = \mathrm{J}_{Gy}(\hat{\boldsymbol{y}}(t), \boldsymbol{h}(\boldsymbol{x}))\boldsymbol{w} \tag{7.40}$$

という線形化方程式に従う．いずれの式でもヤコビ行列 $\mathrm{J}_{Gy}(\hat{\boldsymbol{y}}, \boldsymbol{h}(\boldsymbol{x}))$ が共通であることに注意すると，一般化同期状態 $\hat{\boldsymbol{y}}(t) = \boldsymbol{\Phi}(\boldsymbol{x}(t))$ の線形安定性と，駆動される二つのカオス素子間の完全同期状態 $\boldsymbol{y}(t) = \boldsymbol{y}'(t)$ の線形安定性が等価であることがわかる．したがって，駆動されるカオス素子間の完全同期状態の線形安定性が確認できれば，一般化同期状態も線形安定となる．実際，図 7.5 ではレスラー系に駆動される二つのローレンツ系が完全同期しており，このことからレスラー系とローレンツ系の間には一般化同期が生じていることがわかる．

なお，上記の検出法を用いず，カーネル正準相関解析を用いて一般化同期を直接的に検出する方法が，末谷，伊庭と合原によって考案されている[24]．

7.4.4 カオス素子の共通ノイズ同期

前章でリミットサイクル振動子の共通ノイズ同期現象について述べたが，カオス素子に共通ノイズを与えた場合にも同期現象が生じることがある．カオス素子の共通ノイズ同期現象は，共通の入力に駆動される二つの同じ性質を持つ系の同期を議論するという意味で，前項の一般化同期の検出法と似ている．ただし，入力信号はノイズであるため，入力と出力の間に単純な関数関係があるわけではない．カオス素子の共通ノイズ同期現象の研究は多数行われてきており，例えば内田，McAllister と Roy は，カオス的なレーザにランダム信号の同一の時系列を繰り返し入力すると毎回同様の出力信号が得られることを実験的に示し，これを consistency と呼んだ[25]．

数理モデルとして，例えば Toral らは，共通ノイズに駆動されるカオス写像系

$$x_{n+1} = f(x_n) + \xi_n, \quad y_{n+1} = f(y_n) + \xi_n \tag{7.41}$$

を考えた[9]．ここで，x_n, y_n は二つの素子の状態変数で，f はカオス写像，ξ_n は両素子に共通に与えられるノイズである．この系は，x_n と y_n が異なる初期条件から出発しても，やがて同期状態に至る場合がある．例として，カオス的な写像 $f(x) = 6e^{-x^2} - 0.5$ に従う二つの素子に共通の一様乱数を与えた場合の数値計算結果を**図 7.6** に示す．共通ノイズの影響により，異なる初期条件から出発した二つの素子の状態が同期していることがわかる．同様に，共通ノイズに駆動される連続時間力学系で記述された二つのカオス素子系

$$\frac{d\boldsymbol{x}}{dt} = \boldsymbol{F}(\boldsymbol{x}) + \boldsymbol{\xi}(t), \quad \frac{d\boldsymbol{y}}{dt} = \boldsymbol{F}(\boldsymbol{y}) + \boldsymbol{\xi}(t) \tag{7.42}$$

においても，共通ノイズ同期現象が生じることがある．ここで，$\boldsymbol{F}$ はカオス的なダイナミクスを，$\boldsymbol{\xi}(t)$ は両者に共通に与えられるノイズを表す．

このような共通ノイズ同期現象が生じるのは，与えられた共通ノイズの効果により素子の状態の相空間における分布が変化して，二つの素子の微小な状態差が縮小する瞬間リアプノフ指数が負の領域により長時間滞在するようになり，同期状態が安定化されるためである．写像の場合を考え，二つの素子の状態差

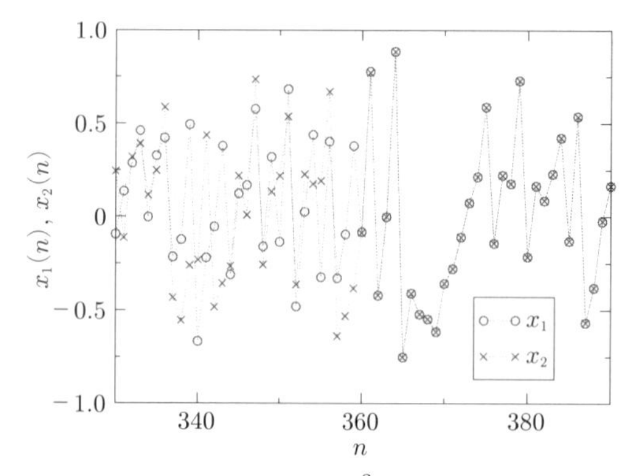

（a）カオス写像 $f(x) = 6e^{-x^2} - 0.5$ に従って発展する結合のない二つの変数 x_1, x_2 が，共通ノイズ（$[-0.41, +0.41]$ の一様乱数）の効果によって同期する様子

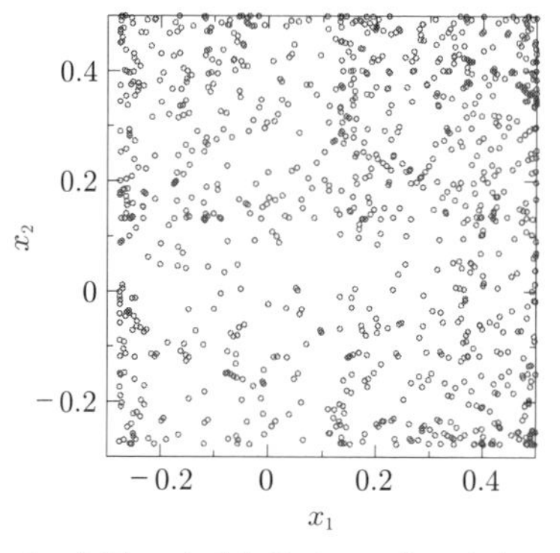

（b）共通ノイズを受けていないときの (x_1, x_2) 平面上の軌跡．x_1, x_2 は互いに無関係に平面上を運動

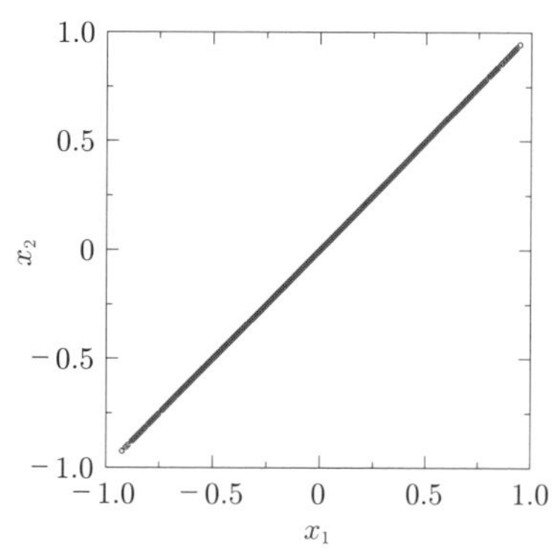

（c）共通ノイズを与えたときの (x_1, x_2) 平面上の軌跡．x_1 と x_2 が同期して対角線 $x_1 = x_2$ を運動

図 7.6　共通ノイズによるカオス素子間の同期

を $z_n = y_n - x_n$ とすると，微小な z_n について線形化した方程式は

$$z_{n+1} = f'(x_n) z_n \tag{7.43}$$

となる．ここで，$f(y_n) - f(x_n) \simeq f'(x_n) z_n$ と近似した．したがって，状態差は

$$z_n = \left(\prod_{k=0}^{n-1} f'(x_k) \right) z_0 \tag{7.44}$$

と発展し，その大きさの指数関数的な増大率であるリアプノフ指数は

$$\lambda = \lim_{n\to\infty} \frac{1}{n} \ln \left| \frac{z_n}{z_0} \right| = \lim_{n\to\infty} \frac{1}{n} \left\{ \sum_{k=0}^{n-1} \ln |f'(x_k)| \right\}$$
$$= \int \ln |f'(x_k)| \rho(x) dx \qquad (7.45)$$

のように表される．最後の式では，素子の状態変数 x の不変密度を $\rho(x)$ として，長時間平均を $\rho(x)$ による平均で置き換えた．

上式の λ の表式は通常のカオス素子のリアプノフ指数と同じ形であり，正となるように見えるが，ノイズを受けているときの変数 x の不変密度 $\rho(x)$ の形状は，ノイズを受けていないときの自然な不変密度とは異なることに注意が必要である．一般に，カオス力学系の相空間内には局所的（瞬間的）なリアプノフ指数 $\ln |f'(x)|$ が正となる点も負となる点もあるが，ノイズを受けていないカオス素子においては，それらをアトラクタ上の不変密度 $\rho(x)$ で平均すると正となっているため，平均的に小さな初期条件の差が拡大する．しかし，ノイズを受けたカオス素子においては，$\ln |f'(x)|$ が負となる領域に状態が滞在する確率が上がることがあり，その結果としてリアプノフ指数が負となり得るのである．

なお，不変密度 $\rho(x)$ はノイズ ξ_n の効果も考えたフロベニウス–ペロン方程式の定常解で与えらえるが，ノイズの影響による分布の変化は系によってさまざまであり，どのような場合に共通ノイズ同期現象が起こるのかを解析的に一般的な形で示すことは困難である．これはノイズが弱いときに位相縮約法によって一般的に議論できたリミットサイクルの場合とは異なる．

7.5 振動性の強いカオス素子の位相同期

7.5.1 レスラー系のカオス位相同期現象

Rosenblum，Pikovsky と Kurths は[6),10),21)]，強い周期性を持つ連続時間力学系のカオス素子の結合系では，二つの素子の状態が完全に一致する完全同期だけでなく，素子の状態が，相空間の「振幅」方向にはカオス的に振る舞って

いるのに，適当に定義した「位相」は二つの素子間で近い値をとる**カオス位相同期現象**が生じうることを発見した．Rosenblum らは，次式で与えられる二つのカオス的なレスラー系が x 成分を介して拡散的に結合する系を考えた．

$$\left.\begin{array}{ll}\dfrac{dx_1}{dt} = -\omega_1 y_1 - z_1 + k(x_2 - x_1) & \dfrac{dx_2}{dt} = -\omega_2 y_2 - z_2 + k(x_1 - x_2) \\ \dfrac{dy_1}{dt} = \omega_1 x_1 + 0.15 y_1 & \dfrac{dy_2}{dt} = \omega_2 x_2 + 0.15 y_2 \\ \dfrac{dz_1}{dt} = 0.2 + z_1(x_1 - 10) & \dfrac{dz_2}{dt} = 0.2 + z_2(x_2 - 10)\end{array}\right\} \tag{7.46}$$

ここで，k は振動子間の結合強度であり，それぞれのレスラー系は変数変換によって $\omega_{1,2} = 1 \pm \Delta\omega$ 程度の自然振動数を持つようにしてある．パラメータ $\Delta\omega \geqq 0$ は二つのレスラー系の大体の自然振動数の差を表す．

安定な周期軌道を持たないカオス素子に対して位相を適切に定義するのは難しいが，Rosenblum らは，レスラー系の状態変数 (x, y, z) の xy 平面への射影が原点の周りをほぼ一様の振動数で回転することから（3 章），単に原点から見た状態点の角度を用いて，それぞれのカオス素子の位相と振幅を

$$\phi_i = \arctan\frac{y_i}{x_i}, \quad A_i = \sqrt{x_i^2 + y_i^2} \quad (i = 1, 2) \tag{7.47}$$

と定義し，これらが実際にカオス位相同期の検出に使えることを示した．

図 7.7 に結合レスラー系の式 (7.46) の数値計算例を示す．上の定義を用いて測定した素子の位相を ϕ_1, ϕ_2 とする．図 (a) は自然振動数の差を $\Delta\omega = 0.015$ としたときの素子間の位相差 $\phi_1 - \phi_2$ の時間発展を，いくつかの結合強度 k の値について示している（図では回転数も積算している）．結合強度 k が十分小さいときには二つの素子は同期しておらず，位相差はスリップしつつ時間 t に比例して増大する．このとき，実際に測定した二つの素子間の振動数差は $\Delta\Omega > 0$ となる．結合強度が $k = 0.03$ になると，位相差はほぼ一定となり，二つの素子は位相同期する．図 (b) は $k = 0.03$ での振幅 A_1 と A_2 の軌跡を示しており，位相は同期しているのに振幅は一致しておらず，カオス的に運動し続けている

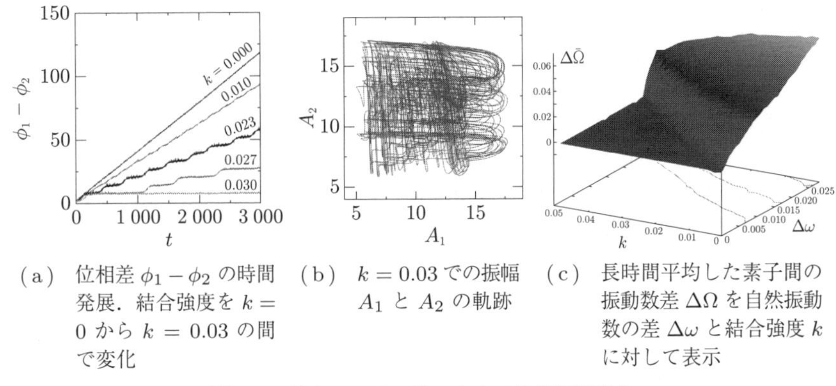

(a)　位相差 $\phi_1 - \phi_2$ の時間発展．結合強度を $k = 0$ から $k = 0.03$ の間で変化

(b)　$k = 0.03$ での振幅 A_1 と A_2 の軌跡

(c)　長時間平均した素子間の振動数差 $\Delta\Omega$ を自然振動数の差 $\Delta\omega$ と結合強度 k に対して表示

図 7.7　結合レスラー系のカオス位相同期現象

ことがわかる．図 (c) は振動数差 $\Delta\Omega$ の実測値を自然振動数の差 $\Delta\omega$ と結合強度 k に対してプロットしたもので，k が $\Delta\omega$ によって決まる臨界値よりも大きければ，カオス位相同期が起きて，ほぼ $\Delta\Omega = 0$ となっている．

Rosenblum らは，結合系のリアプノフ指数の結合強度 k に対する依存性を測定して，カオス位相同期が生じたところで，それまで正であった指数の一つが 0 となることを示している．また，結合レスラー系の式 (7.46) において，結合強度 k を更に増加させると，一方の素子の状態を時間シフトさせたものがもう一方の素子の状態とほぼ等しくなる lag synchronization と呼ばれる状態に至ることも示している（$\omega_1 = \omega_2$ ならば完全同期状態に至る）[10]．そのほか，同様の位相の定義を用いて，周期外力を与えたレスラー系のカオス位相引込み現象や，多数の全結合したレスラー系の集団同期転移現象なども調べられている．

7.5.2　振動的な観測信号に対する位相の定義

前項では，レスラー系のアトラクタの形状を考えて，単純に原点から見た状態点の角度を位相に用いたが，Rosenblum らは，より一般に，観測された振動的な実信号 $s(t)$ に対してその振幅と位相を定義する方法として

$$\psi(t) = s(t) + i\tilde{s}(t) = A(t)e^{i\phi(t)} \tag{7.48}$$

という解析的な複素信号を $s(t)$ から作り，その絶対値 $A(t)$ と偏角 $\phi(t)$ を $s(t)$ の瞬間的な振幅と位相とする方法を提案している[21]．ここで，虚部の $\tilde{s}(t)$ は

$$\tilde{s}(t) = \frac{1}{\pi}\mathrm{P.V.}\int_{-\infty}^{\infty}\frac{s(\tau)}{t-\tau}d\tau \tag{7.49}$$

で定義される $s(t)$ のヒルベルト（Hilbert）変換で，P.V. は Cauchy の主値積分

$$\mathrm{P.V.}\int_{-\infty}^{\infty}f(\tau)d\tau = \lim_{\varepsilon\to+0}\left(\int_{-\infty}^{t-\varepsilon}f(\tau)d\tau + \int_{t+\varepsilon}^{\infty}f(\tau)d\tau\right) \tag{7.50}$$

を表す．ヒルベルト変換により，一般に $s(t)$ の各フーリエ成分 $(\omega > 0)$ の位相は $-\pi/2$ 遅れる．例えば，$s(t) = \cos\omega t$ ならば，$\tilde{s}(t) = \sin\omega t$ となり，$\psi(t) = \cos\omega t + i\sin\omega t = e^{i\omega t}$ となって $A(t) = 1$, $\phi(t) = \omega t$ が得られる．

また，振動的な観測信号の位相を求める別の簡便な方法として，信号 $s(t)$ が適切に定義した閾（しきい）値を一定の向きに通過する時刻を T_k $(k = 1, 2, 3, \cdots)$ としたとき，時刻 t での $s(t)$ の位相を，$T_k \leqq t < T_{k+1}$ となる T_k と T_{k+1} を用いて

$$\phi(t) = 2\pi\frac{t-T_k}{T_{k+1}-T_k} \tag{7.51}$$

とすることも多い．この場合，それぞれの区間 $[T_k, T_{k+1}]$ では，測定した位相 $\phi(t)$ が一定の振動数で増加するが，区間の幅が異なるときには振動数も変化することになる．この定義も実験データの解析によく用いられる．

これらの位相の定義はいずれも経験的なもので，5 章でリミットサイクル振動子に対して定義した位相のように力学的に明確な意味を持つものではなく，例えば，これらを用いてカオス素子の位相応答関数などをきちんと定義することはできない．振動性の強いカオス素子に対して，力学的に適切な意味で位相を定義し，位相縮約法を確立することは，現時点では未解決の課題である．

一方，位相の測定方法と同期の検出方法は，カオス素子の結合系の位相同期現象の解析にとどまらず，生体などから測定したさまざまな周期的信号の解析に広く使われており，例えば呼吸のリズムと心臓の拍動の同期[26),27)]や，脳波の異なる周波数帯の成分間の同期など[28)]，各種の興味深い同期現象が発見されている．そのようなデータ処理の際には，上記の方法で測定した位相を更に非

線形変換して，統計的には一定の振動数で増加するような位相を導入することが行われる．例えば，揺らぎの大きな振動データから，位相の相互作用を推定する場合には，そのような変換により精度が向上することが知られている[29]．

7.6　ネットワークを介して拡散結合するカオス素子系の完全同期と MSF

ペコラとキャロルは，一般のネットワークを介して同一のカオス素子が拡散的に結合した系における完全同期状態の線形安定性解析を一般的に行った．藤坂と山田の研究でも複数のカオス素子が拡散的に最近接結合や大域結合している場合は調べられていたが，ペコラとキャロル[5]は Master Stability Function (MSF) という関数を導入し，完全同期状態の線形安定性を，MSF とネットワークのラプラシアン固有値によって一般的に表現できることを示した（なお，藤坂と山田の原論文[1]でも，1983 年の段階で一般のネットワーク結合を念頭にシンプルな場合のみを扱っており，先見性に驚かされる）．これにより，素子のダイナミクスとネットワーク構造を切り離して個別に議論できることが示され，同期状態の安定性を高めるようなネットワーク構造の探索などが盛んに行われた．詳しくは Boccaletti のレビュー[30]などを参照されたい．以下，MSF に基づく完全同期状態の線形安定性解析を，連結した無向ネットワークの場合に限って議論しよう．

N 個のノード $\{1, 2, \ldots, N\}$ からなる無向ネットワークを考え，その対称な隣接行列を $A_{ij} (= A_{ji})$ とする．4 章で述べたように，ネットワーク上の拡散過程を表すラプラシアン行列は $L_{ij} = k_i \delta_{ij} - A_{ij}$ と定義される．ここで，$k_i = \sum_{j=1}^{N} A_{ij}$ はノード i の次数である．なお，以下の議論では，隣接行列の定義を拡張して，各成分 A_{ij} がノード i, j 間のリンクの有無を表す 0 か 1 の値だけではなく，ノード i, j 間の結合の重みを表す 0 以上の実数値をとり，また k_i をノード i とほかのノード間の結合の重みの総和と解釈して，$L_{ij} = k_i \delta_{ij} - A_{ij}$ を重みのある一般化されたラプラシアン行列と考えてもかまわない．そのように拡張しても，ネットワークが連結で A_{ij} が対称行列ならば，4 章で述べた固有値や固有ベクトルに関する主要な性質は成立する．

以下，ラプラシアン行列の固有値を $\Lambda^{(1)} = 0 < \Lambda^{(2)} \leqq \ldots \leqq \Lambda^{(N)}$，対応する固有ベクトルを $\boldsymbol{\phi}^{(\alpha)} = (\phi_1^{(\alpha)}, \phi_2^{(\alpha)}, \ldots, \phi_N^{(\alpha)})$ $(\alpha = 1, \ldots, N)$ とする．$\Lambda^{(1)} = 0$ に対応する固有ベクトルは $\boldsymbol{\phi}^{(1)} = (1, \ldots, 1)/\sqrt{N}$ で，ネットワーク上の一様モードを表す．各固有ベクトルは $\sum_{i=1}^{N} \phi_i^{(\alpha)} \phi_i^{(\beta)} = \delta_{\alpha,\beta}$ のように正規直交化しておく．

同じ性質を持つ N 個のカオス素子がネットワークの各ノード上にあり，ラプラシアン行列 L_{ij} を通じて拡散結合するネットワーク結合力学系

$$\frac{d\boldsymbol{x}_i}{dt} = \boldsymbol{F}(\boldsymbol{x}_i) - \sigma \sum_{j=1}^{N} L_{ij} \boldsymbol{H}(\boldsymbol{x}_i) \quad (i = 1, \ldots, N) \tag{7.52}$$

を考えよう．ここで，m 次元実ベクトル $\boldsymbol{x}_i$ は i 番目の素子の状態，$\boldsymbol{F}$ は素子のダイナミクス，$\boldsymbol{H}$ は素子の出力関数，$\sigma \geqq 0$ は結合強度を表す．素子のダイナミクスはカオス的なものを念頭においているが，リミットサイクル振動子や安定固定点に向かうダイナミクスを持つものでもかまわない．

定義よりラプラシアン行列は $\sum_{j=1}^{N} L_{ij} = 0$ を満たすので，二つの素子の拡散結合系の場合と同様に，全ての素子が同一のダイナミクス $\boldsymbol{x}^{(0)}(t)$ を示す完全同期状態 $\boldsymbol{x}_i(t) = \boldsymbol{x}^{(0)}(t)$ $(i = 1, \ldots, N)$ は常に式 (7.52) の解となることがわかる．このとき，式 (7.52) の右辺第 2 項は消え，各素子の運動は結合がない場合と一致する．これは，全系の $N \times m$ 次元の相空間の中にある m 次元の同期多様体上を全系の状態が運動している状況に対応する．

この完全同期状態の線形安定性を解析するために，各素子の状態 $\boldsymbol{x}_i$ $(i = 1, 2, \ldots, N)$ に小さな摂動 $\boldsymbol{y}_i$ を与え，その時間発展を考えよう．$\boldsymbol{x}_i(t) = \boldsymbol{x}^{(0)}(t) + \boldsymbol{y}_i(t)$ を式 (7.52) に代入し，$\boldsymbol{y}_i$ について線形化すると

$$\frac{d\boldsymbol{y}_i}{dt} = \mathrm{J}_F(\boldsymbol{x}^{(0)}(t))\boldsymbol{y}_i - \sigma \sum_{j=1}^{N} L_{ij} \mathrm{J}_H(\boldsymbol{x}^{(0)}(t))\boldsymbol{y}_i \tag{7.53}$$

が得られる．ここで $\mathrm{J}_F(\boldsymbol{x}^{(0)}(t))$ と $\mathrm{J}_H(\boldsymbol{x}^{(0)}(t))$ は，それぞれ完全同期解 $\boldsymbol{x}_i(t) = \boldsymbol{x}^{(0)}(t)$ 上で評価した $\boldsymbol{F}$ と $\boldsymbol{H}$ のヤコビ行列である．

式 (7.53) を解析するため，ラプラシアン固有ベクトルを使って摂動を

$$\boldsymbol{y}_i(t) = \sum_{\alpha=1}^{N} \boldsymbol{c}^{(\alpha)}(t)\phi_i^{(\alpha)} \tag{7.54}$$

と展開する．ここで，m 次元ベクトル $\boldsymbol{c}^{(\alpha)}$ は展開係数である．式 (7.53) に代入してラプラシアン固有ベクトルの直交性を使うと，各モード $\phi_i^{(\alpha)}$ の係数 $\boldsymbol{c}^{(\alpha)}$ は

$$\frac{d\boldsymbol{c}^{(\alpha)}}{dt} = \left[\mathrm{J}_F(\boldsymbol{x}^{(0)}(t)) - \sigma\Lambda^{(\alpha)}\mathrm{J}_H(\boldsymbol{x}^{(0)}(t))\right]\boldsymbol{c}^{(\alpha)} \tag{7.55}$$

という形の線形な方程式に従う．ここで，系の結合強度とラプラシアン行列の固有値が $\sigma\Lambda^{(\alpha)}$ という組み合わせで現れたことに注意しよう．そこで，この値を実数 ν ($\nu \geqq 0$) で表すことにして，一般の m 次元ベクトル $\boldsymbol{c}$ に対して

$$\frac{d\boldsymbol{c}}{dt} = \left[\mathrm{J}_F(\boldsymbol{x}^{(0)}(t)) - \nu\mathrm{J}_H(\boldsymbol{x}^{(0)}(t))\right]\boldsymbol{c} \tag{7.56}$$

という線形方程式を考える．これは，二つの拡散結合したカオス素子系の完全同期状態の線形安定性解析で現れた式 (7.13) と同様のものであり，その長時間挙動は，$\lambda(\nu)$ を線形化方程式 (7.56) より決まる最大リアプノフ指数とすると

$$|\boldsymbol{c}(t)| \simeq |\boldsymbol{c}(0)| \exp[\lambda(\nu)t] \tag{7.57}$$

となる．この $\lambda(\nu)$ が **Master Stability Function**（MSF）と呼ばれるもので，パラメータ $\nu \geqq 0$ の関数である．ν を変化させたときに $\lambda(\nu)$ が正となれば，式 (7.52) の完全同期解は不安定化する可能性がある．このように，MSF は二つのカオス素子の横断リアプノフ指数を一般化したものとなっている．

なお，$\nu = 0$（あるいは $\Lambda^{(1)} = 0$ となる $\alpha = 1$）での MSF $\lambda(0)$ の値は，結合のない単一の素子の最大リアプノフ指数そのものであり，素子がカオス的なら正，リミットサイクル振動子なら 0，安定固定点に向かうタイプのものなら

負となる．一般の $\nu > 0$ での $\lambda(\nu)$ の挙動は，素子の出力関数 $\boldsymbol{H}$ によって決まる．考えている素子と出力関数に対して MSF $\lambda(\nu)$ の関数形を計算しておけば，ネットワークが与えられたときに，そのラプラシアン行列の固有値 $\Lambda^{(\alpha)}$ を計算して，$\alpha = 2, 3, \ldots, N$ のそれぞれの値について $\nu = \sigma\Lambda^{(\alpha)}$ に対する $\lambda(\nu)$ の正負を調べることにより，式 (7.52) の完全同期状態の線形安定性がわかる．このように，素子のダイナミクスとネットワークの構造と分けて議論できる．

Boccaletti らのレビューに従い，$\lambda(0) > 0$ となるカオス素子について，$\lambda(\nu)$ の関数形の典型的なものを三つ挙げ，完全同期状態の安定性を述べよう．

(i) MSF $\lambda(\nu)$ が $\nu \to \infty$ で $\lambda(\nu) < 0$ となる単調減少関数の場合．例えば，出力関数が単に $\boldsymbol{H}(\boldsymbol{x}) = \boldsymbol{x}$ ならば $\lambda(\nu) = \lambda(0) - \nu$ となる．カオス素子では $\lambda(0) > 0$ なので，結合強度 σ が十分に小さければ完全同期解は不安定であるが，σ を $\sigma\Lambda^{(2)} > \nu_c$ となるまで増加させれば，ネットワーク構造にかかわらず完全同期解を線形安定化できる．ここで ν_c は $\lambda(\nu_c) = 0$ となる ν の値である．

(ii) MSF $\lambda(\nu)$ がパラメータ ν の単調増加関数の場合．例えば，$\boldsymbol{H}(\boldsymbol{x}) = -\boldsymbol{x}$ なら $\lambda(\nu) = \lambda(0) + \nu$ である．このときには，ネットワーク構造にかかわらず，いくら結合強度 σ を増加させても完全同期解は不安定なままである．

(iii) MSF $\lambda(\nu)$ が非単調関数で，$\lambda(0) > 0$ でかつ $\nu \to \infty$ でも $\lambda(\nu) > 0$ となり，ある区間 $\nu_a < \nu < \nu_b$ でのみ負の数をとる場合．このとき，2 番目と N 番目のラプラシアン固有値が $\nu_a < \sigma\Lambda^{(2)}$ かつ $\sigma\Lambda^{(N)} < \nu_b$ を満たせば完全同期状態は線形安定である．すなわち，つまり，結合強度 σ が

$$\frac{\nu_a}{\Lambda^{(2)}} < \sigma < \frac{\nu_b}{\Lambda^{(N)}} \tag{7.58}$$

の範囲にあればよい．そのような範囲が存在するためには $\nu_a/\Lambda^{(2)} < \nu_b/\Lambda^{(N)}$，すなわち $\Lambda^{(N)}/\Lambda^{(2)} < \nu_b/\nu_a$ でなければならない．この条件より，ν_a と ν_b が素子と出力関数の性質から与えられたときに，比 $\Lambda^{(N)}/\Lambda^{(2)}$ が取りうる最小値の 1 に近いほど，完全同期解が線形安定となる結合強度 σ の範囲が広いことになる．なお，N 個のノードからなり，i と j が異なれば常に $A_{ij} = 1$ となる大域結合ネットワークのとき，固有値は $\Lambda^{(1)} = 0$ 以外は全て N となり，$\Lambda^{(N)}/\Lambda^{(2)} = 1$

となって最小となる．

図 7.8 に，6 個のレスラー素子系が，4 章の図 4.1(a) に示したネットワークを介して拡散結合しているときの MSF とカオス同期の様子を示す．素子のパラメータは $a = 0.2$, $b = 0.2$, $c = 5.7$ で，ネットワークのラプラシアン固有値 $\Lambda^{(\alpha)}$ $(\alpha = 1, \ldots, 6)$ はそれぞれ 0, 0.66, 1, 2.53, 3, 4.81 となる．各素子は変数 x, y, z のいずれかの成分のみを通じてほかの素子と拡散結合しており，図 7.8(a) はそれぞれの場合の MSF $\lambda(\nu)$ を ν に対してプロットしたものである．例えば，変数の x 成分を介して結合させた場合は，上記の (iii) の状況となっている．したがって，x 成分のみを拡散結合させたとき，$\sigma = 0.8$ であれば，MSF が負となる領域に全ての $\sigma\Lambda^{(\alpha)}$ が入っているため（図中の × 印），完全同期状態は線形安定となる．このときの $x_i - x_1$ $(i = 2, \ldots, 6)$ の時間発展を図 (b) に示す．異なる初期値から出発した 6 個の素子が完全同期して，各 $x_i - x_1$ が 0 に収束することがわかる．一方，結合強度を少し大きな $\sigma = 1.0$ にすると，一番大きな固有値 $\Lambda^{(6)}$ は MSF が負となる範囲に入らず，完全同期状態は不安定となる．図 (c) に，この状況で僅かに異なる初期値条件から出発した素子の軌道が大きく外れていく様子を示す．

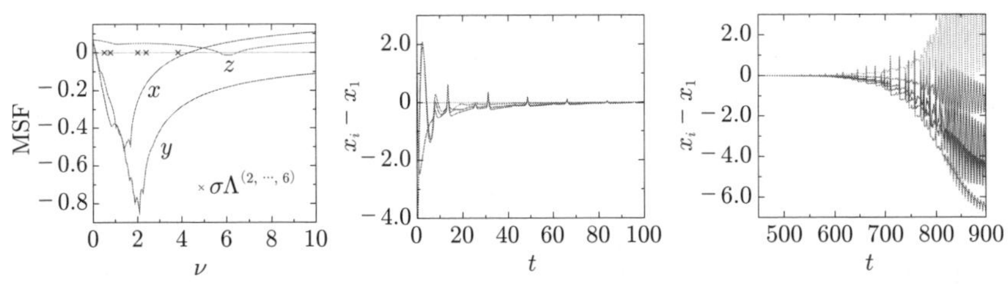

(a) 変数 x, y, z のいずれかのみが拡散結合している場合の MSF

(b) $\sigma = 0.8$ のときに線形安定な完全同期状態に至る様子．$x_i - x_1$ を素子 $i = 2, \ldots, 6$ についてプロット

(c) $\sigma = 1.0$ のときに，完全同期の不安定化する様子．$x_i - x_1$ を素子 $i = 2, \ldots, 6$ についてプロット

図 7.8 ネットワークを通じて拡散結合する 6 個のレスラー素子系のカオス同期．パラメータは $a = 0.2$, $b = 0.2$, $c = 5.7$

なお，ペコラとキャロルの原論文では，一般の有向ネットワークも考えられていたため，隣接行列 A_{ij} は一般に非対称で，そのラプラシアン固有値は複素数となる．したがって，対称な A_{ij} に対する議論では実数 ν の関数であったMSFは，複素数 ν の関数となる．

ペコラとキャロルの論文以降，MSF によるネットワーク結合したカオス素子系の完全同期状態解析は大きな注目を集め，多くの研究がなされてきている．特に，素子の性質に小さなばらつきがある場合についても，Sun，Bollt と西川などによって解析されている[31)]．その結果によると，結合されたカオス素子の性質に差異がある場合，完全同期状態は生じないが，素子の性質が十分に近く，結合が十分に強ければ，素子間の状態差は小さな値に留まることが，MSF の議論を拡張することによって示されている．また，近年では電力ネットワークの同期現象[32),33)] に大きな興味が持たれており，同期状態を安定性を向上させるようなネットワークの構造などについて盛んに議論されている．

章　末　問　題

【1】 式 (7.1) の形で拡散結合した二つの非対称なテント写像 $f(x) = x/p$ $(0 \leqq x < p), (1-x)/(1-p)$ $(p \leqq x \leqq 1)$ を考え，カオス同期の臨界結合強度 k_c を求めよ．ここで，$0 \leqq p \leqq 1$ である．また，実際に $k > k_c$ でカオス同期が生じること，k が k_c より僅かに小さいときに状態差のオンオフ間欠性が生じることを数値計算により示せ．オンオフ間欠性はちょうど対称なテント写像となる $p = 1/2$ では観察されないが，なぜか．

【2】 式 (7.42) の例として共通ノイズに駆動される二つのローレンツ系を考え，x, y, z 成分に共通ノイズを与えた際に同期現象が生じるかどうかを数値計算により調べよ．

【3】 カオス的なローレンツ系について，x, y, z 成分のいずれかのみを結合させたとき，つまり，結合関数を $H(\boldsymbol{x}) = (x, 0, 0)$, $(0, y, 0)$, $(0, 0, z)$ のいずれかとした場合の MSF $\lambda(\nu)$ を式 (7.56) より数値計算せよ．

第8章 カオスと通信

カオス特有の特徴を応用することによって，従来手法では達成できなかった性能が得られるようになることが，さまざまな分野で期待されている．本章では，カオスの通信応用に関する研究を紹介する．

一つ目は，カオスを利用したディジタル変調技術である．ここでは，7 章のカオス同期現象を応用した通信方法を紹介する．同じパラメータを用いた場合のみに同期するため，秘匿通信などに応用できることが期待されている．また，無線通信システムに実際に応用された例もあり，短距離通信の国際標準規格である IEEE 802.15.4a ではカオス同期現象を利用したオンオフキーイングが採用されている．

二つ目は，カオス写像によって生成した符号を利用する CDMA である．携帯電話のようなシステムでは，多くのユーザの通信を収容しなければならないため，多重化が重要である．CDMA は，符号を用いた多重化技術である．CDMA において多くのユーザの通信を収容するためには，符号間の相互相関を低くして互いの干渉の影響を小さくする必要がある．本章では，CDMA の符号間干渉を最小化する符号の特徴を導出し，そのような符号をカオス写像によって生成する手法を紹介する．

8.1 カオス同期通信

カオス同期現象は，複雑なカオス信号をやり取りする複数のカオス発生器が同期する現象である．この現象を応用し，送信機のカオスと受信機のカオスを同期させることによってディジタル通信を行う手法が提案されている．

8.1.1 ディジタル通信と変調技術

通信や放送の技術は，アナログ方式による音声通話やテレビ放送，ラジオ放送などで広く普及した．しかし，アナログ通信は連続値を扱うため，ノイズの影響を直接受けてしまう．一方，0 または 1 の離散値のみを扱うディジタル通信においては，アナログ通信のようにノイズの影響を直接受けず，一定のノイズ以下であれば送信された 0 または 1 を復調できる．ディジタル通信では，ノイズや干渉の大きさと帯域幅が決まると，伝送容量（ビット速度）の上限が決まることがシャノン（Shannon）の定理で示されている．すなわち，ディジタル通信では，ノイズや干渉の大きさに応じた適切な変調方式を用いることによって，最大限のビット速度で品質の良い通信を実現することが可能となる．現在では，あらゆる情報をディジタル化して通信するディジタル通信が，広く普及している．

ディジタル通信では，0 または 1 などのディジタルなシンボルを送るために，正弦波 $A\cos(2\pi ft+\phi)$ が情報を運ぶ搬送波として用いられてきた．基本的なディジタル変調方式としては

振幅シフトキーイング（amplitude shift keying，**ASK**）
周波数シフトキーイング（frequency shift keying，**FSK**）
位相シフトキーイング（phase shift keying，**PSK**）

が用いられている．

ASK は，正弦波の振幅 A を変化させて，A の大小を 0，1 のシンボルに対応させて通信する．例えば，0 を送信するときは A を大きな値に対応させ，1 を送信するときは A を小さな値に対応させる．FSK は，正弦波の周波数 f を変化させて，周波数の高低を異なるシンボルに対応させて通信する．PSK は，位相 ϕ を変化させて，位相にシンボルを割り当てて情報を乗せる．

高速な通信を実現するためには，多くのシンボルを用いた多値変調が用いられる．例えば PSK においては，二つの位相を用いる BPSK では一つのシンボルで 1 ビット（0 または 1）しか送信できないが，4 種類の位相を用いる 4 位相シフトキーイング（QPSK）では 1 シンボルで 2 ビット (00,01,11,10) を同時に送信でき，

8種類の位相を用いる8PSKでは3ビット(000,001,011,010,110,111,101,100)を同時に送信できる．更に多くの種類のシンボルを送信する非常に高速な通信では，振幅と位相を両方変化させる直交振幅変調（QAM）が用いられている．

このような正弦波 $A\cos(2\pi ft+\phi)$ を用いた通信方式においては，受信機は，送信機の t に同期し，振幅，周波数，位相の変化を読み取ることによって，送信されたシンボルを検出することができる．これまでのディジタル通信方式は，どれも正弦波 $A\cos(2\pi ft+\phi)$ に情報を乗せることが基本であった．

一方，カオス同期通信においては，正弦波ではなく，カオス波形を用いてディジタル情報を送信する．送信機は，送信シンボルに応じて内蔵するカオスシステムを設定し，生成したカオスを送信する．受信機では，受信したカオス信号に内蔵するカオスシステムを同期させ，その同期の仕方によってシンボルを同定する．以下では，カオス同期を用いたディジタル通信方式をいくつか紹介する．

8.1.2 カオス同期を用いたディジタル通信方式

カオスが同期する現象は，ペコラとキャロルの研究[1)]で発表された．カオス同期通信は，カオス同期現象を応用したものであり[2)]，さまざまなディジタル通信方式が提案されている．複雑なカオス信号に乗せて情報を運ぶことにより，秘匿性の高い通信法が実現できることも期待されていた．また，アナログ電子回路やレーザで発生するカオスを用いた具体的な実現法も研究されている．

まず，最も典型的なカオス同期通信を説明する．送信機と受信機は，同じカオスシステム持っていて，パラメータを共有していることが前提となる．送信機は，送信するシンボルによって，カオスシステムに使用するパラメータを変更する．シンボル0を送信するときには受信機と共有しているパラメータを用い，シンボル1を送信するときにはそれとは異なるパラメータを用い，生成したカオス信号を送信する．受信機では，受信したカオス信号を，共有しているパラメータに設定したカオスシステムに入力する．すると，共有したパラメータで生成したシンボル0のカオスを受信したときには，受信機のカオスは送信されたカオス信号に同期する．一方，異なるパラメータで生成したシンボル1

のカオスを受信したときには，受信機のカオスは送信されたカオス信号に同期しない．受信機において，どの程度カオス同期できたか，あるいは，どのカオスに同期できたかを判定することによって，送信されたシンボル（0または1）の同定を行うことができる．

図 **8.1** は，そのようなカオス同期通信方式の例である．送信機の $\boldsymbol{x}$ 及び受信機の $\boldsymbol{y}$ はそれぞれ多次元カオスの変数である．送信機からは，多次元な変数 $\boldsymbol{x}$ のうちの一つの次元の変数を送信することとし，これを $s(\boldsymbol{x})$ とする．$\boldsymbol{k}$ は秘密鍵となる共有パラメータ，α は異なるシンボルを送信するために変化させるパラメータである．送信機からは

$$\frac{d\boldsymbol{x}}{dt} = \boldsymbol{f}(\boldsymbol{x}, s(\boldsymbol{x}), \boldsymbol{k}, \alpha) \tag{8.1}$$

によって関数 $\boldsymbol{f}$ が生成する連続時間のカオス信号が送信される．受信機は，パラメータ α_0，及び，受信する $s(\boldsymbol{x})$ を用いて以下のようにカオスを発生する．

$$\frac{d\boldsymbol{y}}{dt} = \boldsymbol{f}(\boldsymbol{y}, s(\boldsymbol{x}), \boldsymbol{k}, \alpha_0) \tag{8.2}$$

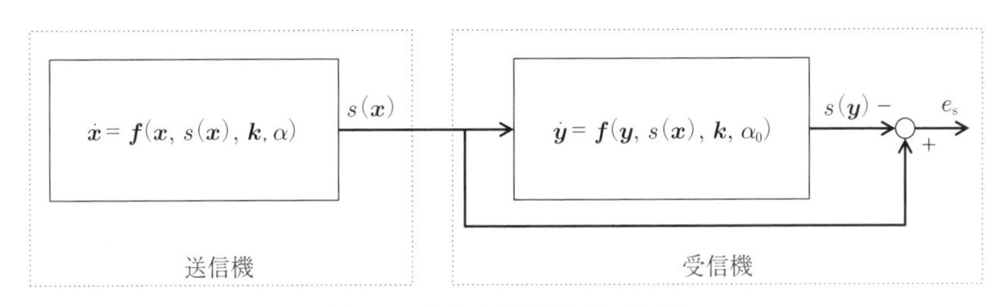

図 **8.1**　カオス同期通信方式の例

受信機のカオス発生器が送信機のカオス発生器と同一であり，かつ，パラメータも全く同一であれば，受信機のカオスは送信されたカオスに同期する．すなわち，送信側がパラメータ α_0 を用いて送信するとき，受信側が同期することとなる．一方，送信側が α_0 とは異なる α_1 をパラメータとして用いた場合には，受信機は受信したカオス信号と同期しない．このように，同期する場合としな

い場合とで，0 または 1 を判定するディジタル通信が可能になる．受信側が送信されたシンボルを同定するには，同期誤差 e_s を判定すればよい．すなわち

$$b = \begin{cases} 0 & e_s = 0 \text{ のとき} \\ 1 & e_s \neq 0 \text{ のとき} \end{cases} \tag{8.3}$$

で判定することにより，ディジタルデータの受信シンボルの同定が可能となる．

8.1.3 二つのカオスを用いたカオスシフトキーイング方式

前項では一つのカオスを用いたカオス同期通信について説明したが，以下では，二つのカオスを用いた**カオスシフトキーイング**（chaos shift keying, **CSK**）を説明する．**図 8.2** にその構成例を示す．ここでは，送信側と受信側がどちらも同じカオスシステム I 及び II を，それぞれ持つことが前提となる．この例は，カオスシステム I をシンボル 0 に対応させ，カオスシステム II をシンボル 1 に対応させたディジタル通信システムとなっている．

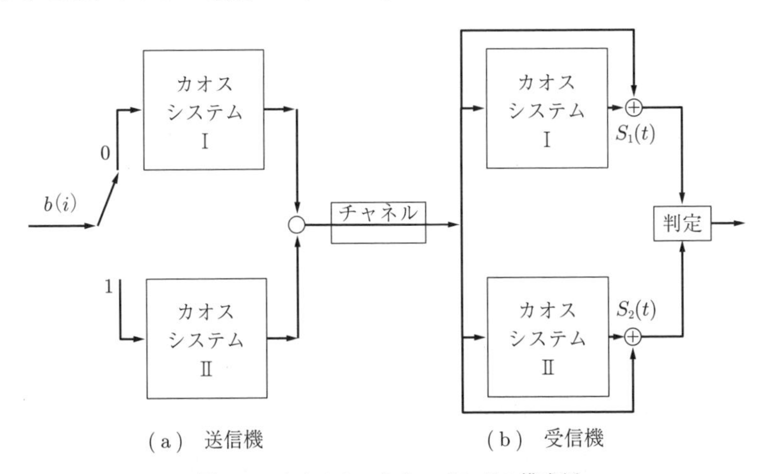

図 8.2 カオスシフトキーイングの構成例

送信機からは，カオスシステム I，あるいは II のいずれかによって生成されたカオスが送信される．受信機においては，受信信号が受信機内のカオスシステム I，及びカオスシステム II に入力される．送信機からカオスシステム I に

よって生成したカオスが送信された場合には，受信機の中のカオスシステム I は同期するが，カオスシステム II は同期しないため，同期したカオスシステム I に対応するシンボルが 0 が送信シンボルであったことを判定できる．一方，カオスシステム II によって生成されたカオスが信号が送信された場合には，受信側ではカオスシステム I が同期せず，カオスシステム II が同期するため，送信シンボルが 1 であったと判定することができる．どちらのシンボルが送信されたかを判定するには，受信信号とそれぞれのカオスシステムが出力する信号との相互相関を計算する．相互相関が高いほうが，受信したシンボルとして判定される．カオスを用いた暗号は，株式会社カオスウェアが開発した VSC 暗号のように商用化されている例もある．必要な演算量が小さいため，高速化できるという利点がある．

8.1.4 DCSK 方式

ここまでのカオス同期通信システムの説明では，伝送路におけるノイズの影響を考慮していない．しかし，実際の通信路においては，さまざまなノイズや干渉の影響が加わってくる．無線通信のように信号の減衰が大きく，ノイズの影響がとても大きな状況においては，カオスシフトキーイングの性能は悪くなってしまう．

カオスシフトキーイングよりもノイズに強い方式として，**DCSK** (differential chaos shift keying) **方式**が提案されている．図 **8.3** に，DCSK 方式のブロック図を示す．

DCSK 方式では，1 シンボルを送信する際の送信信号を，二つのタイムスロットに分けて送信する．一つ目のタイムスロットでは，リファレンスとなるカオス信号を送る．二つ目のスロットにおいて，送信シンボルを送信する．図 8.3 の例では，1 のシンボルを送信する場合には，一つ目のタイムスロットと同じカオスを繰り返す．0 のシンボルを送信する場合には，逆符号にしたカオスを送信する．すなわち，1 のシンボルの場合の送信信号は次式のようになる．

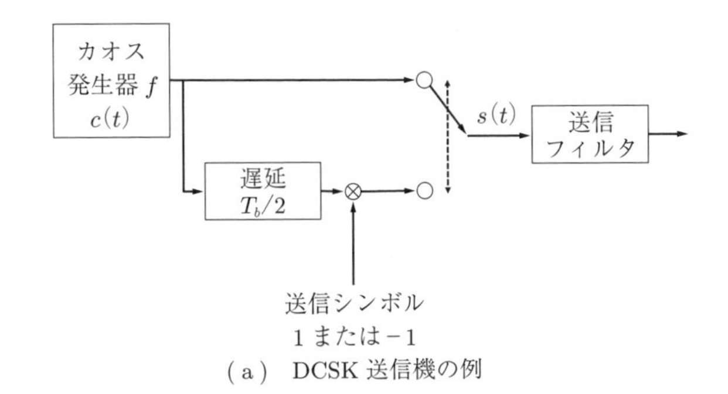

（a） DCSK 送信機の例

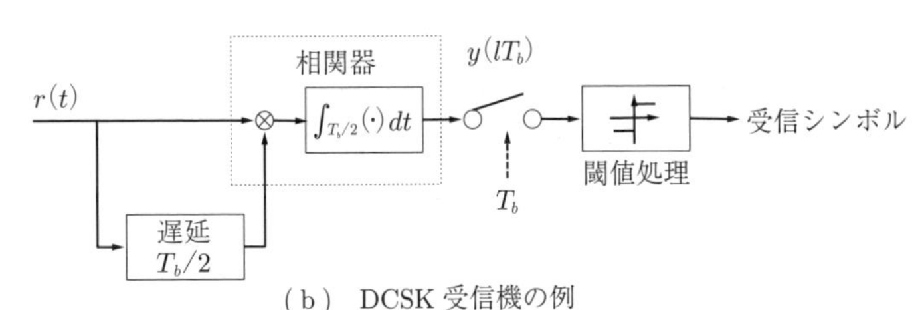

（b） DCSK 受信機の例

図 8.3 DCSK 方式のブロック図

$$s(t) = \begin{cases} c(t) & (l-1)T_b \leqq (l-1/2)T_b \text{ のとき} \\ c(t-T_b/2) & (l-1/2)T_b \leqq lT_b \text{ のとき} \end{cases} \tag{8.4}$$

一方で，0 のシンボルを送信する場合は，以下のように送信することになる．

$$s(t) = \begin{cases} c(t) & (l-1)T_b \leqq (l-1_2)T_b \text{ のとき} \\ -c(t-T_b/2) & (l-1/2)T_b \leqq lT_b \text{ のとき} \end{cases} \tag{8.5}$$

ただし，T_b は 1 タイムスロットの長さであり，$c(t)$ はカオス発生器が出力したカオスである．

受信機では，2 番目のスロットの受信信号と，1 番目のスロットの受信信号との相関をとる．相関が正のときには受信シンボルが 1 であると判定し，相関が負の時にはシンボルが 0 とし判定する．このような方式を用いることによって，前述のカオスシフトキーイング方式よりもノイズに強いカオス通信を実現することができることが示されている．

8.1.5 カオス同期通信の応用例

IEEE における国際標準規格に，カオス同期に基づいた通信方式がオプショナルとして採用されているものがある．IEEE は米国を中心とした国際的な学会として知られているが，イーサネットや無線 LAN などのさまざまな通信規格の国際標準化も行われている．IEEE 802 委員会で策定されているイーサネット規格 IEEE 802.3 や無線 LAN 規格 IEEE 802.11 などは，非常に広く普及しているものであり，インターネットを支える非常に重要な方式となっている．

カオス同期に基づいた通信方式は，IEEE 802.15.4a[3] に採用されている．IEEE 802.15 は，Bluetooth などの Personal Area Network（PAN）の規格を策定しているワーキンググループである．IEEE 802.15.4a は，Ultra Wide Band (UWB) 方式を採用している通信規格である．その中で，Chaotic On–Off Keying（COOK）によるカオスパルスがオプショナルとして採用されている．

8.2 カオスCDMA

携帯電話システムは，広いサービスエリアで，多くの利用者の通信を収容している．1 台の基地局がカバーするエリアをセルといい，各セルの大きさは半径数 km となっている．広いサービスエリアは，多数のセルを 2 次元（面）的に連続に配置することで実現されている．このようなシステムはセルラーシステムと呼ばれており，同じ周波数をセルごとに繰り返し利用することが可能である．移動端末は，位置に応じて接続する基地局を切り換える（ハンドオーバ）ことで，長い距離を移動しても通信を継続することができる．

一つひとつのセルには多数の移動端末が存在するが，携帯電話システムではそれらが同時に通信できるようになっている．複数の移動端末が同じ周波数で同時に送信すると，その信号は互いに干渉しあって受信側の基地局はデータを復調できなくなる．同時に多数の携帯端末からの通信を可能にする通信の多重化が必要となる．

無線通信における多重化の方法としては

周波数分割多重（frequency division multiple access，**FDMA**）

時分割多重（time division multiple access，**TDMA**）

符号分割多重（code division multiple access，**CDMA**）

などが用いられている．FDMAは第一世代，TDMAは第二世代，CDMAは第三世代の携帯電話システムでそれぞれで用いられてきた方式である．CDMAでは，複数の送信機が同時に同じ周波数を利用する．したがって，受信機には複数の送信信号が混ざり合った信号が到達する．この混ざり合った信号から所望の信号を取り出せるように，各送信機は互いに異なる符号（拡散符号）を送信データに掛けて送信する．受信機では，所望のデータの送信に用いられた拡散符号を，受信信号に掛けることで，データを抽出することができる．通信品質のよいCDMAを実現するためには，符号間の相互相関が低い符号を用いればよい．互相関が低ければ，エラーを軽減し，また，収容できる通信の容量も増やすことができる．

CDMAの拡散符号としてカオス写像で生成した時系列を用いることにより，CDMAの性能が向上することが多くの研究によって示されている．本節では，カオスの通信応用の二つ目の例として，カオス写像によって生成した拡散符号を用いるカオスCDMAの有効性と系列の生成法を紹介する．

8.2.1 DS/CDMA方式[4)]

DS/CDMA（direct sequence/code division multiple access）**方式**は，スペクトル拡散技術に基づいており，送信データを拡散符号によって拡散させて通信する方式である．図**8.4**は，DS/CDMA方式の一例である．送信機は，1または-1で示す送信データを拡散符号を用いて拡散して送信する．受信機は，送信側と同じ拡散符号を用いて逆拡散しデータを復調する．多重化する通信には，互いに異なる拡散符号を用いることで，同時に通信することが可能になる．

まず，同期しているCDMAの場合で簡単に確認してみよう．送信機から拡散符号$\boldsymbol{X}$を用いて1が送信された場合において，受信機が受信する信号は，ほかの送信機から拡散符号$\boldsymbol{Y}$を用いて送信された信号も混ざるために

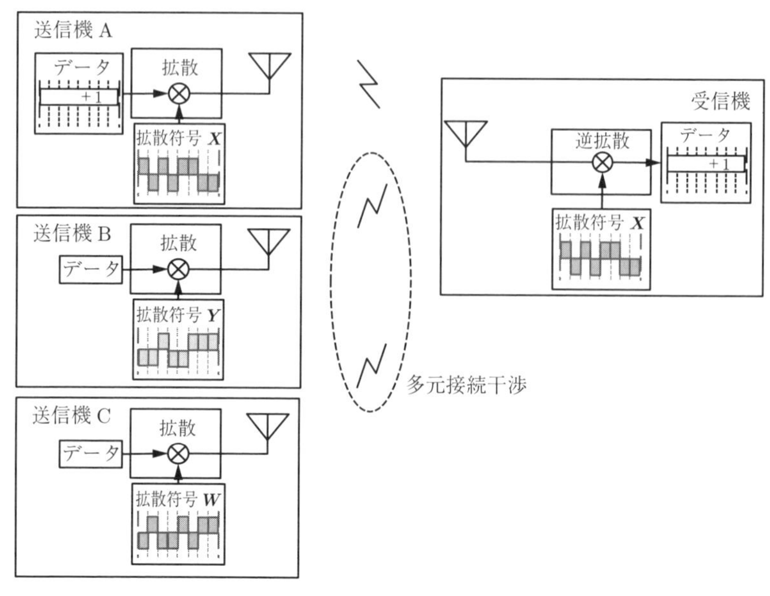

図 **8.4**　DS/CDMA 方式の例

$$R(1, \boldsymbol{X}, \boldsymbol{Y})(n) = (1 \cdot X_n + Y_n) \tag{8.6}$$

となる．この受信信号 $R(1, \boldsymbol{X}, \boldsymbol{Y})(n)$ から，拡散符号 $\boldsymbol{X}$ で送信された信号を抽出するためには，この受信信号に $\boldsymbol{X}$ を掛ければよい．受信側で $\boldsymbol{X}$ の始まりの X_0 の時刻がわかっていて同期できている状況にあるとすると，受信信号に拡散符号を掛けると次のようになる．

$$\begin{aligned} R(1, \boldsymbol{X}, \boldsymbol{Y}) \cdot \boldsymbol{X} &= \sum_{n=0}^{N-1} (1 \cdot X_n + Y_n) X_n \\ &= \underbrace{\sum_{n=0}^{N-1} 1 \cdot X_n X_n}_{\text{（第 1 項）}} + \underbrace{\sum_{n=0}^{N-1} Y_n X_n}_{\text{（第 2 項）}} \end{aligned} \tag{8.7}$$

第 1 項は自己相関関数に対応しており，符号長が N であれば，1 を送信した場合には，第 1 項は N となる．-1 を送信した場合は，第 1 項は $-N$ となる．第 2 項は拡散符号 $\boldsymbol{X}$ と拡散符号 $\boldsymbol{Y}$ の間の相互相関である．この二つの符号 $\boldsymbol{X}$ と $\boldsymbol{Y}$ が直交していれば，相互相関は 0 となる．その場合，受信信号に拡散符号を掛けると，第1項のみが残るので，正負を判定することによって，送信されたデータシンボルを判定することができる．

上記の説明では同期していることを前提したが，実際には受信機は，受信した信号と拡散符号との相関が最も高くなるタイミングを検出して同期をとる必要がある．そのため，符号の自己相関関数は同期する点以外では0に近くなっている必要があり，符号に周期性があるとノイズや干渉によって同期のエラーが起こりやすくなってしまう．すなわち，多くのユーザを収容するためには，ラグ0以外の自己相関は小さく，かつ，符号間の相互相関も小さくなる拡散符号をたくさん用意することが必要となってくる．

このようなCDMAに適した拡散符号の生成に，カオス写像が有効であるという結果が多数報告されている．**図8.5**は，文献5) でCDMAに適用されているカオス写像の例である．これはTailed Shift写像と呼ばれており，この写像を用いて生成した符号がCDMAにおける有効であることが示されている．このほかにも，カオス写像で生成された符号を用いたCDMAの有効性は，複数の研究者によって示されてきた．次項以降では，DS/CDMAにおいて最適な拡散符号を導出し，更にその最適な符号を生成するカオス写像の設計方法について説明する．

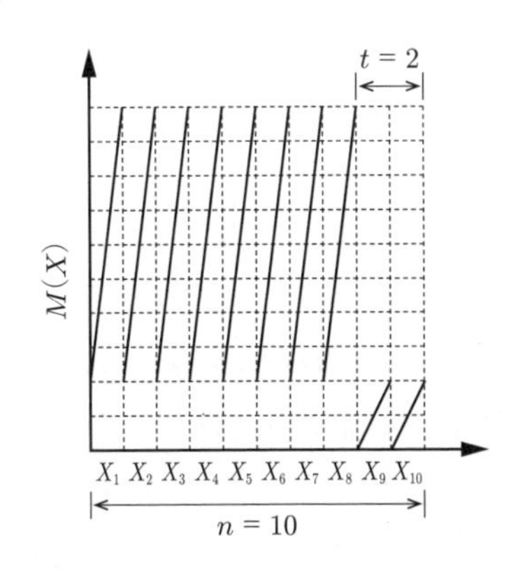

図8.5 文献5) で用いられるカオス符号を生成する写像の例

8.2.2　DS/CDMA における最適な相関関数の導出[4)]

DS/CDMA における最適な符号の相関特性を解析する．ここでは，文献6) などでチップ非同期 DS/CDMA の性能について解析された方法を用いる．**図 8.6** に，チップ非同期 DS/CDMA において互いに干渉し合う送信信号の様子を示している．二つの送信機から，互いに異なる拡散符号 $\boldsymbol{X}$ と $\boldsymbol{Y}$ を用いて送信された信号が，受信機に到達する．チップ非同期 DS/CDMA においては，受信機に到達する時点では時間にずれが生じる．1 チップとは，拡散符号の各ビットの時間幅のことを示している．図 8.6 では，薄い灰色で示したデータの部分で時間にずれがあり，チップ単位での時間ずれは l で示し，1 チップよりも小さい時間ずれは ε で示している．l は整数であり，ε は 0 と 1 の間の小数である．

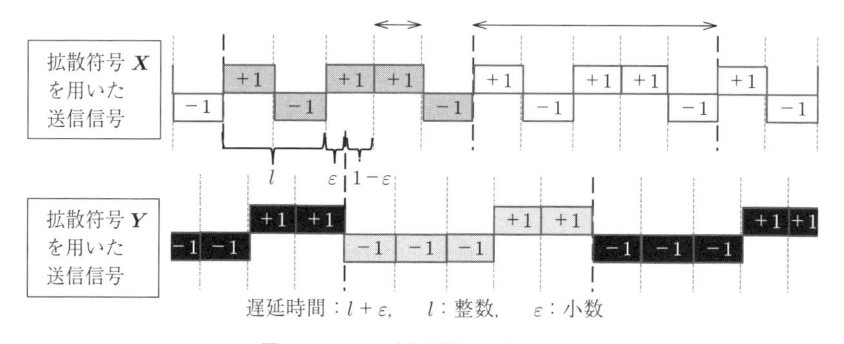

図 8.6　チップ非同期 DS/CDMA

受信側に到達する複数の信号が完全に同期する CDMA では，l も ε も 0 となる．チップ単位で同期する CDMA では，l は整数値となるが，ε は 0 となる．チップ非同期の現実的な状況では，l も ε も 0 にならない．したがって，図 8.6 のような中途半端なずれで足し合わされた信号が，受信機に到達する．

拡散符号 $\boldsymbol{X}$ で送信した信号が，拡散符号 $\boldsymbol{Y}$ で送信されたほかの信号から受ける干渉は，$\boldsymbol{X}$ と $\boldsymbol{Y}$ の間の相互相関関数で評価できる．ただし，図 8.6 ようなチップ非同期 DS/CDMA においては，1 チップより小さな時間ずれも考慮して解析しなければならない．このことに注意しながら，チップ非同期 DS/CDMA における干渉の大きさを計算していく．

拡散符号 $\boldsymbol{X}$ の信号が，拡散符号 $\boldsymbol{Y}$ の信号から受ける干渉は

$$I = (1-\varepsilon)R_N^{E/O}(l;\boldsymbol{X},\boldsymbol{Y}) + \varepsilon R_N^{E/O}(l+1;\boldsymbol{X},\boldsymbol{Y}) \tag{8.8}$$

と表現できる．ただし，上添え字 E/O は，偶または奇相互相関関数であり，それぞれ

$$R_N^E(l;\boldsymbol{X},\boldsymbol{Y}) = \sum_{n=0}^{N-l-1} X_n Y_{n+l} + \sum_{n=0}^{l-1} X_{n+N-l} Y_n \tag{8.9}$$

$$R_N^O(l;\boldsymbol{X},\boldsymbol{Y}) = \sum_{n=0}^{N-l-1} X_n Y_{n+l} - \sum_{n=0}^{l-1} X_{n+N-l} Y_n \tag{8.10}$$

のように表される．また，X_n は拡散符号の n チップ目の値，N は拡散符号の長さである．式 (8.8) は，$l+\varepsilon$ ずれの信号間の干渉を，l チップずれの相互相関，$l+1$ チップずれの相互相関に，それぞれ $1-\varepsilon$，ε の重みを掛けた形である．

このような干渉 I を最小にする符号を解析するために，I の平均の大きさを指標として，I^2/N の期待値を計算する．ε と $R_N^{E/O}(l;\boldsymbol{X},\boldsymbol{Y})$ は互いに独立であるので，次式のように計算できる．

$$\begin{aligned}
E\left[I^2/N\right] &= \frac{1}{N}E\left[I^2\right] \\
&= \frac{1}{N}E\left[(1-\varepsilon)^2\right]E\left[\left\{R_N^{E/O}(l;\boldsymbol{X},\boldsymbol{Y})\right\}^2\right] && \text{（第 1 項）} \\
&\quad +\frac{1}{N}E\left[\varepsilon^2\right]E\left[\left\{R_N^{E/O}(l+1;\boldsymbol{X},\boldsymbol{Y})\right\}^2\right] && \text{（第 2 項）} \\
&\quad +\frac{1}{N}E\left[2\varepsilon(1-\varepsilon)\right]E\left[R_N^{E/O}(l;\boldsymbol{X},\boldsymbol{Y})R_N^{E/O}(l+1;\boldsymbol{X},\boldsymbol{Y})\right] \\
& && \text{（第 3 項）}
\end{aligned} \tag{8.11}$$

となる．ここで，$\boldsymbol{X}$ と $\boldsymbol{Y}$ の符号を，図 **8.7** に示すマルコフ連鎖で生成すると仮定する．ただし，λ は，$[-1,1]$ の範囲のパラメータである．以下，$E\left[X_n X_{n+l}\right] = \lambda^l$ となること，及び，ε が $[0,1]$ の一様分布であることより，$E[\varepsilon] = 1/2$，$E\left[\varepsilon^2\right] = 1/3$ となることを利用して解析を進めよう．

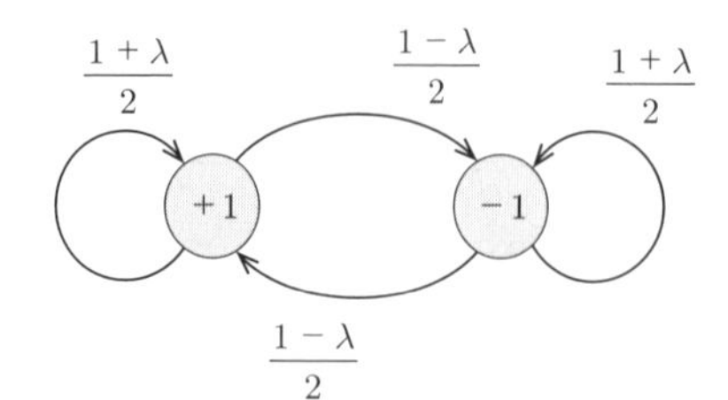

図 8.7　2 値符号のマルコフ連鎖モデル ($|\lambda| < 1$)

まず，式 (8.11) の第 1 項を計算する．$X_m X_n$ と $Y_{m-l} Y_{n-l}$ が互いに独立であることより

$$
\begin{aligned}
&\frac{1}{N} E\left[(1-\varepsilon)^2\right] E\left[\left\{R_N^{E/O}(l;\boldsymbol{X},\boldsymbol{Y})\right\}^2\right] \\
&= \frac{1}{N} E\left[(1-\varepsilon)^2\right] E\left[\left\{\sum_{n=0}^{N-l-1} X_n Y_{n+l} \pm \sum_{n=0}^{l-1} X_{n+N-l} Y_n\right\}^2\right] \\
&= \frac{1}{N}\left(E[1] + E\left[\varepsilon^2\right] - 2E[\varepsilon]\right) \\
&\quad \cdot E\left[\sum_{n=0}^{N-l-1}\sum_{m=0}^{N-l-1} X_n Y_{n+l} X_m Y_{m+l} + \sum_{n=0}^{l-1}\sum_{m=0}^{l-1} X_{n+N-l} Y_n X_{m+N-l} Y_m\right] \\
&= \frac{1}{3N}\left\{\sum_{n=0}^{N-l-1}\sum_{m=0}^{N-l-1} E\left[X_m X_n\right] E\left[Y_{m+l} Y_{n+l}\right]\right. \\
&\quad \left. + \sum_{n=0}^{l-1}\sum_{m=0}^{l-1} E\left[X_{n+N-l} X_{m+N-l}\right] E\left[Y_n Y_m\right]\right\} \\
&= \frac{1}{3N}\left\{\sum_{n=0}^{N-l-1}\sum_{m=0}^{N-l-1} \lambda^{2|n-m|} + \sum_{n=0}^{l-1}\sum_{m=0}^{l-1} \lambda^{2|n-m|}\right\} \\
&= \frac{1}{3N}\left\{N\frac{1+\lambda^2}{1-\lambda^2} + \frac{1+\lambda^2}{1-\lambda^2} + \frac{2\lambda^2}{\left(1-\lambda^2\right)^2}\left(2 - \lambda^{2(n-l)} - \lambda^{2(l+1)}\right)\right\}
\end{aligned}
\tag{8.12}
$$

となる．N が十分に大きいときは

$$
\lim_{N\to\infty} \frac{1}{N} E\left[(1-\varepsilon)^2\right] E\left[\left\{R_N^{E/O}(l;\boldsymbol{X},\boldsymbol{Y})\right\}^2\right] = \frac{1}{3}\left(\frac{1+\lambda^2}{1-\lambda^2}\right) \tag{8.13}
$$

となり，λ のみに依存した関数になる．

第2項も同様に計算すると

$$\frac{1}{N}E\left[(1-\varepsilon)^2\right]E\left[\left\{R_N^{E/O}(l+1;\boldsymbol{X},\boldsymbol{Y})\right\}^2\right]$$
$$=\frac{1}{N}E\left[(1-\varepsilon)^2\right]E\left[\left\{\sum_{n=0}^{N-l-2}X_nY_{n+l+1}\pm\sum_{n=0}^{l-1}X_{n+N-l+1}Y_n\right\}^2\right]$$
$$=\frac{1}{3N}\left\{\sum_{n=0}^{N-l-2}\sum_{m=0}^{N-l-2}\lambda^{2|n-m|}+\sum_{n=0}^{l-1}\sum_{m=0}^{l-1}\lambda^{2|n-m|}\right\}$$
$$=\frac{1}{3N}\left\{N\frac{1+\lambda^2}{1-\lambda^2}+\frac{1+\lambda^2}{1-\lambda^2}+\frac{2\lambda^2}{(1-\lambda^2)^2}\left(2-\lambda^{2(n-l)}-\lambda^{2(l+1)}\right)\right\} \tag{8.14}$$

となり，N が十分に大きいときは，第1項と同様に次式となる．

$$\lim_{N\to\infty}\frac{1}{N}E\left[(1-\varepsilon)^2\right]E\left[\left\{R_N^{E/O}(l+1;\boldsymbol{X},\boldsymbol{Y})\right\}^2\right]=\frac{1}{3}\left(\frac{1+\lambda^2}{1-\lambda^2}\right) \tag{8.15}$$

第3項についても，X_mX_n と $Y_{m-l}Y_{n-l}$ が互いに独立であることより

$$\frac{1}{N}E\left[2\varepsilon(1-\varepsilon)\right]E\left[R_N^{E/O}(l;\boldsymbol{X},\boldsymbol{Y})R_N^{E/O}(l+1;\boldsymbol{X},\boldsymbol{Y})\right]$$
$$=\frac{1}{N}E\left[2\varepsilon(1-\varepsilon)\right]E\left[\left\{\sum_{n=0}^{N-l-1}X_nY_{n+l}\pm\sum_{n=0}^{l-1}X_{n+N-l}Y_n\right\}\right.$$
$$\left.\cdot\left\{\sum_{n=0}^{N-l-2}X_nY_{n+l+1}\pm\sum_{n=0}^{l-1}X_{n+N-l+1}Y_n\right\}\right]$$
$$=\frac{1}{N}\left\{2\left(E\left[\varepsilon\right]-\left[\varepsilon^2\right]\right)\right\}\left\{\sum_{n=0}^{N-l-1}\sum_{m=0}^{N-l-2}E\left[X_nX_m\right]E\left[Y_{n+l}Y_{m+l+1}\right]\right.$$
$$\left.\pm\sum_{n=0}^{N-l-1}\sum_{m=0}^{l-1}E\left[X_nX_{m+N-l-1}\right]E\left[Y_{n+l}Y_m\right]\right\}$$
$$\left.\pm\sum_{n=0}^{l-1}\sum_{m=0}^{N-l-2}E\left[X_{n+N-l}X_m\right]E\left[Y_nY_{m+l+1}\right]\right\}$$
$$\left.+\sum_{n=0}^{l-1}\sum_{m=0}^{l}E\left[X_{n+N-l}X_{m+N-l-1}\right]E\left[Y_nY_m\right]\right\}$$

$$= \frac{1}{N}\left\{2\left(E\left[\varepsilon\right] - \left[\varepsilon^2\right]\right)\right\}\left\{\sum_{n=0}^{N-l-1}\sum_{m=0}^{N-l-2}\lambda^{|n-m|}\lambda^{|n-m-1|}\right.$$
$$\left. + \sum_{n=0}^{l-1}\sum_{m=0}^{l}\lambda^{|n-m+1|}\lambda^{|n-m|}\right\} \tag{8.16}$$

となり，N が十分に大きいときには次式のようになる．

$$\lim_{N\to\infty}\frac{1}{N}E\left[2\varepsilon(1-\varepsilon)\right]E\left[R_N^{E/O}(l;\boldsymbol{X},\boldsymbol{Y})R_N^{E/O}(l+1;\boldsymbol{X},\boldsymbol{Y})\right]$$
$$= \frac{1}{3}\left(\frac{2\lambda}{1-\lambda^2}\right) \tag{8.17}$$

式 (8.13), (8.15), (8.17) より，式 (8.11) の干渉の大きさの期待値は，N が十分に大きいとき

$$E\left[I^2/N\right] = \frac{2\left(1+\lambda+\lambda^2\right)}{3\left(1-\lambda^2\right)} \tag{8.18}$$

となる．**図 8.8** に，λ を変化させたときの $E\left[I^2/N\right]$ の理論値を破線で示し，マルコフ連鎖モデルを用いた数値シミュレーションによる結果を+マークで示す．図 8.8 より，λ が負値の領域に干渉の影響の最小値があることがわかる．

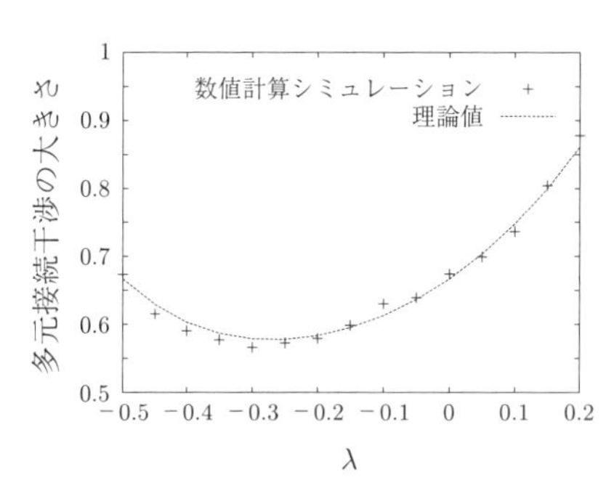

図 8.8　マルコフ連鎖モデルの λ を変化させたときの多元接続干渉の大きさ

$E\left[I^2/N\right]$ の理論値が最小になるのは，$\lambda = -2+\sqrt{3}$ のときである．ここでの計算は，チップ非同期な CDMA を想定し，ε が 0 から 1 の間の小数となる場合について計算した．チップ同期 ($\varepsilon = 0$)，あるいは完全同期 ($l = 0, \varepsilon = 0$) な CDMA においては，$\lambda = 0$ のときに最小となる．チップ非同期な CDMA においては，従来用いられてきたような λ が 0 となる無相関な符号では最小と

ならず，$\lambda=-2+\sqrt{3}$ の負の自己相関を持った符号によって，ユーザ間干渉が最小化されることを示した．カオス CDMA の研究では，このような自己相関を持つカオス符号を用いた場合に性能が向上するという結果が示されてきた．

8.2.3 カオス写像による最適な符号の生成

カオス写像を用いると，図 8.7 のようなマルコフ連鎖モデルに基づく符号を簡単に生成することができる．ここでは，以下のカルマン写像を用いたカオス拡散符号の生成法を紹介する．

$$x(t+1)=\begin{cases}\dfrac{2x-\lambda+1}{\lambda+1} & -1<x<\dfrac{\lambda-1}{2}\ \text{のとき}\\ \dfrac{2x-\lambda+1}{\lambda-1} & \dfrac{\lambda-1}{2}\leqq x<0\ \text{のとき}\\ \dfrac{2x+\lambda-1}{\lambda-1} & 0\leqq x<\dfrac{\lambda-l}{2}\ \text{のとき}\\ \dfrac{2x+\lambda-1}{\lambda+1} & \dfrac{\lambda-1}{2}\leqq x<1\ \text{のとき}\end{cases} \tag{8.19}$$

この写像は，図 **8.9**(a) に示すような形となっている．λ に基づく遷移確率に合わせて各区間の幅を決めることにより，マルコフ連鎖の遷移確率に合わせたカオスを生成できる．$x(t)$ が負となるときを，符号 -1 に対応させ，$x(t)$ が正となるときを，符号 1 に対応させると，指定した λ のマルコフ連鎖で生成され

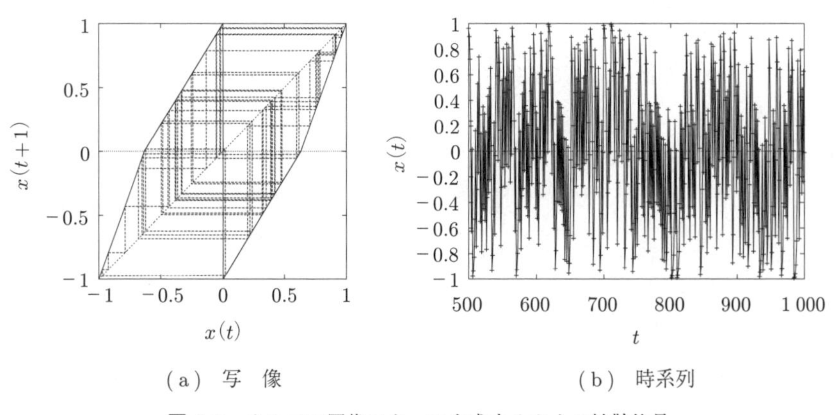

（a） 写　像　　（b） 時系列

図 **8.9** カルマン写像によって生成するカオス拡散符号

る符号を，このようなカオス写像によって生成することができる．この写像を用いて時系列を実際に生成する様子を図 (b) に示す．図では，干渉の大きさが理論的に最小となる $\lambda = -2 + \sqrt{3}$ を用いている．このようなカオス符号を用いることにより，DS/CDMA の性能を向上できることが数値実験によって示されている．

以上では，チップ非同期な DS/CDMA における干渉の大きさを丁寧に計算し，その干渉を最小にする符号を生成するカオス写像について述べたが，このことはほかの分野にも応用することができる．ここで計算した干渉の大きさは，非同期な相互相関関数の大きさである．これを最小化することによって性能や誤差が改善できるアルゴリズムや方式は，CDMA 以外の分野に存在すると考えられる．CDMA 以外の応用例として，10 章では組合せ最適化問題の解探索において上記のような低い相互相関を持つカオスが役に立つことを紹介する．

章末問題

【１】 四つのシンボルを用いたカオスシフトキーイングを設計せよ．

【２】 無線通信にカオスシフトキーイングを適用した際の問題点を挙げよ．

【３】 チップ非同期 DS/CDMA における干渉の大きさ $E\left[I^2/N\right]$ の最小値を求めよ．

【４】 無相関な符号を用いた場合（$\lambda = 0$ の場合）の，干渉の大きさ $E\left[I^2/N\right]$ を求めよ．最適な λ を用いることによって，無相間な符号と比べて干渉がどれだけ減少するかを計算せよ．

【５】 カルマン写像によって無相関な符号を作る場合，どのような写像となるかを確認せよ．

【６】 本章では，カルマン写像を用いて，最適な自己相関を持つ符号の生成を行ったが，ほかにどのような方法で実現できるか考えよ．

第 9 章 カオスニューラルネットワーク

生物の脳は，膨大な数のニューロンと呼ばれる神経細胞が，複雑に結合しあった巨大なネットワークで構成されている．このネットワークでは，ニューロンの間でパルスがやりとりされ，脳における情報処理が行われている．各ニューロンは，ほかのニューロンからの入力刺激を受け，電位が閾値を越えると，イオンの流れによってパルス（活動電位）を生じる．このパルスが，シナプス結合を介して，更にほかのニューロンへと伝達されていく．このような脳の動作を数理モデル化した人工ニューラルネットワークは，機械学習や最適化などに広く応用されている．

本章では，カオスダイナミクスを持つニューロンモデルから構成される人工ニューラルネットワーク（カオスニューラルネットワーク）について説明する．カオスは，実際の生物のニューロンにおいても生じることが実験などによって示されている．また，カオスダイナミクスを持つニューラルネットワークは，脳のような学習や最適化の工学的実現を考えるうえでも重要である．次章では，最適化における有効性を具体的に示していく．

9.1 ニューラルネットワーク

生体の**ニューラルネットワーク**（neural network）は，図 **9.1** のような構成になっている．樹状突起は，ほかのニューロンからの信号を受け取る部位である．多くの興奮性入力が入ると電位が閾値以上に上がり，活動電位と呼ばれる電気パルスが生成される．軸索小丘で，活動電位が生成され，軸索を通ってほかのニューロンへ伝わっていく．そしてシナプスを介してほかのニューロンに信号を出力する．このような信号の交換が複雑なニューラルネットワークの中

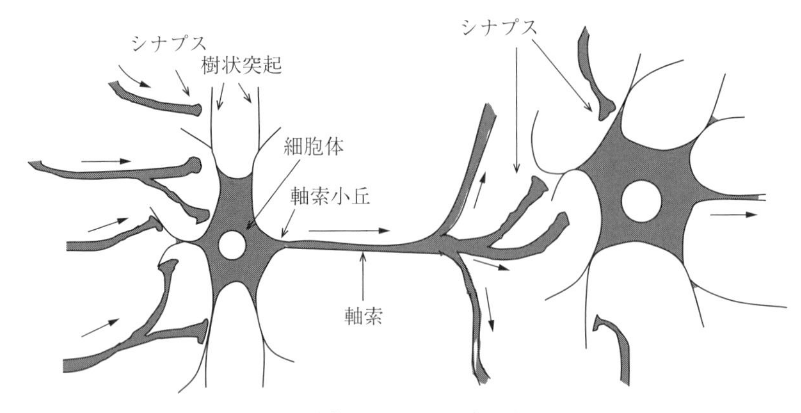

図 9.1　生体のニューラルネットワーク

でやり取りされることで，脳は高度な情報処理を行っている．

このようなニューラルネットワークを数理モデルとして表現することによって，機械学習や最適化への応用が可能な脳型のアルゴリズムが実現されている．**機械学習**（machine learning）では，ニューラルネットワークを入力側から出力側に向けて，一方向に接続するフィードフォワード型ニューラルネットワークが広く用いられている．バックプロパゲーションという学習アルゴリズムでは，入出力関係のモデルを作るために，シナプス結合の重みを出力層から入力層へ向けて順次修正する．十分な教師データがあれば，汎化性の高い入出力関係を作成することができる．最近はコンピュータの性能が高くなり，大量のデータを扱うことが可能になったので，**ディープラーニング**（**深層学習**，deep learning）という層の数が多いフィードフォワード型ニューラルネットワークを用いた学習が人工知能の中心的役割を担っている．

図 9.2 にニューロンモデルの基本的な構成を示す．$x(t+1)$ は，時刻 $t+1$ におけるニューロンの出力である．このニューロンには，ほかのニューロン（x_1～x_n）からの入力が入っている．おのおのの入力には，結合重み w_i が掛かっており，これはニューロン i からの結合重みを示している．単純なマカロック–ピッツ（McCulloch–Pitts）の**人工ニューロンモデル**（artificial neuron model）の

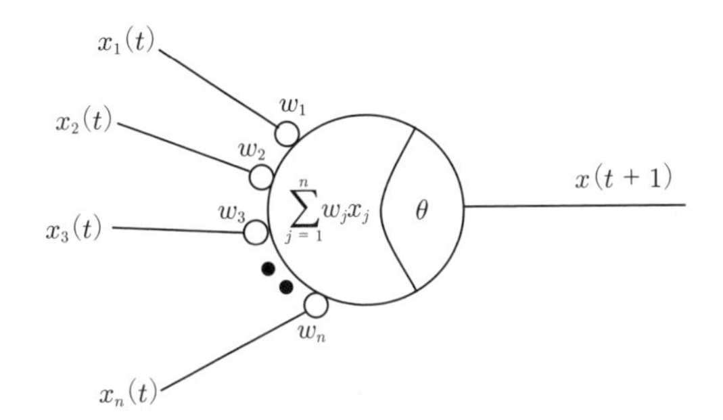

図 9.2　人工ニューロンモデル

場合には，結合重みを掛けたほかのニューロンから入力の総和が，このニューロンに入ってくる．時刻 t においての入力の総和 $\left(\sum_{j=1}^{n} w_j x_j(t)\right)$ が，閾値 θ 以上になると，このニューロンは出力 1 を出す．閾値よりも小さい場合は，出力は 0 となる．

これは，以下のような状態更新式で表すことができる．

$$x(t+1) = \begin{cases} 1 & \sum_{j=1}^{n} w_j x_j(t) \geqq \theta \text{ のとき} \\ 0 & \sum_{j=1}^{n} w_j x_j(t) < \theta \text{ のとき} \end{cases} \tag{9.1}$$

このようなニューロンを多数接続し，結合の重みや閾値を調整することによって，機械学習や最適化のアルゴリズムを作成することができる．人工ニューラルネットワークを用いた機械学習アルゴリズムについては，多くの著書があるのでここでは説明を省略する．

本章では，カオスニューロンモデル，及びカオスニューラルネットワークについて述べていく．先出のマカロック–ピッツのニューロンモデルでは，出力が 0 または 1 であった．ディジタルコンピュータでの情報処理ではこのようなモデルは都合がよいが，生体における実際のニューロンはアナログの入出力特性を持つ．カオスニューロンは，そのようなアナログの入出力特性に加えて，不応性という性質をモデル化した人工ニューロンモデルである．

9.2 不応性を持つニューロンモデル

ニューロンにおける活動電位は，イオンの流れによって作られている．ニューロンが活動電位を生成すると，その直後は閾値が上がり発火が起こりづらくなる性質があり，これを不応性と呼ぶ．ここでは，そのような不応性を持つニューロンモデルの例を紹介する．

9.2.1 カイアニエロニューロンモデル

カイアニエロニューロン[1)]は不応性を持つニューロンモデルであり，式 (9.2) のように表される．

$$x(t+1) = u\left(A(t) - \sum_{r=0}^{t} R(r)x(t-r) - \theta\right) \tag{9.2}$$

ただし，$x(t+1)$ は，時刻 $t+1$ におけるニューロンの出力，$A(t)$ は時刻 t におけるニューロンへの入力，θ はニューロンの閾値である．u は，ヘビサイド関数で，$z \geqq 0$ のときに $u(z) = 1$ となり，それ以外のときには $u(z) = 0$ となる．$R(r)$ は，r ステップ前の出力に対する不応性の強さである．

r ステップ前に $x(t-r) = 1$ となると，この発火に対する不応性の強さ $R(r)$ が重みとしてかかって，内部状態の大きさがマイナス方向に抑えられ，発火しづらくなる．

9.2.2 南雲–佐藤ニューロン

カイアニエロニューロンでは，不応性の強さは過去の各時刻ステップにおいて独立に設定されるものであった．南雲–佐藤ニューロン[2)]は，不応性が時間の経過とともに指数関数的に減衰するモデルとなっており，式 (9.3) のように表される．

$$x(t+1) = u\left[A(t) - \alpha\sum_{r=0}^{t} k^r x(t-r) - \theta\right] \tag{9.3}$$

ただし，α は不応性の強さに対応するパラメータ，k は不応性の減衰パラメータ（$0 < k < 1$）である．

このモデルにおいて，入力 $A(t)$ を一定とすると，式 (9.3) は

$$y(t+1) = ky(t) - \alpha x(t) + a \tag{9.4}$$

$$x(t+1) = u\,[y(t)] \tag{9.5}$$

のように変形できる．ただし，a は定数であり，$a = (A(t) - \theta)\,(1 - k)$ である．$y(t)$ は時刻 t におけるニューロンの内部状態である．

式 (9.4) 及び (9.5) の南雲–佐藤ニューロンから得られる分岐図を，図 **9.3**(a) に示す．$k = 0.8, \alpha = 1, \varepsilon = 0.02$ として，a をパラメータとしている．図 (a) より，無数の周期軌道が存在するが，このモデルではカオスは生じないことがわかる．ニューロン出力が 0 または 1 のディジタル値であるため，このニューロンの出力状態は連続値をとることがない．図 (b) については次節で解説する．

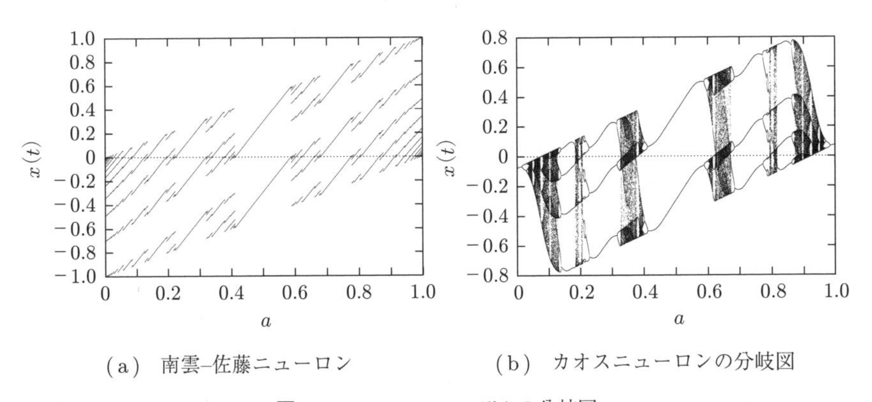

（a） 南雲–佐藤ニューロン　　（b） カオスニューロンの分岐図

図 9.3　ニューロンモデルの分岐図

9.3 カオスニューロンモデル

南雲–佐藤モデルでは，ニューロンの出力関数として，0 または 1 のディジタル出力を持つヘビサイド関数が用いられていたが，**カオスニューロンモデル**

(chaotic neuron model) ではこれを連続値の出力を持つ**シグモイド関数** (sigmoidal function) $f(z) = 1/(1+\exp(-z/\varepsilon))$ に置き換える (**図 9.4**). すなわち, 式 (9.3) の出力関数をシグモイド関数に置き換えたものがカオスニューロンであり, そのダイナミクスは以下の状態更新式で表される.

$$x(t+1) = f[A(t) - \alpha \sum_{r=0}^{t} k^r x(t-r) - \theta] \tag{9.6}$$

この式も, 南雲–佐藤ニューロンと同様に

$$y(t+1) = ky(t) - \alpha x(t) + a \tag{9.7}$$

$$x(t+1) = f[y(t+1)] \tag{9.8}$$

の形式に変形できる.

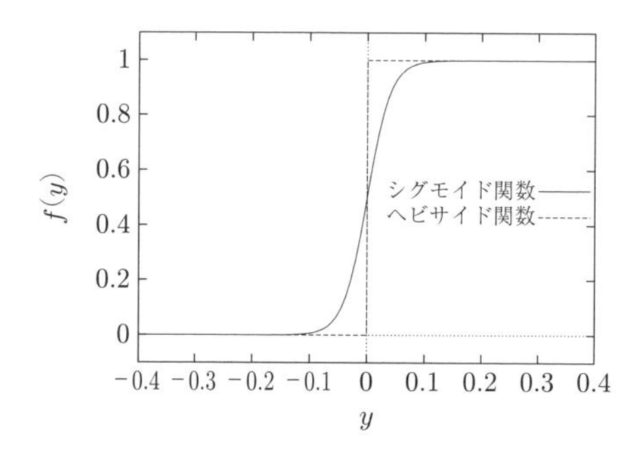

図 9.4　シグモイド関数 $f(z) = 1/(1+\exp(-z/\varepsilon))$ 例として, $\varepsilon = 0.02$ のときの関数を示す.

図 9.5 に, カオスニューロンモデルのリターンマップ, 及びカオスニューロンモデルにより生成したカオス時系列の例を示す. 複雑な振舞いをするニューロンモデルであることがわかる.

このカオスニューロンモデルの分岐図を図 9.3(b) に示した. この分岐図では, 周期応答のみでなく, カオス応答も含んでいることがわかる.

カオスニューロンモデルのリアプノフ指数を**図 9.6**(b) に示す. カオスニューロンモデルにおいて, カオス応答を示している部分でリアプノフ指数が正となっていることが確認できる.

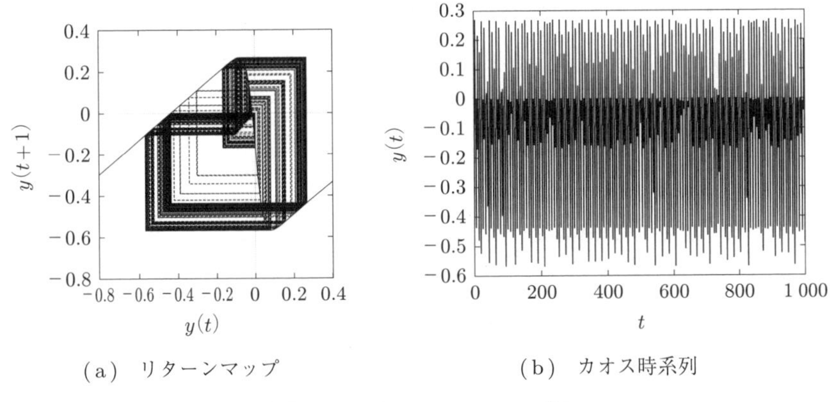

（a） リターンマップ　　　（b） カオス時系列

図 9.5 カオスニューロンモデル

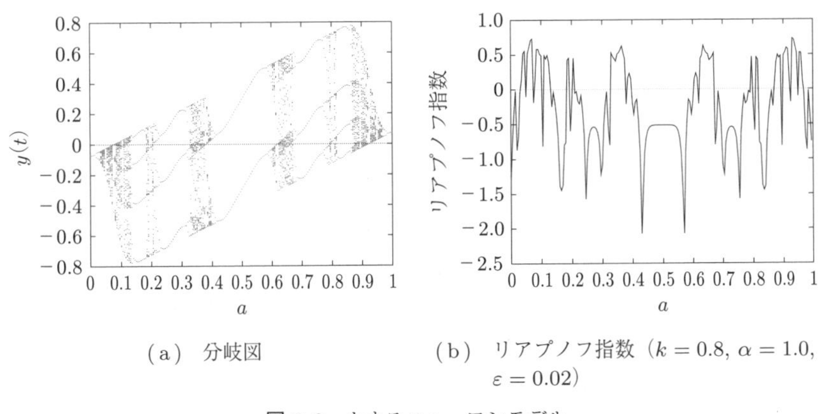

（a） 分岐図　　　（b） リアプノフ指数（$k = 0.8$, $\alpha = 1.0$, $\varepsilon = 0.02$）

図 9.6 カオスニューロンモデル

9.4 カオスニューラルネットワーク

カオスニューロンを結合することで，**カオスニューラルネットワーク**（chaotic neural network）を構成することができる．カオスニューラルネットワークは，高次元のカオスダイナミクスを持っており，連想記憶メモリや組合せ最適化における解探索などに応用されてきた[3)~5)]．

カオスニューラルネットワークモデル[6),7)]では，図 **9.7** に示すように，フィードバック入力及び外部入力の 2 種類の入力が定義されている．

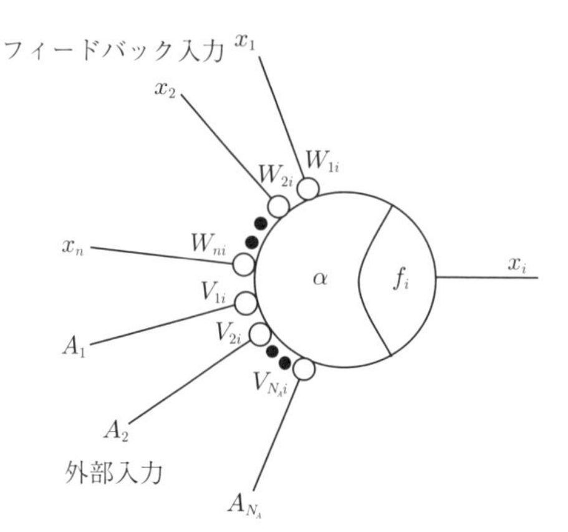

図 **9.7**　カオスニューラルネットワークにおける，i 番目のカオスニューロン

フィードバック入力は，カオスニューラルネットワークを構成するほかのカオスニューロンの出力から，シナプス結合を介して，個々のニューロンへ入力されるものである．外部入力は，ニューラルネットワークの外部からの入力である．これらは，以下のように時空間加算されてカオスニューロンの入力となる．

$$x_i(t+1) = f_i[\sum_{j=1}^{N_A} v_{i,j} \sum_{d=0}^{t} k_s^d A_j(t-d) + \sum_{j=1}^{N_x} w_{i,j} \sum_{d=0}^{t} k_m^d x_j(t-d) \\ -\alpha \sum_{d=0}^{t} k_r^d x_i(t-d) - \theta_i] \tag{9.9}$$

ただし，$x_i(t)$ は，時刻 t における i 番目のカオスニューロンの出力である．$A_j(t)$ は，時刻 t に入力される j 番目の外部入力の大きさである．N_A は，外部入力の総数である．$v_{i,j}$ は，j 番目の外部入力から i 番目のカオスニューロンへの結合の重みである．N_x は，ニューラルネットワークを構成するカオスニューロンの総数である．$w_{i,j}$ は，j 番目のカオスニューロンから i 番目のカオスニューロンへのフィードバックシナプス結合の重みである．f_i は，i 番目のカオスニューロンの出力関数であり，シグモイド関数，$f_i(z) = 1/(1+\exp(-z/\varepsilon))$ が用いられる．α は，正の数のパラメータであり，不応性の大きさに対応する．θ_i は，

i 番目のカオスニューロンの閾値である．k_s, k_m 及び k_r は，それぞれ，外部入力，フィードバック入力，不応性の減衰定数である．

外部入力，フィードバック入力，及び不応性に対応する三つの内部状態をそれぞれ，ξ_i, η_i，及び，ζ_i と定義すると

$$\xi_i(t+1) = \sum_{j=1}^{N_A} v_{i,j} \sum_{d=0}^{t} k_s^d A_j(t-d) \tag{9.10}$$

$$\eta_i(t+1) = \sum_{j=1}^{N_x} w_{i,j} \sum_{d=0}^{t} k_m^d x_j(t-d) \tag{9.11}$$

$$\zeta_i(t+1) = -\alpha \sum_{d=0}^{t} k_r^d x_i(t-d) - \theta_i \tag{9.12}$$

のように表すことができる．それぞれの内部状態のダイナミクスは，以下のような数値計算に適した形に変形できる．

$$\xi_i(t+1) = k_s \xi i(t) + \sum_{j=1}^{N_A} v_{i,j} A_j(t) \tag{9.13}$$

$$\eta_i(t+1) = k_m \eta_i(t) + \sum_{j=1}^{N_x} w_{i,j} x_j(t) \tag{9.14}$$

$$\zeta_i(t+1) = k_r \zeta_i(t) - \alpha x_i(t) + a_i \tag{9.15}$$

$$x_i(t+1) = f_i[\xi_i(t+1) + \eta_i(t+1) + \zeta_i(t+1)] \tag{9.16}$$

ただし，$a_i = -\theta_i(1-k_r)$ である．

9.4.1 カオスニューラルネットワークのダイナミクス

カオスニューロンを結合したカオスニューラルネットワークを用いると，さまざまな高次元なカオスダイナミクスを生成することができる．**図 9.8** は，三つのカオスニューロンを結合したカオスニューラルネットワークが生成する時系列の例を示す．この例では，三つのニューロンのパラメータは，$k_r = 0.95, k_m = 0.7, \alpha = 0.7, \varepsilon = 0.004, a_i = 0.09$ とし，全てのフィードバックシナプス結合の重みは -0.1 としている，三つの時系列は，それぞれのカオスニューロンの内部

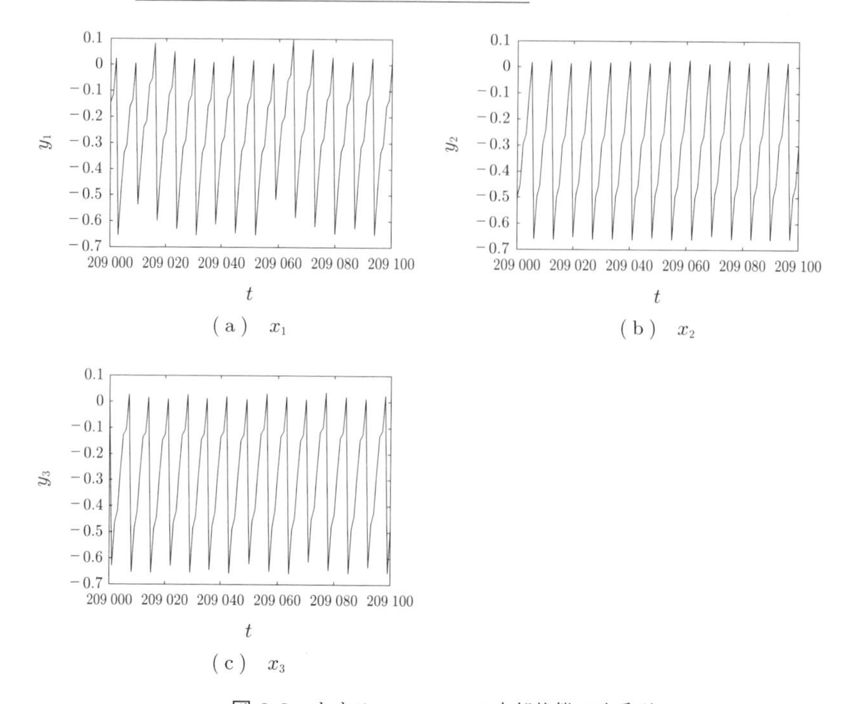

(a)　x_1　(b)　x_2　(c)　x_3

図 **9.8**　カオスニューロンの内部状態の時系列

状態の合計 $y_i(t) = \eta_i(t) + \zeta_i(t)$ を示している．**図 9.9** は，状態空間における三つのカオスニューロンが示すアトラクタである．これはカオスダイナミクスの一例であるが，パラメータを変化させるとさまざまなダイナミクスを生じる．

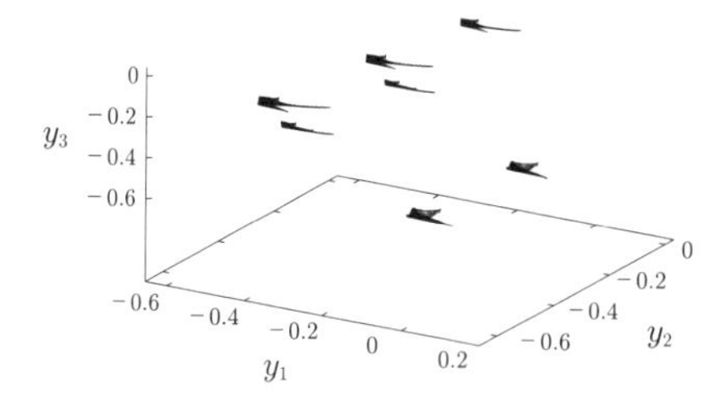

図 **9.9**　3 次元のカオスニューラルネットワークのアトラクタの一例

9.4.2　カオスニューラルネットワークの応用

カオスニューラルネットワークは，カオス的な揺らぎを持つニューラルネットワークである．相互結合型ニューラルネットワークを用いた連想記憶や最適化などに，カオスニューラルネットワークが応用されている．

相互結合型ニューラルネットワーク（mutually connected neural network）は，ニューロンが相互に結合したフィードバック型ニューラルネットワークである．このようなフィードバック型のニューラルネットワークで，シナプス結合係数を対称（$w_{i,j} = w_{j,i}$）にした場合，ニューラルネットワークの持つエネルギーが減少し，不動点（固定点）に収束するという特徴がある．このエネルギーの減少は，最適化問題における最小値探索などに応用できる．しかし，相互結合型ニューラルネットワークによる最小値探索では，**局所的最小値**（**ローカルミニマム**，local minimum）と呼ばれる小さな谷が多数あり，最も深い谷に相当する大域的最小値（グローバルミニマム）を見つけることが難しい．

このような問題を解決するために，カオスニューラルネットワークが利用できる．カオス的な揺らぎを適用することによって，ローカルミニマムから脱出させ，更に深いエネルギー関数の谷を探すことができるようになる．カオスを用いた組合せ最適化の詳細は，次章で説明する．

章　末　問　題

【１】 式 (9.6) が，式 (9.7)，(9.8) の形に変形できることを示せ．

【２】 相互結合型ニューラルネットワークでは，外部入力がない例も多い．外部入力を省略したカオスニューラルネットワークを書き表せ．

【３】 外部入力を省略したカオスニューラルネットワークにおいて，$k = k_m = k_r$ であったとする．この場合，内部状態の総和を一つの式で表現せよ．

第 10 章

カオスと組合せ最適化

目的関数の最小値を求める組合せ最適化問題の解の探索においては，近傍となる組合せを比較しながら，目的関数を単調減少させる方法がよく用いられる．しかし，そのような方法では，ローカルミニマムで探索が停止し，良好な解を探索することが難しい．そこで，そのような探索解法を改善する方法として，確率的な揺らぎやタブーサーチを導入して，状態をローカルミニマムから脱出させてより良い解を見つける手法が多く提案されてきた．カオスを用いた最適化とは，カオスの揺らぎによって状態を揺らがせ，より良い解を探索する方法であり，確率的な揺らぎなどを用いるよりも有効であることが示されている．

カオスを用いた最適化手法には，大きく分けて二つのアプローチがある．一つ目は相互結合型ニューラルネットワーク[1] にカオスを導入するものであり，二つ目は 2–opt 法などのヒューリスティックな方法にカオスを導入するもの[2),3)] である．本章では，これらのカオス最適化アルゴリズムとその有効性について説明していく．

10.1 相互結合型ニューラルネットワークを用いた組合せ最適化

Hopfield–Tank ニューラルネットワークは，ニューロンを相互に対称結合したニューラルネットワークである．各ニューロンの状態を更新していくとそのエネルギーが減少し，極小値に対応する状態に収束する．このエネルギーの減少を利用して，組合せ最適化問題における最小値を探索することができる．

10.1.1 相互結合型ニューラルネットワークのエネルギー関数

N 個のニューロンを相互に結合したニューラルネットワークにおける，各ニューロンの状態の変化則は次式のように表される．

$$x_i(t+1) = u\left[\sum_{j=1}^{N} w_{i,j} x_j(t) - \theta_i\right] \tag{10.1}$$

ここで，$w_{i,j}$ はニューロン j から i への結合重みであり，θ_i はニューロン i の発火の閾値である．また，ここでは，u はヘビサイド関数（$y \geqq 0$ のとき $u[y] = 1$，$y < 0$ のとき $u[y] = 0$）とする．このようなニューラルネットワークにおいて，相互結合を双方向に等しくし（すなわち，$w_{i,j} = w_{j,i}$），自己結合を 0（$w_{i,i} = 0$）に設定して，ニューロンの状態を一つずつ非同期に更新する．初期値 $x_i(0)$ をランダムに決定して更新を始めると，最終的にはニューラルネットワークの状態の変化が起こらなくなる．このようなニューラルネットワークでは，各ニューロンを式 (10.1) で非同期に更新するたびに，エネルギー関数

$$E(\boldsymbol{x}) = -\frac{1}{2}\sum_{i=1}^{N}\sum_{j=1}^{N} w_{i,j} x_i x_j + \sum_{i=1}^{N} \theta_i x_i \tag{10.2}$$

が減少する．状態更新をしてもニューロンの出力が変化しなくなった状態が，このエネルギー関数の極小値に対応する．このようなエネルギー関数の自律的な減少を利用すると，組合せ最適化問題における最小値を探索することができる．

目的関数が 2 次元よりも高次な場合には，高次な結合を持つニューラルネットワークを用いることができる．D 個のニューロンとの高次な結合を持つニューラルネットワークの状態更新式は，以下のように定義される．

$$x_i(t+1) = \begin{cases} 1 & y_i(t+1) \geqq \theta_i \text{ のとき} \\ 0 & y_i(t+1) < \theta_i \text{ のとき} \end{cases}$$

$$\begin{aligned} y_i(t+1) = & \sum_{j_1=1}^{N}\sum_{j_2=1}^{N}\cdots\sum_{j_{D-1}=1}^{N}\sum_{j_D=1}^{N} w^{D}_{i,j_1,j_2,\ldots,j_{D-1},j_D}(t) \\ & \cdot x_{j_1}(t) x_{j_2}(t) \cdots x_{j_{D-1}}(t) x_{j_D}(t) \\ & + \sum_{j_1=1}^{N}\sum_{j_2=1}^{N}\cdots\sum_{j_{D-1}=1}^{N} w^{D-1}_{i,j_1,j_2,\ldots,j_{D-1}}(t) \\ & \cdot x_{j_1}(t) x_{j_2}(t) \cdots x_{j_{D-1}}(t) \end{aligned}$$

$$\vdots$$

$$+\sum_{j_1=1}^{N} w_{i,j_1}^{1}(t)\cdot x_{j_1} \tag{10.3}$$

ただし，$w_{i,j_1,j_2,\ldots,j_k}^{k}$ は，$k+1$ 個のニューロン $i, j_1, j_2, \ldots, j_k$ の間の $(k+1)$ 次の結合重みである．

この高次ニューラルネットワークにおいては，式 (10.3) による状態更新によって，以下のエネルギー関数が減少する．

$$\begin{aligned}
E^{H}(\boldsymbol{x}) = &-\frac{1}{D+1}\sum_{i=1}^{N}\sum_{j_1=1}^{N}\sum_{j_2=1}^{N}\cdots\sum_{j_{D-1}=1}^{N}\sum_{j_D=1}^{N} w_{i,j_1,j_2,\ldots,j_{D-1},j_D}^{D}(t)\\
&\qquad\cdot x_i x_{j_1}(t)x_{j_2}(t)\cdots x_{j_{D-1}}(t)x_{j_D}(t)\\
&-\frac{1}{D}\sum_{i=1}^{N}\sum_{j_1=1}^{N}\sum_{j_2=1}^{N}\cdots\sum_{j_{D-1}=1}^{N} w_{i,j_1,j_2,\ldots,j_{D-1}}^{D-1}(t)\\
&\qquad\cdot x_i x_{j_1}(t)x_{j_2}(t)\cdots x_{j_{D-1}}(t)\\
&\vdots\\
&-\frac{1}{2}\sum_{i=1}^{N}\sum_{j_1=1}^{N} w_{i,j_1}^{1}(t)\cdot x_i x_{j_1} + \sum_{i=1}^{N}\theta_i x_i
\end{aligned} \tag{10.4}$$

このエネルギー関数 $E^{H}(\boldsymbol{x})$ が減少する条件は，高次な結合重み $w_{i,j_1,j_2,\ldots,j_k}^{k}$ を対称結合とし，自己結合 $w_{i,i,i,\ldots,i}^{k}$ を全ての i と k において 0 として，非同期に更新することである．このようなニューラルネットワークを用いることによって，高次な目的関数の最小値探索も可能となる．

10.1.2 相互結合型ニューラルネットワークを用いた巡回セールスマン問題の解法

相互結合型ニューラルネットワークは，さまざまな組合せ最適化問題に適用できる．ここでは代表的な例として，**巡回セールスマン問題**（traveling salesman problem，**TSP**）を対象にして，相互結合型ニューラルネットワークを用いた組合せ最適化手法を説明する[1)].

巡回セールスマン問題とは，N 個の都市の位置が与えられたときに，ある一つの都市からスタートして，全都市を一度ずつ訪問し，最後にスタートした都市に戻ってくる巡回路のなかで，最短のものを求めるという組合せ最適化問題である．このような最短経路を求める問題の解を，相互結合型ニューラルネットワークを用いて探索することができる．

まず，探索する巡回路の状態を，ニューロンの状態で表現する．N 都市の巡回セールスマン問題を解く場合には，N^2 個のニューロンを用いる．**図 10.1** に示すように，ニューロンを $N \times N$ のグリッドに並べ，各行と列をそれぞれ，都市ラベルと訪問順ラベルに対応させる．(i, j) 番目のニューロンの発火 $(x_{i,j} = 1)$ は，都市 i を訪問順 j 番目に訪問することに対応する．図 (a) のように発火した場合には，図 (b) のような順番で都市を訪問することを意味する．

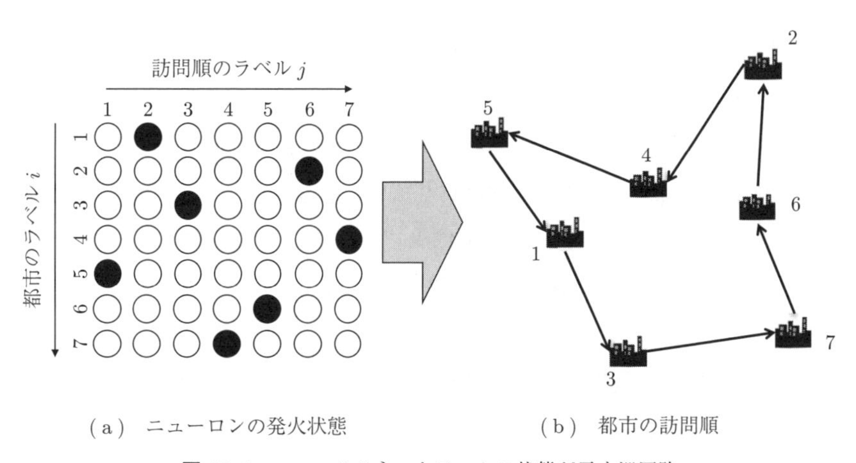

(a)　ニューロンの発火状態　　(b)　都市の訪問順

図 10.1　ニューラルネットワークの状態が示す巡回路

2 次元グリッド上に並べられたニューロンは，i と j の二つのラベルを持つので，ニューラルネットワークの状態更新式は式 (10.5) のようになる．

$$x_{i,j}(t+1) = f\left[\sum_{k=1}^{N}\sum_{l=1}^{N} w_{i,j,k,l}x_{k,l}(t) - \theta_{i,j}\right] \tag{10.5}$$

この状態更新式によって減少させられるエネルギー関数は，式 (10.6) のようになる．

$$E(\boldsymbol{x}) = -\frac{1}{2}\sum_{i=1}^{N}\sum_{j=1}^{N}\sum_{k=1}^{N}\sum_{l=1}^{N} w_{i,j,k,l}x_{i,j}x_{k,l} + \sum_{i=1}^{N}\sum_{j=1}^{N}\theta_{i,j}x_{i,j} \tag{10.6}$$

ただし，$w_{i,j,k,l}$ は，(i,j) 番目のニューロンと (k,l) 番目のニューロンとの間の相互結合の重み，$\theta_{i,j}$ は，(i,j) 番目のニューロンの発火の閾値である．

このようなニューラルネットワークを用いて巡回セールスマン問題を解くための，結合重み $w_{i,j,k,l}$ と閾値 $\theta_{i,j}$ を求めていく．図 10.1 のようにニューロンのラベルとその発火を定義すると，最小化したい巡回路長は次式で表される．

$$E_1 = \sum_{i=1}^{N}\sum_{j=1}^{N}\sum_{k=1}^{N} d_{i,k}x_{i,j}\left(x_{k,j(\mathrm{mod}\,N)+1} + x_{k,j-2(\mathrm{mod}\,N)+1}\right) \tag{10.7}$$

ただし，$d_{i,k}$ は都市 i と都市 k の間の距離である．この式の第 1 項では，都市 i を j 番目に訪問するときに $x_{i,j}$ が 1 となり，更に，都市 k を $j+1$ 番目に訪問するときに $x_{k,j(\mathrm{mod}\,N)+1}$ が 1 となり，これらが両方 1 のときに，$d_{i,k}$ が加算されることになる．すなわち，都市 i の次に都市 k を訪問するときに，その間の距離 $d_{i,k}$ が加算される．同様に第 2 項は，都市 i の一つ前に都市 k を訪問するときに，その間の距離 $d_{i,k}$ を加算する．E_1 は，順方向で計算した巡回路長と逆方向で計算した巡回路長を足したものとなっており，これを最小化する目的関数とする．

巡回セールスマン問題では，各都市をそれぞれ一度ずつ訪問するという制約があるが，式 (10.7) のみを最小化しただけでは，ニューラルネットワークの状態は必ずしも制約を満足する巡回路を形成しない．それぞれの都市に対応する訪問順のニューロンは，それぞれ一つのみが発火するようにする必要がある．すなわち，図 10.1 でグリッド上に並べた同じ行のニューロンの発火は，必ず一つにしなければならない．したがって，以下の制約を最小化して 0 にする必要がある．

$$E_2 = \sum_{i=1}^{N} \left(\sum_{j=1}^{N} x_{i,j} - 1 \right)^2 \tag{10.8}$$

また，各訪問順には一つの都市しか訪問できないので，図 10.1 の各列も，発火するニューロンはそれぞれ一つとしなければならない．したがって，以下の制約も 0 とする必要がある．

$$E_3 = \sum_{j=1}^{N} \left(\sum_{i=1}^{N} x_{i,j} - 1 \right)^2 \tag{10.9}$$

式 (10.7)〜(10.9) の E_1，E_2 及び E_3 を，相互結合型ニューラルネットワークによって全て最小化すれば，巡回セールスマン問題の解が得られる．そこで，これらの各エネルギー関数を最小化するための，結合重み $w_{i,j,k,l}$ 及び閾値 $\theta_{i,j}$ をそれぞれ求めていく．式 (10.7)〜(10.9) を，それぞれ式 (10.6) の形に変形し，E_1，E_2 及び E_3 を最小化する結合重み $w_{i,j,k,l}$ と閾値 $\theta_{i,j}$ を全て導出する．

まず，式 (10.7) を式 (10.6) の形に変形する．$j+1$ 及び $j-1$ を，l を用いて表現することにする．すなわち，$l=j+1$ 及び $l=j-1$ となったときだけ，都市間の距離 $d_{i,k}$ が加算されていくようにする．そのために，ここでクロネッカーデルタ $\delta_{i,k}$ を用いる．クロネッカーデルタは，$i=k$ のときのみに $\delta_{i,k}=1$ となり，$i \neq k$ のときは全て $\delta_{i,k}=0$ となる関数である．これを用いると，式 (10.7) は，次式のように変形できる．

$$\begin{aligned} E_1 &= \sum_{i=1}^{N}\sum_{j=1}^{N}\sum_{k=1}^{N}\sum_{l=1}^{N} d_{i,k} x_{i,j} \left(\delta_{j (\mathrm{mod}\, N)+1,l} x_{k,l} + \delta_{j-2 (\mathrm{mod}\, N)+1,l} x_{k,l} \right) \\ &= \sum_{i=1}^{N}\sum_{j=1}^{N}\sum_{k=1}^{N}\sum_{l=1}^{N} d_{i,k} \left(\delta_{j (\mathrm{mod}\, N)+1,l} + \delta_{j-2 (\mathrm{mod}\, N)+1,l} \right) x_{i,j} x_{k,l} \end{aligned} \tag{10.10}$$

式 (10.10) を，エネルギー関数 (10.6) と比較することにより，E_1 を最小化する結合重み $w^1_{i,j,k,l}$ を，次式のように得ることができる．

$$w^1_{i,j,k,l} = -2 d_{i,k} \left(\delta_{j (\mathrm{mod}\, N)+1,l} + \delta_{j-2 (\mathrm{mod}\, N)+1,l} \right) \tag{10.11}$$

また，E_1 を最小化するための閾値 $\theta^1_{i,j}$ は 0 であることもわかる．

次に，式 (10.8) を式 (10.6) の形に変形する．展開して計算を進めると，次式のようになる．

$$\begin{aligned}
E_2 &= \sum_{i=1}^{N}\left(\sum_{j=1}^{N} x_{i,j} - 1\right)^2 \\
&= \sum_{i=1}^{N}\left\{\left(\sum_{j=1}^{N} x_{i,j}\right)^2 - 2\sum_{j=1}^{N} x_{i,j} + 1\right\} \\
&= \sum_{i=1}^{N}\left\{\sum_{j=1}^{N} x_{i,j}\sum_{l=1}^{N} x_{i,l} - 2\sum_{j=1}^{N} x_{i,j} + 1\right\} \\
&= \sum_{i=1}^{N}\left\{\sum_{j=1}^{N}\sum_{l=1}^{N} x_{i,j}x_{i,l} - 2\sum_{j=1}^{N} x_{i,j} + 1\right\}
\end{aligned}$$

ここで，第 1 項の $\displaystyle\sum_{j=1}^{N}\sum_{l=1}^{N} x_{i,j}x_{i,l}$ の中で j と l が等しくなった場合に，$x_{i,j}x_{i,j}$ に係数が残ってしまい，その結果式 (10.6) と比較すると，$w_{i,j,i,j}$ が 0 にならなくなり，自己結合が生じてしまう．自己結合が 0 ではない場合には，エネルギー関数が極小値に収束しなくなってしまう．そこで，自己結合を 0 にするために，j と l が等しい場合と異なる場合に分ける．クロネッカーデルタ $\delta_{i,j}$ を用いて次式のようにする．

$$\begin{aligned}
E_2 &= \sum_{i=1}^{N}\left\{\sum_{j=1}^{N}\sum_{l=1}^{N}(1-\delta_{j,l})x_{i,j}x_{i,l} + \sum_{j=1}^{N}\sum_{l=1}^{N}\delta_{j,l}x_{i,j}x_{i,l} - 2\sum_{j=1}^{N} x_{i,j} + 1\right\} \\
&= \sum_{i=1}^{N}\left\{\sum_{j=1}^{N}\sum_{l=1}^{N}(1-\delta_{j,l})x_{i,j}x_{i,l} + \sum_{j=1}^{N} x_{i,j}x_{i,j} - 2\sum_{j=1}^{N} x_{i,j} + 1\right\}
\end{aligned}$$

ここで，ニューロンの状態 $x_{i,j}$ は 0 または 1 であるため，$x_{i,j} \times x_{i,j} = x_{i,j}$ となるので，次式のように計算を進めていくことができる．

$$E_2 = \sum_{i=1}^{N} \left\{ \sum_{j=1}^{N} \sum_{l=1}^{N} (1-\delta_{j,l}) x_{i,j} x_{i,l} + \sum_{j=1}^{N} x_{i,j} - 2 \sum_{j=1}^{N} x_{i,j} + 1 \right\}$$

$$= \sum_{i=1}^{N} \left\{ \sum_{j=1}^{N} \sum_{l=1}^{N} (1-\delta_{j,l}) x_{i,j} x_{i,l} - \sum_{j=1}^{N} x_{i,j} + 1 \right\}$$

$$= \sum_{i=1}^{N} \sum_{j=1}^{N} \sum_{k=1}^{N} \sum_{l=1}^{N} \delta_{i,k} (1-\delta_{j,l}) x_{i,j} x_{k,l} - \sum_{i=1}^{N} \sum_{j=1}^{N} x_{i,j} + N \quad (10.12)$$

以上より，E_2 を減少させる結合重み $w_{i,j,k,l}^2$ 及び閾値 $\theta_{i,j}^2$ は，式 (10.12) を式 (10.6) のエネルギー関数と比較することにより，以下のように得られる．

$$w_{i,j,k,l}^2 = -2\delta_{i,k}(1-\delta_{j,l}) \quad (10.13)$$

$$\theta_{i,j}^2 = -1 \quad (10.14)$$

E_3 についても，同様に式 (10.8) を変形し，エネルギー関数の式 (10.6) と比較することにより，E_3 を減少させる結合重み $w_{i,j,k,l}^3$ 及び閾値 $\theta_{i,j}^3$ は，以下のように得ることができる．

$$w_{i,j,k,l}^3 = -2\delta_{j,l}(1-\delta_{i,k}) \quad (10.15)$$

$$\theta_{i,j}^3 = -1 \quad (10.16)$$

巡回セールスマン問題 (TSP) の解探索を行うためには，エネルギー関数 E_1，E_2，及び E_3 を，いずれも最小化する必要がある．そこで，三つのエネルギー関数に対してそれぞれ重みパラメータ A，B，及び C を掛けて，全体のエネルギー関数を

$$E_{\mathrm{TSP}} = AE_1 + BE_2 + CE_3 \quad (10.17)$$

とする．この E_{TSP} を減少させるための結合重み $w_{i,j,k,l}^{\mathrm{TSP}}$，及び閾値 $\theta_{i,j}^{\mathrm{TSP}}$ は，式 (10.11)，(10.13)～(10.16) より，以下のように得ることができる．

$$w_{i,j,k,l}^{\mathrm{TSP}} = -Ad_{i,k}\left(\delta_{j(\mathrm{mod}\,N)+1,l} + \delta_{j-2(\mathrm{mod}\,N)+1,l}\right) - B\delta_{i,k}(1-\delta_{j,l}) - C\delta_{j,l}(1-\delta_{i,k}) \tag{10.18}$$

$$\theta_{i,j}^{\mathrm{TSP}} = -\frac{B+C}{2} \tag{10.19}$$

ただし，ここでは得られた式を全て 2 で割っている．

式 (10.18) の $w_{i,j,k,l}^{\mathrm{TSP}}$，及び式 (10.19) の $\theta_{i,j}^{\mathrm{TSP}}$ を用いて，式 (10.5) によって各ニューロンの状態を更新していくことにより，ニューラルネットワークの状態が，巡回セールスマン問題の答えに近づいていく．

しかし，このような最小値探索法では，最も良い解（グローバルミニマム）を探索することは難しく，ほとんどの場合はローカルミニマムの状態に収束してしまう．そこで，ニューロンの状態を揺らがせ，より良い解の探索を行う．この揺らぎとして，カオスを用いることの有効性が示されている．文献4) では，各ニューロンをカオスニューロンにする手法が提案されており，ランダムニューロンよりも有効であることが示されている．文献5) では，各ニューロンにカオスノイズを加えた場合には，ランダムノイズを加えた場合よりも，性能が向上することが示されている．

10.2　相互結合型ニューラルネットワークにおけるカオスノイズの有効性[6)]

ここではまず，ニューラルネットワークの状態に，**カオスノイズ**（chaotic noise）を加える手法の有効性について説明する．Hopfield–Tank ニューラルネットワークの各ニューロンにノイズを加えた場合の状態更新式を

$$x_{i,j}(t+1) = f\left[\sum_{k=1}^{N}\sum_{l=1}^{N} w_{i,j,k,l}x_{k,l}(t) - \theta_{i,j} + \beta z_{i,j}(t)\right] \tag{10.20}$$

と定義する．ただし，$z_{i,j}(t)$ は時刻 t にニューロン (i,j) に加えるノイズを表し，β は加えるノイズの振幅パラメータである．ノイズ系列 $z_{i,j}(t)$ として，カオスノイズを用いた場合，及び白色ガウスノイズを用いた場合の性能比較を，図 **10.2** に示す．カオスノイズとしては，ロジスティック写像のパラメータ a の値

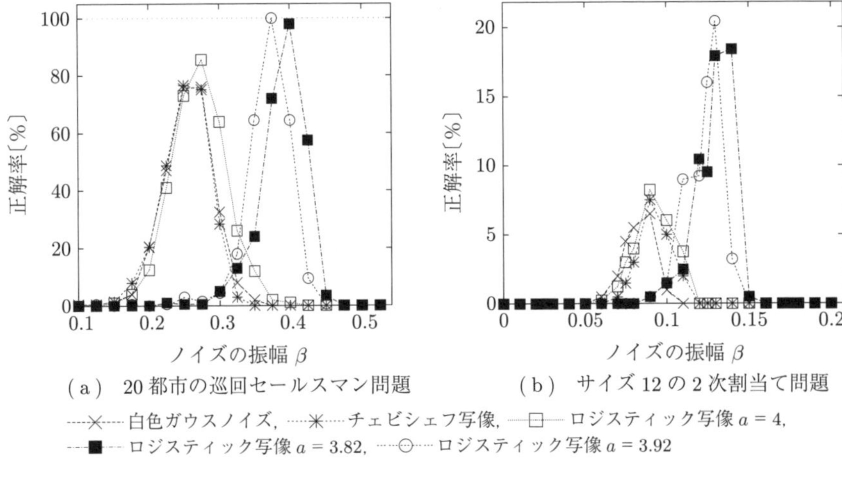

図 10.2　最適化問題の解を求める相互結合型ニューラルネットワークにおける，カオスノイズと白色ガウスノイズの有効性の比較

を 3.82，3.92，4 として用いた場合，及び，チェビシェフ写像を用いた場合の結果を示している．どのノイズの場合も，平均を 0，標準偏差を 1 に正規化したものを，$z_{i,j}(t)$ として用いる．図には，巡回セールスマン問題（TSP）と 2 次割当て問題（QAP）に適用したときの結果を示している．巡回セールスマン問題を解くための結合 $w_{i,j,k,l}$ 及び閾値 $\theta_{i,j}$ は，10.1 節で説明したとおりである．2 次割当て問題を解く結合及び閾値も，同様に導出できる．文献7) などを参照されたい．図では，1 000 ステップ以内に最適解が得られた割合（正解率）を示すことによって，各手法の性能を定量評価して比較している．

図より，ロジスティック写像のパラメータ a が 3.82 と 3.92 のときに，性能が向上していることがわかる．特に，図 (b) の 2 次割当て問題の場合に，性能差が大きくなっている．

図 10.3 に，これらのノイズ系列の自己相関関数を示す．パラメータ a が 3.82 と 3.92 の高い最適化能力を実現するロジスティック写像は，CDMA で有効であった符号と同様に，負の自己相関を持っていることがわかる．ほかは，ランダムノイズもカオスノイズも，ほぼ自己相関がゼロの白色なノイズである．一般的には，探索アルゴリズムに加えるノイズとしては白色ガウスノイズが用い

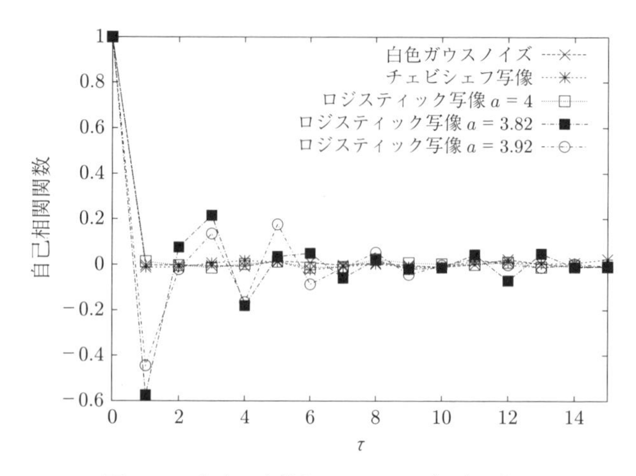

図 **10.3**　探索に有効なカオスノイズの自己相関

られているが，この結果から，白色ガウスノイズよりも，負の自己相関を持つカオスノイズのほうが有効であることがわかる．サロゲートデータ法を用いて解析すると，このような自己相関の有効性をより明確に示すことができる[5)]．

8.2.2 項で説明した CDMA においては，負の自己相関を持つ符号を用いることによって，式 (8.8) における I の非同期な相互相関を最小化できることを説明した．非同期更新する相互結合型ニューラルネットワークによる解探索においても，各ニューロンの出力 $x_{i,j}(t)$ の間に低い相互相関を持たせることが重要である．**図 10.4**(a) に示すように，$x_i(t)$ 間の相互相関が高い場合には，直線上の探索に近くなってしまう．これでは非常に高次元な探索空間の中の良い解を見つけ出すことは難しくなってしまう．一方，$x_i(t)$ 間の相互相関を低くすると，図 (b) に示すような幅広い範囲の探索が可能になる．$x_i(t)$ 間の相互相関を小さくすることにより，最も理想的な探索ダイナミクスを作ることができる．相互結合型ニューラルネットワークは非同期更新するので，式 (8.8)〜(8.18) で示した負の自己相関を各 $x_i(t)$ に持たせることによって，$x_i(t)$ 間の相互相関を低くすることができる．これが，ロジスティック写像のパラメータ a が 3.82 と 3.92 のときに性能が向上している理由と考えることができる．

8.2.2 項では，負の自己相関 $C(\tau) \simeq C \times r^{\tau}$, $r < 0$ を持つカオス符号を作る

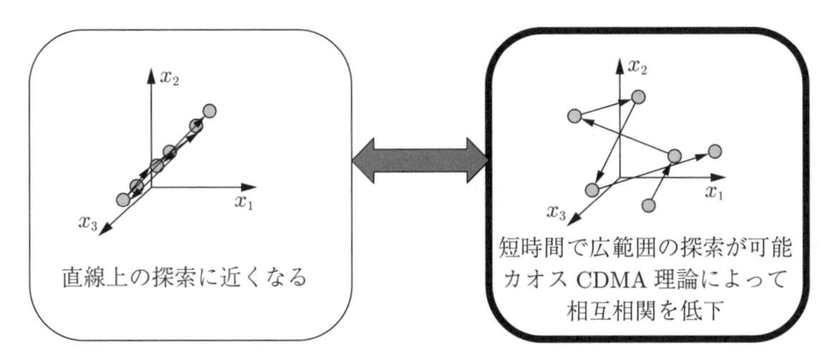

（a） $x_i(t)$ 間の相互相関が高い場合　　（b） $x_i(t)$ 間の相互相関が低い場合

図 10.4 探索における負の自己相関を持つカオスの有効性

ために，カオス写像を用いる方法を紹介した．文献8) では，式 (10.21) に示すような Lebesgue spectrum filter（LSF）を用いる方法が用いられている．

$$\hat{f}(t) = \sum_{u=0}^{M} r^u f(t-u) \tag{10.21}$$

各ニューロンの出力にこの LSF を適用して負の自己相関を持たせた場合の有効性を確認してみる．

Hopfield–Tank ニューラルネットワークに負の自己相関を与えるために，以下の状態更新式を用いることにする．ニューロンの内部状態 $y(t)$ に LSF を適用する．

$$y_{i,j}(t+1) = \sum_{k=1}^{N}\sum_{l=1}^{N} w_{i,j,k,l}x_{k,l}(t) + \theta_{i,j} + \beta z_{i,j}(t) \tag{10.22}$$

$$\hat{y}_{i,j}(t+1) = \sum_{u=0}^{M} r^u y_{i,j}(t+1-u) \tag{10.23}$$

$$x_{i,j}(t+1) = 1/(1+\exp(-\hat{y}_{i,j}(t+1)/\varepsilon)) \tag{10.24}$$

数値計算においては

$$\hat{y}_{i,j}(t+1) = r\hat{y}_{i,j}(t) + y_{i,j}(t+1) \tag{10.25}$$

を用いる．

無相関な3種類のノイズ（白色ガウスノイズ，チェビシェフ写像，$a = 4$ のロジスティック写像）を利用し，LSF のパラメータ r で自己相関 $C(\tau) \simeq C \times r^{\tau}$ を調整しながら，どのような自己相関が有効であるかを調べてみる．LSF を適用したニューラルネットワークを TSP に適用したときの，1 000 ステップ以内に最適解が得られた割合を正解率として図 **10.5** に示す．図 10.2 で既に，ここで用いた無相関なノイズを適用しても，正解率は 80%程度であることを示した．ところが，このような無相関ノイズに LSF を適用して負の自己相関を持たせることにより，100%の正解率が得られるようになることが図 10.5 の結果からわかる．自己相関のパラメータ r を -0.25 あたりとした場合に最も性能が高くなっており，相互相関を最小にする $r = -2 + \sqrt{3}$ に近い値である．このような負の自己相関によってニューロンの間の相互相関を低くすることができ，短時間で広い空間を探索できるようになって性能が向上していると考えることができる．

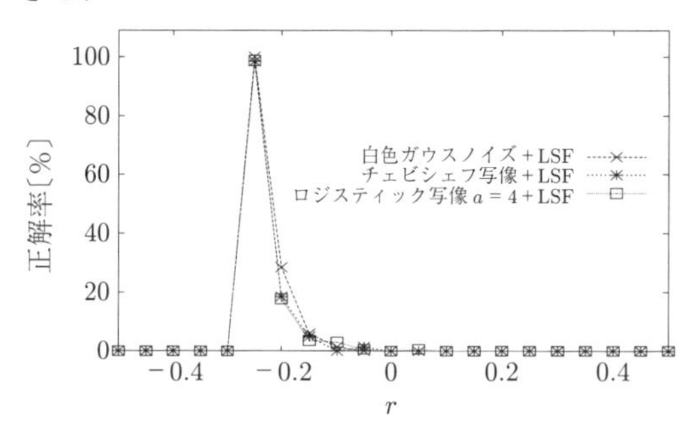

図 10.5　20 都市の巡回セールスマン問題を求める相互結合型ニューラルネットワークにノイズを加え，LSF を適用したときの正解率

10.3　相互結合型カオスニューラルネットワークによる組合せ最適化

ここでは，9.4 節で紹介したカオスニューラルネットワークを用いる最適化法を紹介する．カオスニューラルネットワークを用いた手法は，文献8) など，多くの文献でその有効性が示されている．10.1.2 項で紹介した相互結合型ニューラルネットワークの各ニューロンを，カオスニューロンに置き換えることによって，カオスダイナミクスを用いた解探索を実現することができる．

ここでは，外部入力の項を省略した2内部状態のカオスニューラルネットワークを用いる．

$$\eta_i(t+1) = k_m \eta_i(t) + \sum_{j=1}^{N_x} W_{ij} x_j(t) \tag{10.26}$$

$$\zeta_i(t+1) = k_r \zeta_i(t) - \alpha x_i(t) + a_i \tag{10.27}$$

$$x_i(t+1) = f_i[\eta_i(t+1) + \zeta_i(t+1)] \tag{10.28}$$

ここで，f_i はシグモイド関数，$f_i(z) = 1/(1+\exp(-z/\varepsilon))$ である．二つの内部状態の減衰定数 k_m 及び k_r が等しい場合には，1内部状態のモデルへと，更に簡略化することもできる．

まず，文献1) で Hopfield と Tank が使用した10都市の巡回セールスマン問題に適用した結果を**図 10.6** に示す．パラメータは，$\alpha = 0.6$，$\varepsilon = 0.125$，$R = 0.115$，$k_m = 0.725$，$\tau = 20$ として，k_r を変化させている．500通りのランダムな初期値から始めて，それぞれ時間 t を1000回まで繰り返し計算させたときの正解率である．500通りの全ての初期値で，100%最適解が求まるパラメータが存在している．

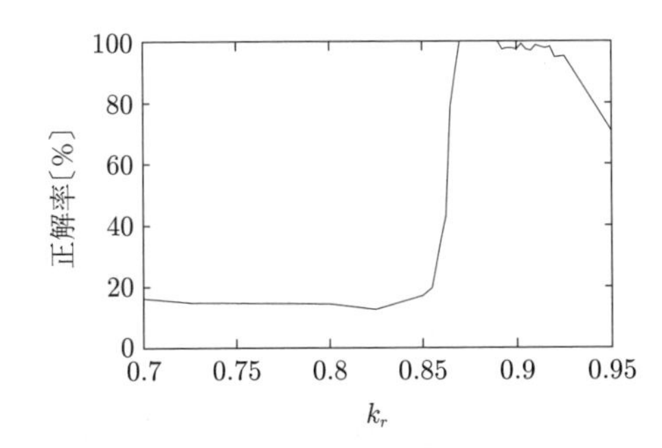

図 10.6 カオスニューラルネットワークを用いた巡回セールスマン問題の解法の性能

ここまでは，相互結合型ニューラルネットワークを用いた組合せ最適化手法について述べてきた．しかし，Hopfield–Tank ニューラルネットワークに基づいたこれらの手法は，小さな問題にしか適用できない．n 都市の巡回セールスマン問題では $n \times n$ 個のニューロンが必要であり，大きな問題では計算量が非常に大きくなる．更に，相互結合の本数は n の 4 乗のオーダで増大してしまう．また，問題の制約条件を最小化するエネルギー関数に組み込むため，この制約項を 0 に最小化できない場合，実行可能解すら得ることができない．

一方，探索する順列をヒューリスティックに操作するアルゴリズムは，大規模問題への適用が容易である．そのようなアルゴリズムにカオスダイナミクスを持たせることで，大規模な問題に有効なカオス探索を適用することができる[9]．

10.4　ヒューリスティックスをカオスで駆動する解法

ここでは，組合せ最適化に有効な**タブーサーチ** (tabu search) にカオスダイナミクスを持たせ，高性能なアルゴリズムを実現する方法を紹介する[10]．タブーサーチは，同じローカルミニマムを何度も探索することを回避することで，効率的に良好な解の探索を行う手法であり，高い性能を持つ[11]．タブーサーチをニューロンの不応性によって構築し，カオスニューロンに変形することで，カオスダイナミクスによる高性能な**カオスタブーサーチ** (chaotic tabu search) を実現できる．

10.4.1　タブーサーチ

文献11) のタブーサーチは，QAPLIB[12] 中の多くの 2 次割当て問題の最良解を解いた非常に高性能な手法である．2 次割当て問題とは，行列 $\boldsymbol{A}$ と $\boldsymbol{B}$ の要素 $a_{m,n}$ と $b_{m,n}$ が与えられたとき，$F(\boldsymbol{p}) = \displaystyle\sum_{m=1}^{N}\sum_{n=1}^{N} a_{m,n} b_{p(m),p(n)}$ を最小にする順列 $\boldsymbol{p}$ を求める問題である．

最適な順列 $\boldsymbol{p}$ を求めるための探索解法では，まず初期状態として適当な順列 $\boldsymbol{p}(0)$ を作成する．この初期状態から二つの要素を入れ換えるという操作で順列の状態を変え，最適な $\boldsymbol{p}$ を探索する．時刻 t における順列 $\boldsymbol{p}(t)$ を更新する際，要素 i を j 番目に移動すると，要素 i の元の場所 $I(i)$ には，場所 j の元の要素 $p(j)$ を移動しなくてはならない．すなわち，i と $p(j)$ を入れ換えることになるが，その順列を $\boldsymbol{p}(t)_{i,j}$ とする．$F(\boldsymbol{p}(t)) > F(\boldsymbol{p}(t)_{i,j})$ であった場合，$\boldsymbol{p}(t+1)$ を $\boldsymbol{p}(t)_{i,j}$ に更新することで目的関数値を減少させていくことができる．しかし，減少したときのみ $\boldsymbol{p}$ を更新するルールを用いると，ローカルミニマムで探索が停止してしまう．

文献11) では，このような順列の更新にタブーサーチを適用し，高い性能を実現している．i と $p(j)$ の交換による i の j への割当て，及び，$p(j)$ の $I(i)$ への割当てを含む更新を，時間の長さ s の間だけ禁止する．禁止を含まない交換の中で，解の改善が最も大きい交換，あるいは，改善する交換がない場合は改悪が最も小さい交換を選択し，順列を更新する．

10.4.2　タブーサーチニューラルネットワーク

このタブーサーチを，不応性を持つニューロンで定式化する[10),13)]．三つの内部状態 $\xi_{i,j}$，$\gamma_{i,j}$，$\zeta_{i,j}$ を用い，それぞれ，ゲイン入力，i の j への割当てのタブー，$p(j)$ の $I(i)$ への割当てのタブーに対応させると，以下のような式でタブーサーチを構築できる．

$$\xi_{i,j}(t+1) = \beta(F(\boldsymbol{p}(t)) - F(\boldsymbol{p}(t)_{i,j}) \tag{10.29}$$

$$\zeta_{i,j}(t+1) = -\alpha \sum_{d=0}^{s-1} k_r^d x_{i,j}(t-d) \tag{10.30}$$

$$\gamma_{i,j}(t+1) = -\alpha \sum_{d=0}^{s-1} k_r^d x_{p(j),I(i)}(t-d) \tag{10.31}$$

$\xi_{i,j}(t+1) + \gamma_{i,j}(t+1) + \zeta_{i,j}(t+1)$ が最大となったニューロン (i,j) に対応する順列の更新（i と $p(j)$ の入換え）を適用する．この更新による $i_{\max}$ の $j_{\max}$ への割当て，及び，$p(j_{\max})$ の $I(i_{\max})$ への割当てをそれぞれ記憶してタブーにするために，対応するニューロンの出力を 1 にし（$x_{i_{\max},j_{\max}}(t+1) = x_{p(j_{\max}),I(i_{\max})}(t+1) = 1$），ほかのニューロンの出力 $x_{i,j}$ は全て 0 にする．β はゲインの重み，α はタブーの強さ，k_r はタブーの減衰定数である．α を十分大きくし，$k_r = 1$，s をタブー期間に設定すると，文献11) のタブーサーチを再現できる．

10.4.3　カオスタブーサーチ

このタブーサーチを，カオスダイナミクスを持つ形式に拡張する．不応性を持つニューロンに，出力関数としてシグモイド関数を持たせることで，カオスダイナミクスを持つカオスニューロンが実現できる．10.4.2 項で解説したタブーサーチニューラルネットワークでは，内部状態が最大となっているものだけを選び，その出力を 1 としている．カオスダイナミクスを持たせるために，出力関数をシグモイド関数 f に置き換え，1 ニューロンのみが発火するための発火率制御はニューロン間の結合で実現する．文献11) のタブーサーチをカオス的に動作するように拡張したカオスタブーサーチニューラルネットワークは，以下のようになる．

$$\xi_{i,j}(t+1) = \beta(F(\mathbf{p}(t)) - F(\mathbf{p}(t)_{i,j}) \tag{10.32}$$

$$\eta_{i,j}(t+1) = -w \sum_{m=1}^{N} \sum_{n=1 (m \neq i \vee n \neq j)}^{N} x_{m,n}(t) + w \tag{10.33}$$

$$\zeta_{i,j}(t+1) = k_r \zeta_{i,j}(t) - \alpha(x_{i,j}(t) + z_{i,j}(t)) + a \tag{10.34}$$

$$\gamma_{i,j}(t+1) = k_r \zeta_{p(j),I(j)} - \alpha(x_{p(j),I(i)}(t) + z_{p(j),I(i)}) + a \tag{10.35}$$

$$\begin{aligned} x_{i,j}(t+1) = f\{&\xi_{i,j}(t+1) + \eta_{i,j}(t+1) \\ &+ \gamma_{i,j}(t+1) + \zeta_{i,j}(t+1)\} \end{aligned} \tag{10.36}$$

$z_{i,j}(t)$ は，$p(j_{\max})$ の $I(i_{\max})$ への割当てを記憶する内部状態で，ニューロン (i, j) を更新する際に，$x_{i,j}(t)$ を $z_{p(j),I(i)}(t)$ に加算し，$z_{i,j}(t+1)$ を 0 にリセットする．$x_{i,j}(t+1) > 1/2$ となったときに，i を j に割り当て，$p(j)$ を $I(i)$ に割り当てる交換を行う．

この手法の性能については，文献10) に多くの結果がまとめられており，カオスを導入することによって，性能が大きく向上できることが示されている．更に，このアルゴリズムのアナログ回路実装も行われており，非常に高速に動作するカオスタブーサーチが実現されている[14)]．

10.4.4 カオスタブーサーチの巡回セールスマン問題への適用例[15)]

Hopfield–Tank ニューラルネットワークを用いたアプローチでは，ネットワークの発火パターン自体が解を形成していたために，制約条件を満足する解を表現することすら困難であったが，ここで紹介するカオスタブーサーチでは，解の形成は常に制約条件を満足した状態で解を更新するヒューリスティックなアルゴリズムが行い，カオスダイナミクスはそのアルゴリズムを制御するために用いられる．大規模問題に適用可能なヒューリスティックアルゴリズムをベースとすれば，カオス探索を大規模な問題にも適用することができる[9)]．

ここでは巡回セールスマン問題を対象として，2–opt 法を用いたタブーサーチをカオスタブーサーチへと拡張する手法を紹介する．2–opt 法とは，最急降下的に巡回路長を最小化していくアルゴリズミックな手法であり，制約条件を満足する解のみを探索するもので，大規模な問題へも容易に適用できる．**図 10.7** の例を使って説明すると，二つの経路（i-$a(i)$ と j-$a(j)$）を切って，別の二つの経路（i-j と $a(i)$-$a(j)$）をつなげるような巡回路の更新の候補を考えたとき，新たな巡回路が元の巡回路よりも短くなった場合に実際の更新を行うというのが 2–opt 法である．しかしながら，この手法も常に減少させる更新によって最小値探索を行うため，ローカルミニマム問題が存在する．

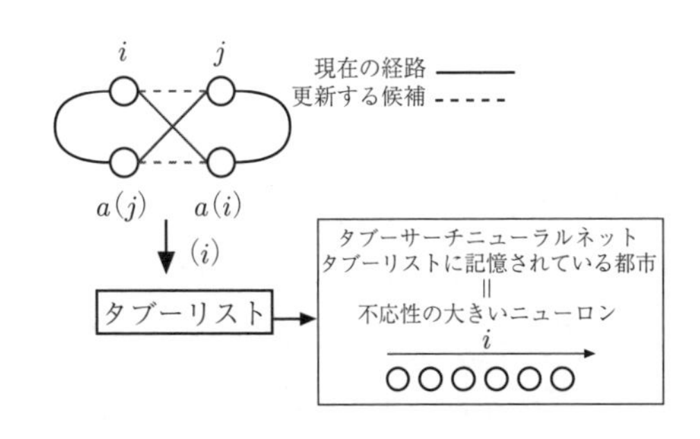

図 10.7 2–opt 法を基盤としたタブーサーチニューラルネットワークの構成

そのような問題を解決する一手法としてタブーサーチが用いられる．ここでは，図の 2–opt の中の i のみをタブーリストに記憶し，これを期間 s の間タブーとするタブーサーチを考える．巡回路の更新には，i と j に対応する都市がタブーリストに記憶されていない 2–opt の中で，最もゲイン（現在の経路長 – 更新後の経路長）が大きいものを実行するというルールを用いる．ローカルミニマムに陥っている場合でも，更新を同じ条件で行うことにより，局所解に留まらない効率的な探索が可能となっている．

このタブーサーチでは，記憶する要素は都市のラベル i なので，タブーリストに出現する可能性のある要素は n 都市の巡回セールスマン問題の場合，n 種類のみである．そこで，n 個のニューロンを用意し，おのおののニューロンの内部状態を，おのおのの都市のタブーに対応させる．このタブーをニューロンの不応性で実現すると以下のような状態更新式でタブーサーチと同じ動作をするニューラルネットワークが構成できる．

$$\xi_i(t+1) = \max_j\{\zeta_j(t+1) + \beta\Delta_{i,j}(t)\} \tag{10.37}$$

$$\zeta_i(t+1) = -\alpha\sum_{d=0}^{s-1} k_r^d x_i(t-d) \tag{10.38}$$

$$y_i(t+1) = \xi_i(t+1) + \zeta_i(t+1) \tag{10.39}$$

$$x_i(t+1) = \begin{cases} 1 & \text{全ての}\, k\ (k \neq i)\, \text{に対して}\, y_i(t{+}1) > y_k(t{+}1) \\ & \text{を満たすとき} \\ 0 & \text{それ以外} \end{cases} \tag{10.40}$$

$\zeta_i(t)$ が不応性であり，式 (10.38) で，過去 s ステップ以内にニューロンが発火していれば，すなわち出力 $x_i(t-d)$, $d = 0, \ldots, s-1$ が一つでも 1 になっていれば，このニューロンの発火が α で抑制される．$\Delta_{i,j}$ は，都市 i と都市 j をつなぐ 2–opt を実行した際の巡回路長のゲインである．式 (10.37) の $\xi_i(t)$ の項では，都市 i とつなぐ j として，タブーではなくて，かつ，2–opt によるゲインが大きくなるものを選択するようになっている．ニューロンの出力 $x_i(t)$ は，$y_i(t)$ が最大となっているニューロンのみを $x_i(t) = 1$（発火）とし，式 (10.37) で選択した j に対応する都市と i をつなぐように 2–opt 法を実行して巡回路を更新する．以上の更新ルールにおいて，$k_r = 1$, $\alpha \to \infty$, s をタブー期間に設定すると，タブーサーチと全く同じアルゴリズムをこのニューラルネットワーク上で実行することができる．

次に，このタブーサーチニューラルネットワークをカオスニューラルネットワークの形に変換することによって，カオスタブーサーチを構築する．カオスニューロン[16]は，南雲–佐藤ニューロン[17]の出力をアナログのシグモイド関数に変更することで，カオスダイナミクスを呈する形に拡張したものである．ここでも同様に，式 (10.40) の出力関数をシグモイド関数にすることでカオスダイナミクスを持たせる．また，タブーサーチニューラルネットワークでは，内部状態の和 $y_i(t+1)$ の最大値をとることで出力を決定していたが，ここで実現するカオス探索法では，発火するニューロンが各時刻 t ごとに一つずつになるように制御する結合を内部状態 $\eta_i(t)$ として導入し，出力値 $x_i(t+1)$ はシグモイド関数の出力を用いる．

以上をまとめると，以下の式でタブーサーチを基盤とするカオス探索法を実現することができる．

$$\xi_i(t+1) = \max_j\{\zeta_j(t+1) + \beta\Delta_{ij}(t)\} \tag{10.41}$$

$$\eta_i(t+1) = -W\sum_{k=1}^{N} x_k(t) + W \tag{10.42}$$

$$\zeta_i(t+1) = -\alpha\sum_{d=0}^{s-1} k_r^d x_i(t-d) + \theta \tag{10.43}$$

$$y_i(t+1) = \xi_i(t+1) + \eta_i(t+1) + \zeta_i(t+1) \tag{10.44}$$

$$x_i(t+1) = f\{y_i(t+1)\} \tag{10.45}$$

ここで，f はシグモイド関数，$f(y) = 1/\{1+\exp(-y/\varepsilon)\}$ である．このニューラルネットワークでは，$x_i(t+1) > 1/2$ となった場合にニューロンが発火したとみなし，対応する都市 i と j をつなぐように 2–opt を実行する．パラメータは前述のタブーサーチを実現する値には設定せず，カオス的な振舞いをするように，$0 < k_r < 1$，α を有限値とする．タブーサーチでは，タブーリスト期間 s に性能が依存しているが，カオス探索法では，$s-1=t$，すなわち，過去の

全ての発火の履歴を記憶するように設定する．これにより，式 (10.43) は次式のように数値計算に適した形に変形することができる．

$$\zeta_i(t+1) = k_r\zeta_i(t) - \alpha x_i(t) + a \tag{10.46}$$

ここで，$a = \theta(1 - k_r)$ である．この式は，カオスニューロン[16)] と同じであり，このニューラルネットワークでカオスダイナミクスを実現可能であることがわかる．

以上のように，本解法はカオスニューラルネットワークが 2–opt 法を駆動する解法であり，10.3 節で紹介した Hopfield–Tank ニューラルネットワークを基盤とする解法のように，制約条件を満足しない実行不可能解を生成することはない．また，ニューロン数は n 都市の巡回セールスマン問題に対して n 個のみ必要であり，更に，相互結合の重みは一定なので，計算も非常に簡単になっている．

図 10.8 に，本カオス探索法を適用した結果の例を示す．○が都市を，線が得られた巡回路を示している．このような大規模な問題でも，この程度のよい結果は簡単に得られる．

表 10.1 にカオス探索法の性能をタブーサーチと比較した結果を示す．おのおのの結果は，100 通りのランダムな初期状態を用いた場合に得られた解の平均値と，既知の最適解とのギャップをパーセンテージで表したものであり，0 であれば，常に最適解が求まるということを意味する．表より，カオス探索法の

表 10.1　タブーサーチ，エクスポネンシャルタブーサーチ，カオス探索法の結果．100 通りのランダムな初期状態を用い，10 000 イタレーション計算したときの平均の解と，既知最適解とのギャップをパーセンテージでそれぞれ示している．

問題	都市数 n	タブーサーチ	エクスポネンシャル タブーサーチ	カオス探索法
KroA100	100	2.629	0.331	0.059
Lin105	105	2.199	0.200	0.000
KroA200	200	3.985	1.570	0.767
Lin318	318	5.120	2.705	1.599
Pcb1173	1 173	6.629	4.494	2.605

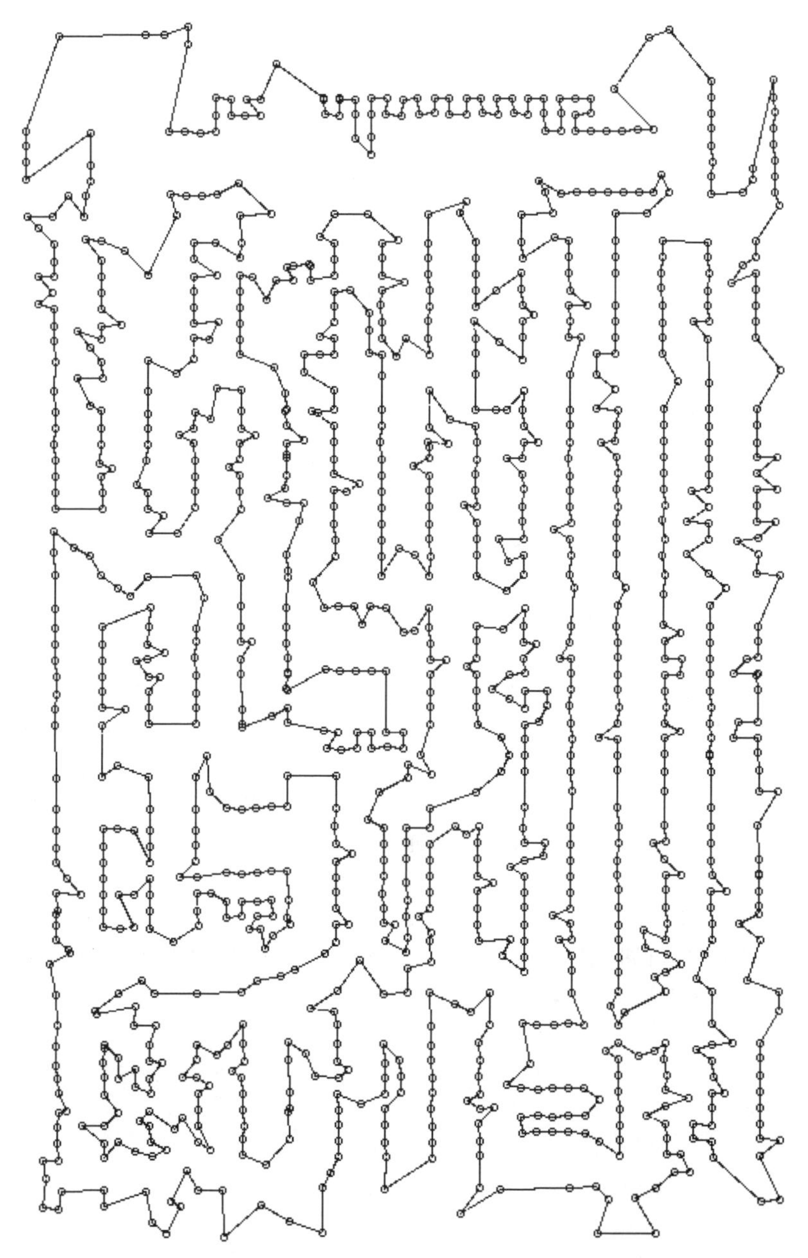

図 **10.8**　1173 都市の巡回セールスマン問題に適用した結果の例

結果の値が最も小さくなっており，タブーサーチをカオス探索法に変換することで，性能が向上していることがわかる．ここで，エクスポネンシャルタブーサーチとは，タブーサーチニューラルネットワークの式 (10.37)～(10.40) のパラメータを $0 < k_r < 1$，α を有限値，$s-1=t$ と設定し，タブーの影響を指数関数的に減衰させたタブーサーチである．表より，エクスポネンシャルタブーサーチは，タブーサーチより高性能であることがわかる．カオスタブーサーチは，エクスポネンシャルタブーサーチを更にカオスを呈する形に拡張した手法であり，それによって更に性能が向上できることがわかる．

章 末 問 題

【1】 2 次割当て問題は，二つの行列 $\boldsymbol{A}=(a_{ij})$，$1 \leqq i \leqq n$，$1 \leqq j \leqq n$，及び $\boldsymbol{B}=(b_{ij})$，$1 \leqq i \leqq n$，$1 \leqq j \leqq n$，が与えられたときに，$f(\boldsymbol{p})=a_{ij}b_{p(i)p(j)}$ を最小にする順列 $\boldsymbol{p}$ を求めよ，という問題である．これを相互結合型ニューラルネットワークを用いて解きたい．順列 $\boldsymbol{p}$ を各ニューロンの状態で表現するために，x_{ij} の発火を，要素 i を順列の j 番目とすることに対応させる．このとき，結合重み $w_{i,j,k,l}$，及び閾値 $\theta_{i,j}$ をどのように設定すればよいか，それぞれ計算せよ．

【2】 カオスノイズの有効性は，サロゲートデータ法で調べることもできる．10.2 節で示したように，負の自己相関が重要であることを確認するには，どのようなサロゲートデータを用いて，どのような比較を行えばよいか．

【3】 10.2 節では，カオスノイズを加えることによって，ニューラルネットワークに負の自己相関を持たせている．このほかにも，負の自己相関を持たせる方法はいろいろ考えられる．どのような方法があるか．

付　録：確率微分方程式の基礎事項

この付録では確率微分方程式の基礎事項についてごく簡単に述べる．詳しくは巻末文献1), 2)（p. 244）などを参照されたい．

付.1　ランジュバン方程式と確率微分方程式

ノイズを受けた物理系の運動は，一般に**ランジュバン**（Langevin）**方程式**によって表される．例えば，実変数 $x(t)$ が定常なノイズ $\xi(t)$ の影響を受けて発展する場合は

$$\frac{dx}{dt} = a(x,t) + b(x,t)\xi(t) \qquad (付.1.1)$$

となる．ここで，$a(x,t)$ は x の決定論的なダイナミクスを表し，ドリフト項と呼ばれる．$b(x,t)$ はノイズからの確率的な影響を表す．このようなランジュバン方程式は，熱揺らぎを受けるブラウン（Brown）運動のような確率的現象のモデル化に古くから使われてきている．特に，ノイズが時間相関を持たない白色ガウス（Gauss）型である場合がよく考えられるが，その場合，$\xi(t)$ は通常の微分可能な関数ではないため，ランジュバン方程式の解釈と扱いには特別な注意が必要となる．

数学的には，このような白色ガウスノイズに駆動される確率過程は，伊藤の**確率微分方程式**（stochastic differential equation）

$$dx = A(x,t)dt + B(x,t)dW(t) \qquad (付.1.2)$$

として厳密化される．$x(t)$ は一般に滑らかではなく t で微分できないので，微小時間 dt における x の増分 dx に関する式として表される．右辺の $W(t)$ は標準ウィーナー過程で，$W(t)-W(s)$ は平均 0, 分散 $t-s$ のガウス分布に従い，定常独立増分，つまり $W(t)-W(s)$ の分布は時間差 $t-s$ のみに依存し，$t_0 < t_1 < t_2$ ならば $W(t_1)-W(t_0)$ と $W(t_2)-W(t_1)$ は統計的に独立である．$dW(t) = W(t+dt) - W(t)$ は $W(t)$ の微小増分で，平均 0, 分散 dt のガウス分布に従い，統計平均を $\langle\cdots\rangle$ として，$\langle dW(t)\rangle = 0$, $\langle dW(t)^2\rangle = dt$ となる．

付.2　伊藤の確率積分

伊藤の確率微分方程式 (付.1.2) の解は

$$x(t) = x(0) + \int_0^t A(x(s),s)ds + \int_0^t B(x(s),s)dW(s) \qquad (付.2.1)$$

のように表される（本来はこれが伊藤過程の定義である）．ここで，右辺の第 1 項は通常の積分だが，第 2 項の積分は，区間 $[0, t]$ を $0 = s_0 < s_1 < \cdots < s_{n-1} < s_n = t$ に細かく分割したときに

$$\int_0^t B(x(s), s)dW(s) \\ = \lim_{n \to \infty} \sum_{i=1}^{n} B(x(s_{i-1}), s_{i-1})[W(s_i) - W(s_{i-1})] \qquad (付.2.2)$$

により定義される**伊藤の確率積分**である．ここで，各区間で $B(x(s), s)$ を評価する際に，s として区間の始点の値 s_{i-1} を用いることが重要である．この定義では $B(x(t), t)$ と $dW(t)$ は統計的に独立で，$\langle B(x(t), t)dW(t)\rangle = 0$ となる．

付.3　伊 藤 の 公 式

確率微分方程式 (付.1.2) の解 $x(t)$ の関数 $f(x(t))$ の dt 時間の微小増分を求める際には，$x(t)$ が滑らかではないため，通常のように $O(dx^2)$ から先の微小項を無視して

$$df = f(x + dx) - f(x) = f'(x)dx \\ = f'(x)A(x, t)dt + f'(x)B(x, t)dW(t) \qquad (付.3.1)$$

としてはならない．増分 $dW(t)$ の分散が dt なので，dx の 2 次の項にも $dW(t)^2$ に比例する $O(dt)$ の項が含まれることを考慮して，$O(dt^{3/2})$ から先を無視した

$$df = f(x + dx) - f(x) = f'(x)dx + \frac{1}{2}f''(x)dx^2 \\ = \left[f'(x)A(x, t) + \frac{1}{2}f''(x)B(x, t)^2\right]dt + f'(x)B(x, t)dW(t) \qquad (付.3.2)$$

という**伊藤の公式**（Ito formula）に従って行う必要がある．

付.4　フォッカー–プランク方程式

伊藤の確率微分方程式 (付.1.2) に従う確率変数 x の確率密度関数 $P(x, t)$ は，**フォッカー–プランク方程式**

$$\frac{\partial P(x, t)}{\partial t} = -\frac{\partial}{\partial x}[A(x, t)P(x, t)] + \frac{1}{2}\frac{\partial^2}{\partial x^2}\left[B(x, t)^2 P(x, t)\right] \qquad (付.4.1)$$

に従う．特に，係数 $A(x, t)$ と $B(x, t)$ が時間 t によらない場合には，$P(x, t)$ は $t \to \infty$ で定常解 $P_0(x)$ に収束し，確率変数 x の定常確率密度関数を与える．

付.5　有色ノイズの白色極限とストラトノビッチ型確率微分方程式

時間相関を全く持たない完全な白色ノイズは自然界には存在しないため，多くの場合，白色ノイズは時間相関を持つ有色ノイズの相関時間が短い白色近似と解釈される．一般に，平均 $\langle\xi(t)\rangle = 0$ で，相関関数 $C(t-s) = \langle\xi(t)\xi(s)\rangle$ が $\int_{-\infty}^{\infty} C(u)du = 1$ を満たす微分可能な $\xi(t)$ に駆動されるランジュバン方程式

$$\frac{dx}{dt} = A(x,t) + B(x,t)\xi(t) \tag{付.5.1}$$

において，$\xi(t)$ の相関時間が短い白色極限をとると，このランジュバン方程式の解は同じ係数を持つ伊藤型の確率微分方程式 (付.1.2) の解には収束せず，形は同じであるが，確率積分の解釈が異なるストラトノビッチ型の確率微分方程式

$$(\mathrm{S})\ dx = A(x,t)dt + B(x,t)dW(t) \tag{付.5.2}$$

の解に収束することが知られている（Wong–Zakai 定理）．ここでストラトノビッチ解釈であることを明示するために (S) と表した．確率微分方程式 (付.5.2) の解は，伊藤積分ではなくストラトノビッチ型の確率積分

$$\begin{aligned}(\mathrm{S}) &\int_0^t B(x(s),s)dW(s) \\ &= \lim_{n\to\infty}\sum_{i=1}^{n}\frac{B(x(s_i),s_i)+B(x(s_{i-1}),s_{i-1})}{2}\times[W(s_i)-W(s_{i-1})]\end{aligned} \tag{付.5.3}$$

により定義される．積分中の $B(x,t)$ の評価には，各区間の始点での値だけでなく，終点での値との平均が用いられ，伊藤積分とは異なる結果を与える．

ストラトノビッチ解釈の確率微分方程式の解 $x(t)$ の関数 $f(x(t))$ の微小増分を計算する際には，伊藤解釈の場合とは異なり

$$(\mathrm{S})\ df = f'(x)dx = f'(x)[A(x,t)dt + B(x,t)dW(t)] \tag{付.5.4}$$

という通常の規則を使ってよいことが知られている．これは，変数変換をする際には便利であるが，ストラトノビッチ解釈では $B(x(t),t)$ と $dW(t)$ が独立ではなくなるというデメリットがある．一般に，ストラトノビッチ型の確率微分方程式

$$(\mathrm{S})\ dx = A(x,t)dt + B(x,t)dW(t) \tag{付.5.5}$$

は，伊藤型の確率微分方程式

$$dx = \left[A(x,t) + \frac{1}{2}B(x,t)\frac{\partial}{\partial x}B(x,t)\right]dt + B(x,t)dW(t) \tag{付.5.6}$$

に書き直せることが知られているため，ランジュバン方程式で実現象をモデル化したのち，その白色極限としてストラトノビッチ型の確率微分方程式を考え，これを更に伊藤型の確率微分方程式に変形して扱うと，解析が容易となることが多い．

付.6　多次元の場合

以上の内容は多変数の場合にもそのまま一般化され，確率変数を $\boldsymbol{x} = (x_1, \ldots, x_n)$ とすると，伊藤型の確率微分方程式は $i = 1, 2, \ldots, n$ について

$$dx_i = A_i(\boldsymbol{x}, t)dt + \sum_{j=1}^{n} B_{ij}(\boldsymbol{x}, t)dW_j(t) \tag{付.6.1}$$

のように表される．ここで，$A_i(\boldsymbol{x}, t)$ は変数 x_i の決定論的ダイナミクス，$B_{ij}(\boldsymbol{x}, t)$ は白色ノイズ $dW_j(t)$ の変数 x_i への影響を表す．また，$W_1(t), \ldots, W_n(t)$ は互いに独立な標準ウィーナー過程で，$\langle dW_i(t)\rangle = 0$, $\langle dW_i(t)dW_j(t)\rangle = \delta_{ij}dt$ を満たす．伊藤の公式は，$\boldsymbol{x}$ の関数 $f(\boldsymbol{x})$ に対し

$$df = \left[\sum_i A_i \frac{\partial f}{\partial x_i} + \frac{1}{2}\sum_{i,j}\left(\sum_{k=1}^{n} B_{ik}B_{kj}\right)\frac{\partial^2 f}{\partial x_i \partial x_j}\right]dt + \sum_{i,j} B_{ij}\frac{\partial f}{\partial x_i}dW_j(t) \tag{付.6.2}$$

となり，確率変数 $P(\boldsymbol{x}, t)$ に関するフォッカー–プランク方程式は

$$\frac{\partial P}{\partial t} = -\sum_{i=1}^{n}\frac{\partial}{\partial x_i}(A_i P) + \frac{1}{2}\sum_{i=1}^{n}\sum_{j=1}^{n}\frac{\partial^2}{\partial x_i \partial x_j}\left[\left(\sum_{k=1}^{n} B_{ik}B_{kj}\right)P\right] \tag{付.6.3}$$

となる．また，ストラトノビッチ型の確率微分方程式

$$\text{(S)}\ dx_i = A_i dt + \sum_{j=1}^{n} B_{ij}dW_j(t) \tag{付.6.4}$$

に対応する伊藤型の確率微分方程式は

$$dx_i = \left(A_i + \frac{1}{2}\sum_{j,k} B_{kj}\frac{\partial}{\partial x_k}B_{ij}\right)dt + \sum_{j=1}^{n} B_{ij}dW_j(t) \tag{付.6.5}$$

で与えられる．

付.7　確率微分方程式の数値計算法

伊藤型の確率微分方程式の数値シミュレーションにおいては，微小な計算ステップを Δt，時刻 t_n（タイムステップ n）での $x(t)$ の値を x_n として，平均 0，分散 1 の無相関なガウス分布に従う乱数 z_n を発生させ

$$x_{n+1} = x_n + A(x_n, t_n)\Delta t + B(x_n, t_n) z_n \sqrt{\Delta t} \tag{付.7.1}$$

を計算していけば近似的なサンプルパスが得られる．これは最もシンプルなオイラー–丸山法であり，Milstein 法や確率的ルンゲ–クッタ（Runge–Kutta）法などの高次のアルゴリズムも存在する．

なお，ストラトノビッチ型の確率微分方程式を数値積分する場合には注意が必要であり，単純に式 (付.7.1) を用いると伊藤解釈で数値積分することになってしまう．ストラトノビッチ型の確率微分方程式は，伊藤型に変換してから上式を用いるか，専用のアルゴリズムを用いる必要がある．別の手法として，確率変数 $\xi(t)$ に関する Ornstein–Uhlenbeck 過程

$$d\xi = -\frac{1}{\tau}\xi dt + \frac{1}{\tau} dW(t) \tag{付.7.2}$$

を数値積分すると，平均 $\langle \xi(t) \rangle = 0$，相関関数 $\langle \xi(t)\xi(s) \rangle = (2\tau)^{-1} \exp(-|t-s|/\tau)$ の相関時間 τ の有色ガウスノイズが得られるので，τ を十分に小さな値にとり，この $\xi(t)$ をランジュバン方程式のノイズとして用いれば，白色ガウスノイズに駆動されるストラトノビッチ型の確率微分方程式で表される系の近似となる．これは扱うモデルが複雑で伊藤型への変換が困難な場合に便利である．

引用・参考文献

★ 1 章

1）合原一幸（編著）：社会を変える驚きの数学，ウェッジ (2008)

2）A. L. Hodgkin and A. F. Huxley：A quantitative description of membrane current and its application to conduction and excitation in nerve, Journal of Physiology, **117**[†], pp. 500–544 (1952)

3）合原一幸（編著）：暮らしを変える驚きの数理工学，ウェッジ (2015)

4）合原一幸，神崎亮平（編著）：理工学系からの脳科学入門，東京大学出版会 (2008)

5）S. V. Buldyrev, R. Parshani, G. Paul, H. E. Stanley and S. Havlin：Catastrophic cascade of failures in interdependent networks, Nature, **464**, pp. 1025–1028 (2010)

★ 2 章

1）E. N. Lorenz：Deterministic nonperiodic flow, Journal of the Atmospheric Sciences, **20**, pp. 130–141 (1963)

2）R. M. May：Simple mathematical models with very complicated dynamics, Nature, **261**, pp. 459–457 (1976)

3）J.-P. Eckmann and D. Ruelle：Ergodic theory of chaos and strange attractors, Rev. Mod. Phys., **57**, pp. 617–656 (1985)

4）A. Lasota and M. C. Mackey：Probabilistic properties of deterministic systems, Cambridge University Press (1985)

5）H. G. Schuster：Deterministic chaos, Springer (1989)

6）E. Ott：Chaos in dynamical systems (2nd ed.), Cambridge University Press (2002)

7）R. L. Devaney（著），後藤憲一（訳），國府寛司，石井　豊，新居俊作，木坂正史（新訂版訳）：新訂版カオス力学系入門 第 2 版，共立出版 (2003)

8）香田　徹（電子情報通信学会（編））：非線形理論（電子情報通信レクチャーシリー

† 論文誌の巻番号は太字，号番号は細字で表す．

ズ D-3)，コロナ社 (2009)
9) 藤坂博一，山田知司，堀田武彦，大内克哉：散逸力学系カオスの統計力学，培風館 (2009)
10) S. H. Strogatz：Nonlinear dynamics and chaos, Westview Press (2001); 田中久陽，中尾裕也，千葉逸人（訳）：ストロガッツ 非線形ダイナミクスとカオス，丸善 (2015)

★3章

1) V. I. Arnold（著），足立正久（訳）：常微分方程式，現代数学社 (1981)
2) 笠原晧司：微分方程式の基礎，朝倉書店 (1982)
3) 伊藤秀一：常微分方程式と解析力学，共立出版 (1998)
4) 高橋陽一郎：力学と微分方程式，岩波書店 (2004)
5) 小川知之：非線形現象と微分方程式，サイエンス社 (2010)
6) J. Guckenheimer and P. Holmes：Nonlinear oscillations, dynamical systems, and bifurcations of vector fields, Springer (1997)
7) Y. Kuznetsov：Elements of applied bifurcation theory, Springer (2010)
8) S. H. Strogatz：Nonlinear dynamics and chaos, Westview Press (2001); 田中久陽，中尾裕也，千葉逸人（訳）：ストロガッツ 非線形ダイナミクスとカオス，丸善 (2015)
9) R. FitzHugh：Impulses and physiological states in theoretical models of nerve membrane, Biophysical J., **1**, pp. 445–466 (1961)
10) J. Nagumo, J. S. Arimoto and S. Yoshizawa：An active pulse transmission line simulating nerve axon, Proc. IRE, **50**, pp. 2061–2070 (1962)
11) E. N. Lorenz：Deterministic nonperiodic flow, Journal of the Atmospheric Sciences, **20**, pp. 130–141 (1963)
12) O. E. Rössler：An equation for continuous chaos, Phys. Lett. A, **57**, pp. 397–398 (1976)
13) J.-P. Eckmann and D. Ruelle：Ergodic theory of chaos and strange attractors, Rev. Mod. Phys., **57**, pp. 617–656 (1985)
14) E. Ott：Chaos in dynamical systems (2nd ed.), Cambridge University Press (2002)
15) I. Shimada and T. Nagashima：A numerical approach to ergodic problem of dissipative dynamical systems, Prog. Theor. Phys., **61**, pp. 1605–1616 (1979)
16) G. Benettin et al.：Lyapunov characteristic exponents for smooth dynamical systems and for Hamiltonian systems; A method for computing all of them.

Part 1: Theory, Part 2: Numerical application, Meccanica, **15**, 1, pp. 9–20, pp. 21–30 (1980)

17) F. Ginelli et al.：Characterizing dynamics with covariant Lyapunov vectors, Phys. Rev. Lett., **99**, 130601 (2007)

18) P. V. Kuptsov and U. Parlitz：Theory and computation of covariant Lyapunov vectors, Journal of Nonlinear Science, **22**, pp. 727–762 (2012)

19) 小室元政：基礎からの力学系，サイエンス社 (2001)

20) 香田　徹（電子情報通信学会（編））：非線形理論（電子情報通信レクチャーシリーズ D-3），コロナ社 (2009)

21) 桑村雅隆：パターン形成と分岐理論，共立出版 (2015)

22) S. H. Strogatz：Nonlinear dynamics and chaos (2nd ed.), Westview Press (2014) (*) 初版8) に比べ例題や演習問題が増強されている．

23) M. W. Hirsch, S. Smale and R. L. Devaney（著），桐木　紳，三波篤郎，谷川清隆，辻井正人（訳）：力学系入門——微分方程式からカオスまで——，共立出版 (2017)

24) 遠藤哲郎：非線形回路（現代非線形科学シリーズ 10），コロナ社 (2004)

★ 4 章

1) D. J. Watts and S. H. Strogatz：Collective dynamics of ‘small–world’ networks, Nature, **393**, pp. 440–442 (1998)

2) A.-L. Barabási and R. Albert：Emergence of scaling in random networks, Science, **286**, pp. 509–512 (1999)

3) S. H. Strogatz：Exploring complex networks, Nature, **410**, pp. 268–276 (2001)

4) R. Albert and A.-L. Barabási：Statistical mechanics of complex networks, Rev. Mod. Phys.. **74**, pp. 47–97 (2002)

5) A. Barrat, B. Barthélemy and A. Vespignani：Dynamical processes on complex networks, Cambridge University Press (2008)

6) M. E. J. Newman：Networks – an introduction, Oxford (2010)

7) B. Mohar：The Laplacian spectrum of graphs, Graph Theory, Combinatorics, and Applications, **2**, Ed., Y. Alavi, G. Chartrand, O. R. Oellermann and A. J. Schwenk, pp. 871–898, Wiley (1991)

8) R. Merris：Laplacian matrices of graphs; A survey, Linear Algebra and its Applications, **197-198**, pp. 143–176 (1994)

9) 浦川　肇：ラプラス作用素とネットワーク，裳華房 (1996)

10) R. J. Wilson（著），西関隆夫，西関裕子（訳）：グラフ理論入門，近代科学社 (2001)

11) E. Kreyszig（著），田村義保（訳）：最適化とグラフ理論，培風館 (2003)
12) A.-L. Barabási（著），青木　薫（訳）：新ネットワーク思考，NHK 出版 (2002)
13) M. Buchanan（著），阪本芳久（訳）：複雑な世界，単純な法則，草思社 (2005)
14) S. Strogatz（著），蔵本由紀，長尾　力（訳）：SYNC，早川書房 (2005)
15) 今野紀雄，井出勇介：複雑ネットワーク入門，講談社サイテンティフィク (2008)
16) 増田直紀，今野紀雄：複雑ネットワーク——基礎から応用まで，近代科学社 (2010)
17) 矢久保考介：複雑ネットワークとその構造，共立出版 (2013)
18) S. Boccaletti et al.：Complex networks; Structure and dynamics, Phys. Rep., **424**, 4, 5, pp. 175–308 (2006)
19) B. Bollobás：Modern graph theory, Springer (2002)
20) R. Cohen and S. Havlin：Scale-free networks are ultrasmall, Phys. Rev. Lett., **90**, 058701 (2003)

★5章

1) 蔵本由紀：非線形科学 同期する世界，集英社新書 (2014)
2) A. T. Winfree：The geometry of biological time, Springer (1980/2001)
3) Y. Kuramoto：Chemical oscillations, waves, and turbulence, Springer (1984)/Dover (2003)
4) F. C. Hoppensteadt and E. M. Izhikevich：Weakly connected neural networks, Springer (1997)
5) G. B. Ermentrout and D. H. Terman：Mathematical foundations of neuroscience, Springer (2010)
6) 蔵本由紀，河村洋史：同期現象の科学，京都大学学術出版会 (2010)
7) 郡　宏，森田善久：生物リズムと力学系，共立出版 (2010)
8) A. T. Winfree：Biological rhythms and the behavior of populations of coupled oscillators, J. Theor. Biol., **16**, 1, pp. 15–42 (1967)
9) H. Sakaguchi and Y. Kuramoto：A soluble active rotator model showing phase transitions via mutual entertainment, Prog. Theor. Phys., **76**, pp. 576–581 (1986)
10) E. Brown, J. Moehlis and P. Holmes：On the phase reduction and response dynamics of neural oscillator populations, Neural Computation, **16**, 4, pp. 673–715 (2004)
11) S. H. Strogatz：From Kuramoto to Crawford; Exploring the onset of synchronization in populations of coupled oscillators, Physica D, **143**, pp. 1–20 (2000)

12) J. A. Acebrón et al.：The Kuramoto model; A simple paradigm for synchronization phenomena, Rev. Mod. Phys., **77**, pp. 137–185 (2005)
13) S. H. Strogatz：Exploring complex networks, Nature, **410**, pp. 268–276 (2001)
14) T. Ichinomiya：Frequency synchronization in a random oscillator network, Phys. Rev. E, **70**, 026116 (2004)
15) J. G. Restrepo, E. Ott and B. R. Hunt：Onset of synchronization in large networks of coupled oscillators, Phys. Rev. E, **71**, 036151 (2005)
16) H.-A. Tanaka, A. J. Lichtenberg and S. Oishi：First order phase transition resulting from finite inertia in coupled oscillator systems, Phys. Rev. Lett., **78**, pp. 2104–2107 (1997)
17) A. E. Motter et al.：Spontaneous synchrony in power-grid networks, Nat. Phys., **9**, pp. 191–197 (2013)
18) F. Dörfler, M. Chertkov and F. Bullo：Synchronization in complex oscillator networks and smart grids, PNAS, **110**, pp. 2005–2010 (2013)
19) S. Strogatz（著），蔵本由紀，長尾　力（訳）：SYNC，早川書房 (2005)
20) A. Pikovsky, M. Rosenblum and J. Kurths：Synchronization, Cambridge University Press (2001); 徳田　功（訳）：同期理論の基礎と応用，丸善 (2009)
21) H. Nakao：Phase reduction approach to synchronisation of nonlinear oscillators, Contemporary Physics, **57**, 2, pp. 188–214 (2016)

★6章

1) R. Toral et al.：Analytical and numerical studies of noise-induced synchronization of chaotic systems, Chaos, **11**, 3, pp. 665–673 (2001)
2) A. Uchida, R. McAllister and R. Roy：Consistency of nonlinear system response to complex drive signals, Phys. Rev. Lett., **93**, 244102 (2004)
3) J.-N. Teramae and D. Tanaka：Robustness of the noise-induced phase synchronization in a general class of limit cycle oscillators, Phys. Rev. Lett., **93**, 204103 (2004)
4) D. S. Goldobin and A. Pikovsky：Synchronization and desynchronization of self-sustained oscillators by common noise, Phys. Rev. E, **71**, 045201(R) (2005)
5) H. Nakao, K. Arai, K. Nagai, Y. Tsubo and Y. Kuramoto：Synchrony of limit-cycle oscillators induced by random external impulses, Phys. Rev. E, **72**, 026220 (2005)
6) T. Tateno and H. P. C. Robinson：Phase resetting curves and oscillatory

stability in interneurons of rat somatosensory cortex, Biophysical Journal, **92**, 2, pp. 683–695 (2007)

7) R. F. Galán, N. Fourcaud-Trocmé, G. B. Ermentrout and N. N. Urban : Correlation-induced synchronization of oscillations in olfactory bulb neurons, J. Neurosci., **26**, pp. 3646–3655 (2006)

8) J.-N. Teramae and D. Tanaka : Noise induced phase synchronization of a general class of limit cycle oscillators, Prog. Theor. Phys. Suppl., **161**, pp. 360–363 (2006)

9) H. Nakao, K. Arai and Y. Kawamura : Noise-induced synchronization and clustering in ensembles of uncoupled limit-cycle oscillators, Phys. Rev. Lett., **98**, 184101 (2007)

10) K. Arai and H. Nakao : Phase coherence in an ensemble of uncoupled limit-cycle oscillators receiving common Poisson impulses, Phys. Rev. E, **77**, 036218 (2008)

11) K. Arai and K. Yoshimura : Phase reduction of stochastic limit cycle oscillators, Phys. Rev. Lett., **101**, 154101 (2008)

12) S. Sunada, K. Arai, K. Yoshimura and M. Adachi : Optical phase synchronization by injection of common broadband low-coherent light, Phys. Rev. Lett., **112**, 204101 (2014)

13) B. T. Grenfell et al. : Noise and determinism in synchronized sheep dynamics, Nature, **394**, pp. 674–677 (1998)

14) H. Yasuda and M. Hasegawa : Natural synchronization of wireless sensor networks by noise-induced phase synchronization phenomenon, IEICE Trans. Commun., **E96-B**, 11, pp. 2749–2755 (2013)

15) J.-N. Teramae, H. Nakao and G. B. Ermentrout : Stochastic phase reduction for a general class of noisy limit cycle oscillators, Phys. Rev. Lett., **102**, 194102 (2009)

16) D. S. Goldobin et al. : Dynamics of limit-cycle oscillators subject to general noise, Phys. Rev. Lett., **105**, 154101 (2010)

17) S. Hata, K. Arai, R. F. Galán and H. Nakao : Optimal phase response curves for stochastic synchronization of limit-cycle oscillators by common Poisson noise, Phys. Rev. E, **84**, 016229 (2011)

18) W. Kurebayashi, K. Fujiwara and T. Ikeguchi : Colored noise induces synchronization of limit cycle oscillators, Europhys. Lett., **97**, 50009 (2012)

19) A. Lasota and M. C. Mackey : Probabilistic properties of deterministic sys-

tems, Cambridge University Press (1985)

20) C. Gardiner：Stochastic methods, Springer (2009)

21) W. Horsthemke and R. Lefever：Noise-induced transitions theory and applications in physics, chemistry, and biology, Springer (1984)

22) W. Kurebayashi, T. Ishii, M. Hasegawa and H. Nakao：Design and control of noise-induced synchronization patterns, Europhys. Lett., **107**, 10009 (2014)

★7章

1) H. Fujisaka and T. Yamada：Stability theory of synchronized motion in coupled–oscillator systems, Prog. Theor. Phys., **69**, 1, pp. 32–47 (1983)

2) L. M. Pecora and T. L. Carroll：Synchronization in chaotic systems, Phys. Rev. Lett., **64**, 8, pp. 821–824 (1990)

3) S. H. Strogatz：Nonlinear dynamics and chaos, Westview Press (2001); 田中久陽，中尾裕也，千葉逸人（訳）：ストロガッツ 非線形ダイナミクスとカオス，丸善 (2015)

4) K. M. Cuomo and A. V. Oppenheim：Circuit implementation of synchronized chaos with applications to communications, Phys. Rev. Lett., **71**, 1, pp. 65–68 (1993)

5) L. M Pecora and T. L. Carroll：Master stability functions for synchronized coupled systems, Phys. Rev. Lett., **80**, 10, pp. 2109–2112 (1998)

6) M. G. Rosenblum. A. S. Pikovsky and J. Kurhts：Phase synchronization of chaotic oscillators, Phys. Rev. Lett., **76**, 11, pp. 1804–1807 (1996)

7) N. F. Rulkov et al.：Generalized synchronization of chaos in directionally coupled chaotic systems, Phys. Rev. E, **51**, pp. 980–994 (1995)

8) H. D. I. Abarbanel et al.：Generalized synchronization of chaos; The auxiliary system approach, Phys. Rev. E, **53**, 5, pp. 4528–4535 (1996)

9) R. Toral et al.：Analytical and numerical studies of noise-induced synchronization of chaotic systems, Chaos, **11**, 3, pp. 665–673 (2001)

10) M. G. Rosenblum. A. S. Pikovsky and J. Kurhts：From phase to lag synchronization in coupled chaotic oscillators, Phys. Rev. Lett., **78**, 22, pp. 4193–4196 (1997)

11) H. U. Voss：Anticipating chaotic synchronization, Phys. Rev. E, **61**, pp. 5115–5119 (2000)

12) R. Mainieri and J. Rehacek：Projective synchronization in three-dimensional chaotic systems, Phys. Rev. Lett., **82**, 3042 (1999)

13) E. Ott and J. C. Sommerer：Blowout bifurcations; The occurrence of riddled basins and on-off intermittency, Phys. Lett. A, **188**, pp. 39–47 (1994)

14) S. C. Venkataramani et al.：On-off intermittency; Power spectrum and fractal properties of time series, Physica D, **96**, pp. 66–99 (1996)

15) S. C. Venkataramani et al.：Transitions to bubbling of chaotic systems, Phys. Rev. Lett., **77**, 27, pp. 5361–5364 (1996)

16) H. Fujisaka and T. Yamada：A new intermittency in coupled dynamical systems, Prog. Theor. Phys., **74**, 4, pp. 918–921 (1985)

17) N. Platt, E. A. Spiegel and C. Tresser：On-off intermittency; A mechanism for bursting, Phys. Rev. Lett., **70**, 3, pp. 279–282 (1993)

18) T. Yamada and H. Fujisaka：Intermittency caused by chaotic modulation. I, Prog. Theor. Phys., **76**, 3, pp. 582–591 (1986)

19) H. Fujisaka, H. Ishii, M. Inoue and T. Yamada：Intermittency caused by chaotic modulation. II, Prog. Theor. Phys., **76**, 6, pp. 1198–1209 (1986)

20) H. Fujisaka and T. Yamada：Intermittency caused by chaotic modulation. III, Prog. Theor. Phys., **77**, 5, pp. 1045–1056 (1987)

21) A. Pikovsky, M. Rosenblum and J. Kurths：Synchronization, Cambridge University Press (2001); 徳田　功（訳）：同期理論の基礎と応用，丸善 (2009)

22) H. Nakao：Asymptotic power law of moments in a random multiplicative process with weak additive noise, Phys. Rev. E, **58**, 2, pp. 1591–1600 (1998)

23) L. Kocarev and U. Parlitz：Generalized synchronization, predictability, and equivalence of unidirectionally coupled dynamical systems, Phys. Rev. Lett., **76**, 11, pp. 1816–1819 (1996)

24) H. Suetani, Y. Iba and K. Aihara：Detecting generalized synchronization between chaotic signals; A kernel-based approach, J. Phys. A: Math. Gen., **39**, pp. 10723–10724 (2006)

25) A. Uchida, R. McAllister and R. Roy：Consistency of nonlinear system response to complex drive signals, Phys. Rev. Lett., **93**, 24, 244102 (2004)

26) C. Schäfer, M. G. Rosenblum, J. Kurths and H. Abel：Heartbeat synchronized with ventilation, Nature, **392**, pp. 239–240 (1998)

27) A. Stefanovska et al.：Reversible transitions between synchronization states of the cardiorespiratory system, Phys. Rev. Lett., **85**, 22, pp. 4831–4634 (2000)

28) M. Rosenblum, A. Pikovsky, J. Kurths, C. Schäfer and P. A. Tass：Chapter 9 Phase synchronization: from theory to data analysis. Handbook of biological

physics, **4**, pp. 279–321 (2001)
29) J. T. C. Schwabedal and A. Pikovsky：Effective phase dynamics of noise-induced oscillations in excitable systems, Phys. Rev. E, **81**, 046218 (2010)
30) S. Boccaletti, V. Latora, Y. Moreno, M. Chavez and D.-U. Hwang：Complex networks: Structure and dynamics, Phys. Rep., **424**, 4-5, pp. 175–308 (2006)
31) J. Sun, E. M. Bollt and T. Nishikawa：Master stability functions for coupled nearly identical dynamical systems, Europhys. Lett., **85**, 6, 60011 (2009)
32) A. E. Motter et al.：Spontaneous synchrony in power-grid networks, Nat. Phys., **9**, pp. 191–197 (2013)
33) F. Dörfler, M. Chertkov and F. Bullo：Synchronization in complex oscillator networks and smart grids, PNAS, **110**, pp. 2005–2010 (2013)
34) E. Ott：Chaos in dynamical systems (2nd ed.), Cambridge University Press (2002)
35) 藤坂博一：非平衡系の統計力学，産業図書 (1998)
36) 藤坂博一，堀田武彦，大内克哉，山田知司：散逸力学系カオスの統計力学，培風館 (2009)
37) 内田淳史：複雑系フォトニクス，共立出版 (2016)

★ 8 章

1) L. M. Pecora and T. L. Carroll：Synchronization in chaotic systems, Phys. Rev. Lett, **64**, 8, pp. 821–825 (1990)
2) K. M. Cuomo and A. V. Oppenheim：Circuit implementation of synchronized chaos with applications to communications, Phys. Rev. Lett., **71**, 1, pp. 65–69 (1993)
3) IEEE Std 802.15.4-2006
4) 長谷川幹雄（電子情報通信学会（監修），村田正幸，成瀬　誠（編著））：情報ネットワーク科学入門（情報ネットワーク科学シリーズ 1 巻），pp. 44–46，コロナ社 (2015)
5) R. Rovatti and G. Mazzini：Interference in DS-CDMA systems with exponentially vanishing autocorrelations: Chaos-based spreading is optimal, Electron. Lett., **34**, 20, pp. 1911–1913 (1998)
6) T. Kohda and H. Fujisaki：Variances of multiple access interference code average against data average, Electron. Lett., **36**, 20, pp. 1717–1719 (2000)

★9章

1）E. R. Caianiello：Outline of a theory of thought-process and thinking machines, Journal of Theoretical Biology, **1**, pp. 204–235 (1961)

2）J. Nagumo and S. Sato：On a response characteristic of a mathematical neuron model, Kybernetik, **10**, pp. 155–164 (1972)

3）H. Nozawa：A neural network model as a globally coupled map and applications based on chaos, Chaos, **2**, 3, pp. 377–386 (1992)

4）M. Hasegawa, T. Ikeguchi, T. Matozaki and K. Aihara：Solving combinatorial optimization problems using nonlinear neural dynamics, Proc. of IEEE international conference on neural networks, **6**, pp. 3140–3145 (1995)

5）S. Ishii and M. Satoh：Chaotic potts spin model for combinatorial optimization problems, Neural Networks, **10**, 5, pp. 941–963 (1997)

6）K. Aihara, T. Takabe and M. Toyoda：Chaotic neural networks, Phys. Lett. A, **144**, pp. 333–340 (1990)

7）K. Aihara：Chaotic neural networks, Bifurcation phenomena in nonlinear systems and theory of dynamical systems, ed. H. Kawakami, pp. 143–161, World Scientific (1990)

★10章

1）J. J. Hopfield and D. W. Tank：Neural computation of decisions in optimization problems, Biological Cybernetics, **52**, pp. 141–152 (1985)

2）M. Hasegawa, T. Ikeguchi and K. Aihara：Combination of chaotic neurodynamics with the 2-opt algorithm to solve traveling salesman problems, Phys. Rev. Lett., **79**, 12, pp. 2344–2347 (1997)

3）M. Hasegawa, T. Ikeguchi, K. Aihara and K. Itoh：A novel chaotic search for quadratic assignment problems, European Journal of Operational Research, **139**, 3, pp. 543–556 (2002)

4）H. Nozawa：Solution of the optimization problem using neural network model as a globally coupled map, Physica D, **75**, pp. 179–189 (1994)

5）M. Hasegawa, T. Ikeguchi, T. Matozaki and K. Aihara：An analysis on additive effects of nonlinear dynamics for combinatorial optimization, IEICE Trans. Fundamentals, **E80-A**, 1, pp. 206–213 (1997)

6）長谷川幹雄（電子情報通信学会（監修），村田正幸，成瀬　誠（編著））：情報ネットワーク科学入門（情報ネットワーク科学シリーズ 1 巻），pp. 48–51，コロナ社 (2015)

7) M. Hasegawa：Realizing ideal spatiotemporal chaotic searching dynamics for optimization algorithms using neural networks, Lecture Notes in Computer Science, **6443** (Neural information processing. theory and algorithms), pp. 66–73 (2010)

8) K. Umeno and A. Yamaguchi：Construction of optimal chaotic spreading sequence using Lebesgue spectrum filter, IEICE Trans. Fundamentals, **E85-A**, 4, pp. 849–852 (2002)

9) M. Hasegawa et al.：Combination of chaotic neurodynamics with the 2-opt algorithm to solve traveling salesman problems, Phys. Rev. Lett., **79**, pp. 2344–2347 (1997)

10) M. Hasegawa et al.：A novel chaotic search for quadratic assignment problems, European Journal of Operational Research, **139**, pp. 543–556 (2002)

11) E. D. Taillard：Robust tabu search for the quadratic assignment problem, Parallel Computing, **17**, pp. 443–455 (1991)

12) R. E. Burkard et al.：QAPLIB – A quadratic assignment problem library, http://anjos.mgi.polymtl.ca/qaplib/（2017 年 9 月現在）

13) M. Hasegawa, T. Ikeguchi and K. Aihara：Exponential and chaotic neurodynamical tabu search for quadratic assignment problems, Control and Cybernetics, **29**, pp. 773–788 (2000)

14) Y. Horio and K. Aihara：Analog computation through high-dimensional physical chaotic neuro-dynamics, Physica D, **237**, pp. 1215–1225 (2008)

15) M. Hasegawa, T. Ikeguchi and K. Aihara：A novel approach for solving large scale traveling salesman problems by chaotic neural networks, Proceedings of 1998 international symposium on nonlinear theory and its applications, **2**, pp. 571–574 (1998)

16) K. Aihara, T. Takabe and M. Toyoda：Chaotic neural networks, Phys. Lett. A, **144**, pp. 333–340 (1990)

17) J. Nagumo and S. Sato：On a response characteristic of a mathematical neuron model, Kybernetik, **10**, pp. 155–164 (1972)

★付録

1) C. Gardiner：Stochastic methods; A handbook for the natural and social sciences, Springer (2009)

2) W. Horsthemke and R. Lefever：Noise-induced transitions theory and applications in physics, chemistry, and biology, Springer (1984)

索　　　　引

―― 著 者 略 歴 ――

中尾　裕也（なかお ひろや）

1994年　京都大学理学部卒業
1996年　京都大学大学院理学研究科修士課程修了（物理学第一専攻）
1999年　京都大学大学院理学研究科博士課程修了（物理学・宇宙物理学専攻）
　　　　博士（理学）
1999年　日本学術振興会特別研究員
2000年　理化学研究所基礎科学特別研究員
2002年　京都大学大学院助手
2007年　京都大学大学院助教
2011年　東京工業大学大学院准教授
　　　　現在に至る

長谷川　幹雄（はせがわ　みきお）

1995年　東京理科大学基礎工学部電子応用工学科卒業
1997年　東京理科大学大学院基礎工学研究科修士課程修了（電子応用工学専攻）
1997年　日本学術振興会特別研究員
2000年　東京理科大学大学院基礎工学研究科博士後期課程修了（電子応用工学専攻），博士（工学）
2000年　郵政省通信総合研究所研究員（2001年より通信総合研究所，2004年より情報通信研究機構）
2007年　東京理科大学講師
2007年　情報通信研究機構専攻研究員（兼務）
2010年　東京理科大学准教授
2010年　情報通信研究機構招聘専門員（兼務）
2015年　東京理科大学教授
　　　　現在に至る

合原　一幸（あいはら　かずゆき）

1977年　東京大学工学部電気工学科卒業
1979年　東京大学大学院工学系研究科修士課程修了（電子工学専攻）
1982年　東京大学大学院工学系研究科博士課程修了（電子工学専攻），工学博士
1993年　東京大学大学院助教授
1998年　東京大学大学院教授
2003年　東京大学生産技術研究所教授
　　　　現在に至る

ネットワーク・カオス
――非線形ダイナミクス，複雑系と情報ネットワーク――
Networked Chaos—Nonlinear Dynamics, Complex Systems, and Information Networks—

2018年 1 月15日　初版第 1 刷発行

検印省略

監修者　一般社団法人
電子情報通信学会
http://www.ieice.org/
著者　中尾裕也
長谷川幹雄
合原一幸
発行者　株式会社　コロナ社
代表者　牛来真也
印刷所　三美印刷株式会社
製本所　有限会社　愛千製本所

112-0011　東京都文京区千石 4-46-10
発行所　株式会社　コロナ社
CORONA PUBLISHING CO., LTD.
Tokyo Japan
振替 00140-8-14844・電話(03)3941-3131(代)
ホームページ　http://www.coronasha.co.jp

ISBN 978-4-339-02804-1　C3355　Printed in Japan

配本順				頁	本体
C-8	(第32回)	音声・言語処理	広瀬啓吉著	140	2400円
C-9	(第11回)	コンピュータアーキテクチャ	坂井修一著	158	2700円
C-10		オペレーティングシステム			
C-11		ソフトウェア基礎	外山芳人著		
C-12		データベース			
C-13	(第31回)	集積回路設計	浅田邦博著	208	3600円
C-14	(第27回)	電子デバイス	和保孝夫著	198	3200円
C-15	(第8回)	光・電磁波工学	鹿子嶋憲一著	200	3300円
C-16	(第28回)	電子物性工学	奥村次徳著	160	2800円

展開

配本順				頁	本体
D-1		量子情報工学	山崎浩一著		
D-2		複雑性科学			
D-3	(第22回)	非線形理論	香田徹著	208	3600円
D-4		ソフトコンピューティング			
D-5	(第23回)	モバイルコミュニケーション	中川正雄・大槻知明共著	176	3000円
D-6		モバイルコンピューティング			
D-7		データ圧縮	谷本正幸著		
D-8	(第12回)	現代暗号の基礎数理	黒澤馨・尾形わかは共著	198	3100円
D-10		ヒューマンインタフェース			
D-11	(第18回)	結像光学の基礎	本田捷夫著	174	3000円
D-12		コンピュータグラフィックス			
D-13		自然言語処理	松本裕治著		
D-14	(第5回)	並列分散処理	谷口秀夫著	148	2300円
D-15		電波システム工学	唐沢好男・藤井威生共著		
D-16		電磁環境工学	徳田正満著		
D-17	(第16回)	VLSI工学 —基礎・設計編—	岩田穆著	182	3100円
D-18	(第10回)	超高速エレクトロニクス	中村徹・三島友義共著	158	2600円
D-19		量子効果エレクトロニクス	荒川泰彦著		
D-20		先端光エレクトロニクス			
D-21		先端マイクロエレクトロニクス			
D-22		ゲノム情報処理	高木利久・小池麻子編著		
D-23	(第24回)	バイオ情報学 —パーソナルゲノム解析から生体シミュレーションまで—	小長谷明彦著	172	3000円
D-24	(第7回)	脳工学	武田常広著	240	3800円
D-25	(第34回)	福祉工学の基礎	伊福部達著	236	4100円
D-26		医用工学			
D-27	(第15回)	VLSI工学 —製造プロセス編—	角南英夫著	204	3300円

定価は本体価格+税です。

定価は変更されることがありますのでご了承下さい。

図書目録進呈◆